30년 경험의 전직 농업통상 관료가 말하는
농업과 통상

30년 경험의 전직 농업통상 관료가 말하는

농업과 통상

초판 1쇄 인쇄 2013년 12월 10일
초판 1쇄 발행 2013년 12월 15일

지은이	유 병 린
펴낸이	손 형 국
펴낸곳	(주)북랩
출판등록	2004. 12. 1(제2012-000051호)
주소	서울시 금천구 가산디지털 1로 168, 우림라이온스밸리 B동 B113, 114호
홈페이지	www.book.co.kr
전화번호	(02)2026-5777
팩스	(02)2026-5747

ISBN   979-11-5585-051-0 13520 (종이책)
       979-11-5585-052-7 15520 (전자책)

이 책의 판권은 지은이와 (주)북랩에 있습니다.
내용의 일부와 전부를 무단 전재하거나 복제를 금합니다.

이 도서의 국립중앙도서관 출판시도서목록(CIP)은 서지정보유통지원시스템 홈페이지(http://seoji.nl.go.kr)와
국가자료공동목록시스템(http://www.nl.go.kr/kolisnet)에서 이용하실 수 있습니다.
(CIP제어번호 : 2013026110)

30년 경험의 전직 농업통상 관료가 말하는
농업과 통상

유병린 지음

book Lab

목차

시작하면서 · 13

01 쇠고기와 농업통상 / 21

가트 가입과 쇠고기 관세 · 21
소 값 폭락과 쇠고기 분쟁 · 23
관세양허의 대가 · 24
한미 쇠고기 쿼터 협상 · 26
SBS 제도 · 29
사료용 보리의 수입 · 31
쇠고기 협상에서 만난 미국의 통상 관료 · 31
쇠고기 구분판매제 · 33

02 WTO 출범 초기 농산물 분쟁 / 38

분쟁해결에 걸리는 기간 · 38
농산물 검역 및 검사 제도 · 39
식품 유통기한 · 41
먹는 샘물 · 42
혼합분유 · 43
소주와 위스키 · 45

03 APEC 조기 자유화 / 47

보고르 정상 선언과 오사카 행동지침 · 47
분야별 조기 자유화 · 49
『조선일보』 1면 톱 · 53
공직 기강실에 불려가다 · 54

04 미국산 쇠고기 수입 위생조건 협상 / 57

뼛조각도 뼈다 · 58
쇠고기와 미국 내 정치상황 · 60
예견된 미국의 입장 · 62
쇠고기 협상의 타이밍 · 63
티본스테이크와 포터하우스 스테이크 · 64
30개월 이상 쇠고기 · 65
일본과 대만의 수입 위생조건 · 66
제3국산 쇠고기의 수입규정 · 67
검역주권과 광우병 발생 시 수입중단 · 69
신문광고로 한 4가지 약속 · 70
가축전염병예방법 개정 · 71

05 캐나다, 한국을 WTO에 제소 / 74

왜, 한국만 제소했나? · 74
패널 절차의 진행 · 76
선택의 문제, 패널 판정과 양자 타결 · 79
WTO 사무총장 직권에 의한 패널 구성과 대응 · 80
패널 판정보다는 양자 타결로 · 82
캐나다산 쇠고기 수입에는 조용하다 · 83

06 미국의 통상 압력과 슈퍼 301조 / 88

우선협상국 지정과 슈퍼 301조 협상 · 90
보름 만에 다시 고친 검역 규정 · 92
미국의 농업 관료 · 94
미국, 초등학생용 만화에 시비를 걸다 · 95
국산 농산물 소비 촉진 · 96
한미담배양해록 · 98

07 한미 간 식품안전 분쟁, 자몽과 배 / 101

미국산 자몽의 알라 사건 · 101
미국, 한국산 배(pears)를 수입 금지하다 · 104

08 미국 통상 정책의 기만성 / 106

면화 보조금 · 107
미국의 육류 원산지 규정 · 109
품목분류의 변경, 먹장어와 대구 머리 · 111

09 대한민국 최초의 FTA / 114

왜 하필 칠레인가? · 114
농업을 보는 다른 시각 · 116
무역 의존도 · 118
산티아고 실무준비회의 · 119
한·칠레 FAT 관세양허안 작성 · 120
스파게티 보올(bowl) 효과 · 124

DDA 이후 논의 · 126
우선 적용조항이 들어간 농업 협정문 초안 · 128
한·칠레 동식물 검역 분과회의 · 129
한 순간의 반전 · 130
사과와 배 · 133
칠레는 EU의 요구를 물리칠 수 없다 · 134
협상 중단 그리고 타결 · 136
연구자마다 다른 영향 분석 · 137
FTA와 DDA의 보완성과 상충성 · 139
WTO 관세와 FTA 관세 · 140

10 한미 FTA / 142

FTA 체결 순서 · 142
FTA의 완결편 · 143
한미 FTA 추가 협상 · 144
25년 전 한미 FTA 이야기 · 145
한미 FTA와 쇠고기 수출 자율규제 · 146
쇠고기와 돼지고기의 관세철폐 기간 · 148
한미 FTA와 쌀-논의의 대상인가, 아닌가? · 149
FTA 보완대책 · 152
한미 FTA 협상 시한 · 154
한미 FTA 이행 방법의 차이 · 156
FTA 협정의 재협상과 종료 · 159

11 쌀과 농업통상 / 161

예외 없는 관세화 · 161
UR 협상의 마지막 품목 · 163
농업협정 부속서 5의 A와 B · 164

15개 NTC 품목 · 167
쌀만이라도 NTC에 · 168
쌀의 정치학, 기네스 기록 · 170
쌀 협상 결과의 수용과정 · 171
세밀한 판단이 필요하다 · 174
DDA 협상과 쌀 · 176
관세화 유예 협상의 시한 · 178
협상요청 문서의 전달 방식 · 179
관세화 유예 협상의 시작 · 181
쌀 협상의 부가 합의와 국회 청문회 · 184
쌀 관세화 유예 협상의 마지막 국가 · 185
2015년 1월 1일 관세화 · 188
정권 출범 시기와 쌀 · 192
한국은 일본, 대만과 다르다 · 193
국제협력 관세와 할당관세 · 197

12 한·EU FTA와 한미 패리티(parity) / 199

기억에 남아 있는 논쟁 · 199
EU, 미국과 패리티를 요구하다 · 200

13 WTO와 농업 / 205

가트규범과 농업의 예외 · 205
하바나에서 마라케시까지 · 208

⑭ WTO 각료회의 / 211

싱가포르부터 시애틀까지 · 212
사전적으로 예외는 없다 · 213
DDA 출범, 도하 각료회의 · 215
　● 왜, 어젠다(Agenda)?
　● 방독면을 휴대하다
　● WTO 가입의 정치학
WTO 칸쿤 각료회의 · 220
　● 농민운동가의 죽음
　● 잘사는 나라와 못 사는 나라의 싸움
WTO 홍콩 각료회의 · 229
WTO 발리 각료회의 · 230
　● 각료회의 개최 전 동향
　● 마지막 쟁점, 인도의 식량안보와 쿠바의 경제제재
　● 발리 각료회의 평가와 전망

⑮ WTO 협상을 주도하는 그룹들 / 235

개도국이 새로운 세력으로 등장하다 · 235
WTO 농업협상그룹 · 237
한국과 개도국 · 239

⑯ 농산물 관세와 보조금 감축 / 242

농산물 관세감축 방식 · 242
농업협정에 있는 3개의 상자 - 앰버, 블루, 그린 · 245

⑰ TPP와 RCEP / 250

APEC 보고르 목표와 WTO 협상의 부진 · 250
아태지역 경제의 통합과 우리의 선택 · 251
아태 자유무역 지대 · 253

⑱ 과학과 농업통상 / 255

과학적 근거와 사전예방 원칙 · 255
무역 협정과 환경 협약 · 257
GMO와 농림부 국정감사 · 258

⑲ 농산물 수출 / 260

선 통관, 후 검사 · 260
소량 육류함유 식품, 라면 · 262
계란 함유 제품, 미국의 규제에 대비해야 · 266
삼계탕 · 266

⑳ 우리나라의 농산물 관세구조 / 268

개방과 경쟁, 어느 것이 먼저인가? · 268
HS 품목 분류의 함정, Others · 270

㉑ 정부조직과 통상 / 272

외교와 통상 · 272
농림축산식품부의 통상 조직 · 274
산업과 통상 · 277

㉒ 통상 협상에서 이해의 조정　　　　　　　　/ 280

　　　이해의 조정과 합의의 이행 · 281
　　　통상 협상에서 의회의 권한 · 284

㉓ 양자협상과 다자협상　　　　　　　　　　/ 287

㉔ 식량안보를 보는 시각　　　　　　　　　　/ 290

㉕ 주한미군용 농산물 검역 실시　　　　　　　/ 295

㉖ 제네바를 찾아온 사람들　　　　　　　　　/ 299

㉗ 외환 위기의 극복, GSM 102　　　　　　　/ 303

㉘ '95~'97 수입 자유화 예시계획　　　　　　/ 307

㉙ 생산자 단체의 독점수입권, 오렌지와 키위　/ 309

㉚ APEC 국가 정상을 위한 선물, 나주 배(pears)　/ 312

㉛ 미국은 협상에 높은 사람을 끌어들인다 /314

㉜ 6개국 고위관료의 연명서신, 유기 가공식품 인증제도/316

마치면서 / 320

부록 / 323

      1. WTO 협상 그룹의 국가들 · 323
      2. 주요 품목의 FTA별 양허 내용 · 324
      3. WTO 분쟁해결 절차도 · 326
      4. WTO 조직도 · 327
      5. 2004년 쌀 재협상 시작 통보문 · 328
      6. 2004년 쌀 재협상 결과 통보문 · 331
      7. 이 책에 나오는 영문 약어 · 336

참고문헌 / 338

시작하면서

필자는 1981년 농수산부에서 공직을 시작하여 2010년 10월까지 30년에 이르는 기간 중, 18년간 농업통상을 담당했다. 사무관으로 5년, 과장으로 7년, 제네바대표부 농무관(국장)으로 4년, 통상정책관(차관보)으로 2년이었다.

농업협상은 그 어떤 분야보다 통상의 역사에서 많은 정치적·사회적 변수로 인해 이해의 산술적인 계산만으로는 의사결정이 어려웠다. 필자의 주변에 산만하게 흩어져 있는 그동안의 경험을 체계적으로 정리하는 것은 농업통상 업무의 현장과 이론을 이해하고, 그 연속선상에서 앞으로 통상 업무의 효율성을 높이는 데 일조할 것으로 생각한다.

전두환 정부 시절인 1983년부터 국내 소 값이 폭락하여 1985년에 쇠고기 수입을 중단하자 미국, 호주, 뉴질랜드는 1988년 한국을 가트(GATT)에 제소했고, 그로부터 1년 후 우리는 패소했다. 노태우 정부 시절인 1989년에는 쇠고기를 비롯한 수많은 품목의 수입을 제한할 수 있는 근거였던 가트 18조 B항을 졸업하게 되어, 농산물 시장의 본격적인 개방이 시작되었다. 그때는 우리나라가 역사상 처음으로 무역흑자를 달성한 시기였다. 다른 국가들과 교역에서는 적자를 보면서도 미국과의 교역에서 얻어지는 흑자로 무역수지가 흑자가 되는 상황이었다.

미국이 종합통상법에 보복조항을 강화한 슈퍼 301조를 신설하여 그것을 무기로 한국에 시장개방 압력을 가하던 시기가 그때였고, 그 대상은 대부분 농산물이었다. 따라서 미국과의 통상마찰을 해소하는 것이 주요 정책과제가 되었으며, 그 일환으로 미국과의 FTA 체결 이야기가 처음으로 거론되었다.

가트 체제를 다자간 무역기구로 발전시키기 위한 UR(우루과이 라운드) 협상이 막바지로 진행되던 1992년에는 쌀 시장을 개방하느냐 마느냐가 최대의 현안이었다. 그 해 12월에 있었던 대선에서도 그것이 쟁점이었다. 당시 김영삼 후보는 대통령직을 걸고 쌀 시장개방을 막겠다고 공약하고 당선되었으나, 당선 후 끝내 개방할 수밖에 없었다. 1993년 12월 9일 대통령이 국민에게 사과하고 일주일 후인 1993년 12월 15일 UR 협상이 타결되었다. 며칠 후 농림수산부장관과 국무총리가 정치적 책임을 지고 물러나고[1] 이후 농산물 이행 계획서 파동으로 농림수산부장관이 해임되고 국무총리가 사과를 했다.[2]

김영삼 정부는 출범 초기 세계화를 국정의 키워드로 제시했다. 1994년 10월 인도네시아 보고르(Bogor)에서 개최된 APEC(아시아태평양경제협력기구) 정상회의에서 선진국은 2010년, 개도국은 2020년까지 무역과 투자를 자유화한다는 정상선언이 채택되었다. 1996년에는 OECD(경제협력개발기구)에도 가입했다.

1998년 출범한 김대중 정부에서는 우리나라 최초의 FTA인 칠레와 협상이 시작되었고, 한·중 마늘협상 파문으로 당시 통상교섭본부장과 농림부

1) 『매일경제』, 1993년 12월 17일, 3면, '쌀 개방에 무너진 文民 첫 내각'
2) 『동아일보』, 1994년 4월 26일, 1면, 'UR이행서 사과'

고위 관계자가 책임을 지고 물러났다.

　2001년 카타르 도하에서 개최된 WTO 각료회의에서 다자간 무역 협상인 DDA[3]협상이 출범하고, 2004년에는 쌀 협상을 타결하여 2014년까지 10년간 관세화 유예를 연장했다. 2003년 12월에는 미국에서 광우병이 발생하여 미국으로부터 쇠고기 수입을 전면 중단했다. 2006년 2월에 한미 양국은 FTA 협상 개시를 발표하고 약 4개월간 예비협상을 거쳐, 6월에 미국과 FTA 공식협상을 시작하여 다음해 4월 서울에서 타결했다. 미국과 FTA 협상의 선결조건이었던 미국산 쇠고기 수입재개를 위한 수입 위생조건협상은 30개월 이상 쇠고기의 개방문제로 노무현 정부에서 처리되지 못하고 이명박 정부로 넘어갔다.

　2008년 2월 출범한 이명박 정부는 그해 4월 11일부터 18일까지 한국에서 진행된 협상에서 미국산 쇠고기 수입 위생조건을 타결했으나, 국민적 불만이 대규모 촛불시위로 나타났다. 2010년 11월 미국의 요구로 한미 FTA의 자동차 등 일부 분야에 대해 추가 협상이 있었고, 미국이 먼저 비준한 다음 우리도 비준하여 2011년 3월 15일 한미 FTA가 발효되었다. 2009년 4월 캐나다는 자국산 쇠고기의 수입을 금지하고 있다고 한국을 WTO에 제소했다. WTO 분쟁해결 절차를 진행하면서 동시에 양자적 해결방안도 모색하는 방향으로 협상이 진행되었다. 2011년 6월에 두 나라가 양자적으로 합의하여 패널 분쟁은 판정이 나오기 직전에 종료되었다.

　박근혜 정부는 2015년 1월 1일부터 쌀을 관세화해야 한다. 이를 위한 절차가 늦어도 2014년 초에는 시작되어야 한다. 이 과정에서 2004년 쌀 재협

---

3) Doha Development Agenda.

상 과정에서 나온 쟁점이 또 다시 사회적 논쟁을 유발할 수 있다. 협상이 본격화되고 있는 중국과의 FTA는 농어업에 미치는 충격이 어느 FTA보다 클 것이다. 미국이나 유럽과의 FTA에서 예외적으로 다루어졌거나 장기간의 관세철폐 기간을 확보한 고추, 마늘, 양파와 같은 품목도 중국과의 FTA에서는 양상이 다를 수 있다. 또 동식물검역 문제도 껄끄러운 쟁점이 될 수 있다. 박근혜 정부 임기 동안에는 DDA 협상도 타결될 것이다. 필연적으로 농산물 시장개방을 수반하게 되는데, 국내에 원만하게 수용되도록 해야 한다. UR에서 있었던 이행 계획서 파동이나 한미 FTA 국회비준 과정에서 있었던 번역오류 같은 일은 물론 없어야 할 것이다.

이제 정치, 경제, 사회, 문화, 과학 모든 분야에서 세계 여러 나라는 우리의 경쟁자이자 협력자이기도 하다.

통상 협상은 자국의 산업을 외부의 진입으로부터 보호하거나 상대의 시장을 개방하도록 하는 것만이 능사는 아니다. 내외부의 전략적인 균형을 맞추는 것이 중요하다. 그리고 국가 경제에는 복잡한 국민적 이해관계가 얽혀 있어 대외적인 협상과정에서 국민적 갈등을 줄여나가는 것이 무엇보다 중요하다. 조금이라도 농업통상에 대한 이해가 넓혀지길 바라는 마음 간절하다.

이 책에서 언급한 것은 물론 언급하지 않은 더 많은 농업통상의 역사는 소수의 몇 사람에 의해 만들어진 것이 아니다. 그 수많은 시간과 노력의 부피를 한 권의 책에 글로 다 담을 수는 없다. 그래도 그 기간의 일을 정리함으로써 그것을 필요로 하는 사람에게 농업통상에 대한 이해의 폭을 넓힐 수 있는 바탕이 되고, 보다 합리적인 의사결정을 하는 데 조금이라도 보탬이 되었으면 하는 소박한 생각으로 이 책을 집필했다. 이 책에서 언급한 통상현안에 대한 견해나 판단, 그리고 관련 규정의 해석은 전적으로 필자의 개인적 견해임을 밝혀둔다. 필자가 관여하지 않았던 협상에 관한 내용은 당시 관계자로부터 파악한 사실이나 관련 자료를 토대로 했다.

오래된 기억을 되살려가며 때로는 관련 자료를 찾아가면서까지 사실 확인에 많은 도움을 주신 농업통상의 선후배분들에게 감사를 드린다. 아울러 거친 원고를 읽고 표현을 가다듬어준 분들에게 또한 고마움을 전한다.

끝으로, 정부대표로 국제협상의 장에서 국가의 이익을 위해 일하는 자식의 모습을 항상 자랑스럽게 생각하고 격려해주셨던, 지금은 고인이 되신 부모님께 감사를 드리고, 공직생활을 하는 동안 열심히 내조해준 아내와 그 시절을 함께하면서 힘이 되어준 두 자녀에게도 고마움을 전한다.

광교산 자락에서
2013년 12월
유병린 씀

1부

쇠고기와 농업통상
WTO 출범 초기 한국의 농산물 분쟁
APEC 조기 자유화
미국산 쇠고기 수입 위생조건 협상
캐나다, 한국을 WTO에 제소
미국의 통상 압력과 슈퍼 301조
한미 간 식품안전 분쟁, 자몽과 배
미국 통상 정책의 기만성
대한민국 최초의 FTA
한미 FTA
쌀과 농업통상
한·EU FTA와 한미 패리티(parity)

01 쇠고기와 농업통상

농업통상의 관점에서 쇠고기는 현안의 가장 중심이었던 품목이며, 앞으로도 쇠고기만큼 많은 현안을 만들어내고 복잡한 쟁점이 될 품목은 아마도 없을 것이다. 쇠고기는 한국이 개도국의 국제수지(BOP, Balance of Payment) 방어조항, 즉 가트 18조 B항[4]을 졸업하는 계기가 된 품목이다. 그래서 수많은 농산물과 수산물을 자유화하게 만든 품목이기도 하다. 또한 우리의 주요한 교역 상대국인 미국을 비롯한 여러 나라가 가장 관심을 가지고 있는 품목이며, 우리 국민의 식품안전이라는 관점에서도 민감한 품목이기도 하다.

가트 가입과 쇠고기 관세

쇠고기는 한국이 1967년 가트에 가입하면서 동시에 통상 현안이 된 품

---

4) 가트 18조는 'Governmental Assistance to Economic Development' 조항이다. Section A, B, C, D의 4개항으로 되어 있고, Section B는 국제수지가 어려움에 처한 경우 예외적으로 수입제한을 허용하고 있다. 이 조항을 원용할 수 있는 조건은 경제개발 초기단계이고, 대외 재정상태가 외환 보유고를 확보하기 위해 수입제한의 필요성이 존재해야 한다.

목이다. 당시 가트에 가입할 때 가장 중요한 일은 품목별로 관세의 양허 여부와 양허세율[5]을 정하는 것이었다. 현재는 상품뿐 아니라 서비스, 지적재산권, 정부조달 등 많은 분야가 있으나, 당시에는 상품 분야만 있었기 때문이다. 가트 가입 협상에서 우리는 쇠고기 관세를 당시 관세율보다 내려서 양허하는 결정을 했다. 우리가 1967년 가트에 가입하면서 어느 참가자는 양허 품목선정과 관련된 판단이나 예측이 크게 빗나간 품목으로서 소와 쇠고기를 지적하고 있다. 그는 적어도 향후 30년간은 쇠고기를 수입하는 일이 없을 것으로 예상했다고 한다.[6] 쇠고기 수입을 둘러싼 통상마찰이 발생하자, 어느 언론은 "가트에 가입할 때 당시의 경제수준만 감안하여, 장차 대량으로 쇠고기를 수입하리라고는 생각하지도 않고, 쇠고기에 대한 관세를 낮게 양허하고 미국과 신경전을 벌이고 있다."라고 지적했다.[7]

가트 가입 당시 35%였던 쇠고기 관세율은 25%로, 관세율이 10%였던 소는 무세로 낮추어 양허했다. 가트 가입협상에 참여한 한국의 협상관료가 상대국의 요구도 없는데 그렇게 했을 리는 없었을 것이다. 당시 상대방은 향후 한국의 쇠고기 시장이 어떻게 변화될지를 알았고, 우리는 언제 쇠고기를 수입해 먹겠느냐는 생각으로 상대의 요구를 받아들였는지 모른다. 우리나라가 쇠고기를 수입하기 시작한 것은 가트 가입 30년이 아니라, 10년이 채 되지 않은 1976년이었다. 그리고 우리나라가 가트에 가입한 후

---

5) 양허한 관세율을 올리려면 회원국의 동의를 받는 절차를 거쳐야 한다. 이를 양허표 수정협상이라고 한다. 이해관계가 있는 회원국에 보상(compensation)이 필연적으로 수반되고 있다.
6) 『세정신문』, 2001년 1월 18일, '관세청 30년사, 그 숨은 이야기②', '쇠고기 수입 30년간 없다. 양허세율 25% 인하 안타까워'.
7) 『동아일보』, 1993년 12월 7일, 7면, '양허관세, 국제공인 關稅… 인상 불가능'.

첫 번째 다자 무역협상인 도쿄 라운드(Tokyo Round)가 1973년에 시작하여 1979년에 끝났는데, 여기서도 우리는 쇠고기 관세를 25%에서 20%로 또 내렸다.

소 값 폭락과 쇠고기 분쟁

"이 소가 우리 3남매를 공부시키고 우리 집의 꿈을 키워주고 있습니다."[8] 그로부터 2년 반이 지난 1984년 12월, 같은 신문에 백만여 소 사육 농가를 깊은 시름으로 몰아넣었다는 상반된 기사가 실렸다. 그 이전에 소 값이 오르자 너도 나도 송아지를 입식하려 했고, 그러자 소를 수입하기 시작했다. 당시 어느 언론[9]은 새마을운동중앙본부가 소 수입에 관여해서, 농림부가 수입하려던 적정 두수보다 2만 마리 이상을 더 수입한 것이 소 값 폭락의 한 요인이 되었다고 보도했다.

소 값이 폭락하자, 1985년 우리는 쇠고기 수입을 중단했다. 1988년 미국은 한국을 가트에 제소했고, 호주와 뉴질랜드가 가세했다. 제소국은 가트 18조 B항에 근거해 한국이 취한 수입 제한은 한국의 국제수지가 흑자로 전환되었으므로 더 이상 정당성이 없다고 주장했다. 가트 패널은 제소 국가들의 주장을 받아들였다. 다만 쇠고기를 포함하여 수입을 제한하고 있던 품목들의 수입을 즉각적으로 자유화하기는 어렵기 때문에, 1997년 7월 1일까지 수입을 자유화하거나 가트 규정에 일치시키라고 권고했다.

---

8) 『동아일보』, 1981년 5월 29일, 12면, '내 고향 숨결'에 있는 '한우 길러 살찌는 마을'이라는 기사 내용이다.
9) 『동아일보』, 1984년 5월 26일, '의정초점'.

쇠고기 때문에 시작되었지만 문제는 쇠고기에만 국한된 것이 아니었다. 가트 18조 B항을 근거로 했던 수많은 농수산 품목의 수입제한 근거가 없어지게 되었다. 패널 판정이 있고 얼마 후 우리를 제소한 나라들과 패널의 권고를 이행하기 위한 협상을 했다. 협상의 주도 국가는 미국이었고, 호주, 뉴질랜드는 미국과의 협상 결과를 따라가는 양상이었다. 필자가 통상을 담당하던 시절, 캐나다의 어느 통상 관료는 당시 한국을 생각해서 가트 제소에 합류하지 않았는데, 그로 인해 오히려 한국의 쇠고기 시장에서 자국의 이익을 반영할 기회가 철저하게 배제당하고 있다면서 서운함과 불만을 토로하기도 했다. 우리나라의 국제수지가 적자였던 1980년대 중반까지는 한국이 개도국의 국제수지방어 조항인 가트 18조 B항을 원용하는 데 그 누구도 이의를 제기할 수 없었다. 그런데 1980년대 후반 한국의 국제수지가 흑자로 전환되자, 한국이 가트 18조 B항을 원용하여 수입을 제한하는 것이 타당한지가 문제된 것이었다. 그렇더라도 누군가 문제를 삼지 않으면 문제가 되지 않는 것이 통상의 속성인데, 1985년 소 값 폭락으로 쇠고기 수입을 중단한 것이 제소를 당하는 계기가 되었다.

관세양허의 대가

UR 타결 직전에 한국의 쇠고기 관세는 20%이고 양허관세였다. 지금은 한국과 필리핀의 쌀을 제외하고는 모든 농산물의 관세가 양허관세이지만, UR이 타결되기 전에는 양허되지 않은 관세가 더 많았다. 특정 품목의 관세율을 인하하는 것과 양허하는 것은 완전히 다른 개념이다. 후자는 사실상 앞으로 그 이상의 관세를 부과하지 않겠다는 국제적인 약속을 하는 것이다. 양허관세율을 인상하기 위해서는 WTO 회원국의 동의를 받아야 한다. 수입국이 특정 품목의 관세를 인상한다는 것은 상대국의 입장에서는 그만큼 교역에서 이익이 줄어든다는 의미인데, 조건 없이 좋다고 할 나라는 없을 것이다. 때문에 관세를 양허하는 것은 대단히 신중할 필요가 있는데, UR을 거치면서 관세화가 협상의 원칙이 되었고, 모든 농산물의 관세가 양허되었다.

많은 국가가 관세를 양허는 높은 수준으로 하고, 실제 운영은 그보다 훨씬 낮은 수준에서 하고 있는 경우를 종종 볼 수 있다. 해당국이 관세를 양허 수준 범위에서 인상하는 것은 원칙적으로는 언제든지 해당국가의 결정에 의해 가능한 것이다. 양허 수준이 높으면 문제될 가능성이 적으나, 민감한 품목을 낮은 수준으로 양허한 경우는 문제가 되더라도 해당국은 관세를 인상할 수 없다. 물론 세이프가드 조항에 따른 관세인상은 가능하지만, 반드시 거쳐야 할 절차와 요건이 있고 관세인상 기간도 일정 기간에 한정된다.

쇠고기를 비롯한 많은 품목이 가트 18조 B항을 졸업한 1989년부터 수입제한 근거가 없어졌다. 그러나 패널 권고에 따라 1997년 7월 1일까지 수입을 자유화 하기로한 품목 가운데 적지 않은 품목이 1993년 말 UR 타결 시점에서 여전히 수입제한 상태에 있었다. 이들 품목 가운데 관세가 양허된 품목도 있고, 그렇지 않은 품목도 있었다. 양허되지 않은 품목의 관세율을 올리는 데 특별한 어려움은 없었으나, 쇠고기와 같이 관세가 양허되어 있는 품목은 관세율을 올리는 데 회원국들의 반대가 적지 않았다.

UR 막바지에 협상을 통해 관세가 양허된 품목도 관세율을 올리되 그 수준을 국내외 가격차만큼이 아니라, 상대국과 합의하는 수준으로 하는 실링바인딩으로[10] 관세를 올렸다. 쇠고기는 20%로 양허되었던 관세율을 43.6%로 올리고, 수입 자유화를 1997년 7월 1일이 아니라 2001년 1월 1일에 하는 것으로 합의했다.

한미 쇠고기 쿼터 협상

가트 패널의 권고에 따라 미국, 호주, 뉴질랜드와 쇠고기 협상이 시작되었다. 가트 국제수지(BOP)위원회에서 1989년 10월 27일 한국의 BOP 조항 졸업에 대한 공식적인 결정이 있었다. 그 다음 1989년 11월 7일 패널 보고서가 채택되었다. 쇠고기의 수입제한 근거가 가트 18조 B항이다 보니, 한국이 이 조항을 원용하는 것이 정당한지가 먼저 결정되었던 것이다. 패널 보고서의 요지는, 한국이 1984년과 1985년에 취한 수입을 금지한 조치와 1988년 8월 쇠고기 수입을 재개한 조치는 가트 11조 위반[11]이라는 것이었다. 그리고 국제수지방어를 목적으로 취해진 조치도 아니라는 것이었다. 후자의 근거로 한국의 외환 보유고가 90억 달러 증가하는 등, 1987년 국제수지위원회에서 협의를 시작한 이후 한국의 국제수지 사정이 계속 호전되고 있다는 것이었다. 한국은 가트에 가입한 이후 국제수지 방어를 이유로 한 수입제한 품목의 수입 자유화 계획을 당사국과 협의하고 3개월 이내에

---

10) 실링바인딩(ceiling binding)은 원칙적으로 관세가 양허되지 않은 품목을 당시 실행 세율보다 올려서 양허하는 것을 말한다. UR 협상 과정에서 NTC 15개 품목 중 쌀을 제외한 14개 중 9개 품목이 BOP 품목이었다. 9개 품목은 쇠고기, 돼지고기, 닭고기, 우유 및 유제품, 감귤, 고추, 마늘, 양파, 참깨 중 이해 당사국이 관심을 두지 않은 고추, 마늘, 양파, 참깨 및 일부 유제품은 사실상 관세화로 이행했고, 쇠고기 등 5개 품목은 관세를 올리는 대가로 시장 접근 물량을 더 증대하는 방식으로 합의했다. 따라서 BOP 품목 가운데 양허된 품목의 관세율 인상은 실링바인딩이라기보다는 협상에 의한 타협으로 보는 것이 더 적절하다.
11) 수량제한의 일반적 철폐(General Elimination of Quantitative Restrictions)이다.

그 결과를 보고하라는 패널의 권고를 받았다. 패널의 권고가 담긴 보고서가 1989년 11월 7일 채택되었으므로, 한국은 1990년 2월 6일까지 협의 결과를 가트에 보고해야 했다.

당시 쇠고기 수입은 수입 쿼터가 정해지면 그 이후에는 국내 수급 상황에 관계없이 수입될 수밖에 없었다. 수급 조절 메커니즘은, 공급이 수요에 비해 부족하면 수입하지만, 공급이 수요를 초과해도 수입은 그대로 유지한 채 국내 공급을 줄이는 구조였다. 이런 시장 상황에서 쇠고기 수입 쿼터를 얼마로 하느냐는 매우 중요한 사안이었다. 수입 쿼터는 통상법적으로 의무적 수입 물량이 아니다. 그러나 수입 제한이 존재하고 국가가 사실상 교역에 관여하는 무역제도 하에서는, 의무적 수입 물량으로 봐야 한다. 한국은 쇠고기 협상에서 수입 쿼터를 가급적 적게 설정하려 하고, 반면 미국을 비롯한 상대국은 다음 번 쿼터 협상의 기준 물량(base amount)이 되기 때문에 가능한 한 많이 설정하려 하면서, 이를 둘러싸고 협상에서 대립했다.

한국의 쇠고기 수입제도가 2001년 1월 1일 완전히 자유화될 때까지, 1990년부터 3년 단위로 4차례의 협상이 있었다. 협상의 수석대표로 우리 측은 농림부의 축산국장이 맡고, 미국은 무역대표부의 한국 담당관이 맡았다. 이 협상 가운데 김영삼 정부가 출범하고 얼마 되지 않아 미국 워싱턴에서 개최된 협상은 필자가 참석한 회의였다. 1993년 4월 13일부터 3일간 회의 일정으로 진행되었는데, 10일을 끌고도 결국에는 합의에 실패했다. 첫날 회의에서 미국 수석대표는 클린턴 행정부 출범과 함께 경제 활성화를 위한 통상 정책을 언급했다. 그러면서 미국산 상품의 시장 접근을 방해하는 요인을 제거하는 것을 최우선 과제로 설정하고 있다는 것이었다. 쇠고기 문제가 각료급 간에 논의되는 일이 없도록 해결해 나가고자 했다. 아울러 가트 패널의 결정인 쇠고기 수입 자유화를 위한 제도 개선에 분명한 진척이 있어야 한다는 것이었다. 우리 측 수석대표는 쇠고기 수입 자유화 문제는 기존의 합의내용, 즉 1997년 7월 1일까지 수입 제한을 철폐하거나 가트 규정에 일치시킨다는 기존의 합의내용이 재확인되어야 한다는 입장을 강조했다. 연도별 쿼터 양에 대해서는 기존 설정된 쿼터를 토대로 논의해 나가자고 했다. 이에 대해 미국은 기존 쿼터 양이 아닌 실제 수입량을 기준으로 하자고 주장했다. 어느 것이 기준 물량이 되느냐가 문제의 본질은 아니었다. 미국은 새로 설정할 쿼터를 최대한 늘리려 하고, 우리는 가급적 적게 설정하기 위한 수단으로 기준 물량을 무엇으로 할 것인가를 둘러싼 싸움이었다.

쇠고기 협상이 개최된 1993년 4월은 그 해 12월에 있었던 UR 타결을 앞두고 있던 시점으로, 관세화 원칙이 사실상 확정된 상황이었다. 관세화가 새로운 농업 협정에 반영되면 우리는 쇠고기를 관세화로 가트 규정에 일치시키면 된다. 미국은 쇠고기 패널의 결정을 원용한 1990년 쇠고기 합의문[12]을 완전 자유화로 전제하고, 1997년 7월 1일까지 수입을 자유화하기 위해서는 더 많은 시장개방 조치가 필요하다는 식으로 접근했다. 반면 우리는 패널의 권고가 1997년 7월 1일까지 수입을 자유화하든지, 가트 규정에 일치시키라는 것임을 강조하면서 대립했다. 미국은 충분히 논의도 되지 않은 상태에서 쿼터 물량을 제시하고, 이것을 한국이 받아들이지 않는다면 협상 결렬을 선언하겠다는 식이었다. 또 캔터 당시 미국 무역대표부

---

12) 합의문의 '가트와의 관계(Relationship to the GATT)'에 '한국 정부는 잔존 수입 제한을 제거(remove)하거나 그렇지 않으면 가트 규정에 일치(conformity)시킨다는 것을 재확인(reaffirm)했다'고 되어 있다.

대표에게 보고하여 미국의 법령에 의한 조치와 회담 레벨(level)을 격상시키는 것이 검토될 수밖에 없다는 식으로 압박을 했다.

그럼에도 예정된 논의를 끝내고 합의문 작성단계로 넘어갔다. 초안을 미국에서 작성하고 이를 우리가 검토하는 방식으로 진행되었다. 검토 과정에서 쟁점이 제기되어, 협상 기간을 열흘까지 연장하면서 합의를 위해 노력했으나 결국 결렬되고 말았다. 결렬된 쟁점은 여러 가지가 있었지만, 주요한 쟁점 중의 하나가 쇠고기 협상과 가트와의 관계였다.

미국은 기존의 합의 문구, 즉 한국이 수입을 자유화하거나 가트 규정에 일치시킬 권리를 유보(reserve)한다는 문구의 수정을 강하게 주장했다.

필자가 미국 수석대표에게 왜 기존의 합의 문구를 수정하려는지 묻자, 한 마디로 그것은 실수였기 때문에 바로잡으려는 것이라는 다소 뻔뻔한 대답을 했다.

UR 협상이 타결되면 쇠고기를 관세율 20%로 자유화해야 하는가, 아니면 관세화가 가능한가에 대해서는 쟁점이 될 여지는 있었다. 미국은 UR 협상이 타결되더라도, 한국이 쇠고기를 관세화로 가트 규정에 일치시키는 것을 저지하기 위한 의도였던 것이다.

SBS 제도

동시매매입찰제도, 즉 Simultaneous Buy and Sell의 줄임말이다. 수입이 자유화된 품목은 누구든지 관세만 내면 어떤 규격이든, 즉 질이 좋은 것이든 낮은 것이든 그들의 판단에 따라 수입할 수 있다. 반면 특정 품목의 수입이 자유화되기 전에는 아무나 그 품목을 수입할 수는 없다. 당시 쇠고기는 수입 제한 품목이었으나 자유화가 예정된 품목이었다.

쇠고기 수입의 자유화는 우리가 원해서 한 것이 아니다. 수입제도를 둘러싸고 미국, 호주, 뉴질랜드와 합의할 수밖에 없었다. 그리고 이들 국가와 합의한 것이 동시매매입찰제도이다. 미국의 쇠고기 수출업자와 한국의 수입업자가 축산물유통사업단(LPMO)[13]을 거간으로 하여 매도와 매입 입찰을 동시에 실시하는 제도이다. 축산물유통사업단은 쇠고기의 규격이 팔고자 하는 것과 사고자 하는 것이 같으면, 미국의 육류 수출업자 중 가장 낮은 가격을 제시하는 업자의 쇠고기를 가장 비싼 가격을 제시하는 국내 수입업자에게 판다. 그리고 그 차액에서 축산물 유통 사업단의 수수료를 제외하고 전액을 축산발전 기금에 납입시키는 제도이다. 즉 수출자가 팔기를 원하고 수입자가 사기를 원하는 규격이 있고, 가격이 맞으면 거래가 성립되는 것이다. 완전 수입 자유화를 위한 과도기적인 성격의 거래 방식이었다.

이 제도가 도입된 배경은, 미국은 가격이 상대적으로 비싼 고급 쇠고기를 팔고 싶어 하고 한국의 관광호텔 같은 곳에서도 수입하기를 원했다. 동시매매입찰제도는 고급 쇠고기 시장에서 상대적으로 경쟁력이 있었던 미국에 의해 도입된 제도인데, 일본의 쇠고기 시장개방 과정에서도 도입된 바 있다.

---

13) Livestock Products Marketing Organization의 약어이다. 쇠고기 수입을 개방하면서 만들어진 쇠고기 국영무역을 담당하던 기관으로 쇠고기 수입이 자유화되면서 없어졌다.

사료용 보리의 수입

UR 협상에 따라 2001년 1월 1일자로 쇠고기 수입이 자유화되었다. 우리 쇠고기가 수입 쇠고기와 본격적으로 경쟁하기 위해서는 품질을 높여야 했다. 보리를 사료로 사용하는 경우 1등급 쇠고기의 생산이 늘어나고 가격도 옥수수보다 저렴하여, 축산업의 경쟁력을 강화하는 데 도움이 될 것이라는 판단에 따라 사료용 보리의 수입을 결정했다.

1991년에도 사료용 보리의 수입을 검토한 적이 있었으나, 식량을 가축의 사료로 사용한다는 것이 국민 정서에 맞지 않는다는 이유로 검토에 그치고 말았다. 1995년에 사료용 보리의 수입을 결정하면서, 식용으로 전환하기 어렵도록 붉은 물감으로 염색하여 수입했다.

그 이전에 캐나다는 한국 정부에 줄기차게 염색한 보리를 사료용으로 수입해줄 것을 요구했는데, 도정하면 식용과 구분될 수 없다는 이유로 수입을 허용하지 않았었다. 그러나 쇠고기 수입 자유화는 보리를 사료용으로 수입하도록 결정하게 하는 등 농업정책의 판단에도 적지 않은 변화를 가져왔다.

쇠고기 협상에서 만난 미국의 통상 관료

통상 협상을 하면서 미국의 관료를 많이 만났다. 대부분 협상장에서 만났기 때문인지 우호적인 기억만을 가지고 있는 것은 아니다. 그 중에서도 쇠고기 협상에서 만난 미국 무역대표부의 여성 통상 관료가 가장 기억에 남는다. 통상 관료가 자국의 이익을 관철하기 위해 상대를 세차게 몰아붙

이는 것은 당연하다. 오히려 그렇지 못한 통상 관료가 있다면 자신의 직무에 최선을 다하지 못한 책임이 있는 것이다. 그러나 어떤 경우에도 협상 상대에게 무례해서는 안 된다. 협상장에 나오는 관료는 어느 나라든 그 부처에 들어가서 적어도 10여 년 정도는 일을 해서인지, 자기가 속해 있는 부처의 개성이 자연스럽게 묻어난다.

필자가 협상장에서 만난 미국 관료는 농무부는 물론 미국무역대표부(USTR), 상무부, 국무부, 국방부, 식품의약안전청(FDA), 환경보호청, 수산청의 관리도 있었다. 미국의 농무부 관리들은 우리가 이야기하면 적어도 성실히 들어주려는 자세는 느껴졌다. 그런데 무역대표부의 관리 모두는 아니지만, 우리 측 주장에 공감하는 척도 거의 하지 않는다. 섣불리 공감하는 척하면 양보해야 한다는 생각에서인지, 모든 사실이 그들에 의해 확인될 때까지 인정하지 않는다. 물론 통상 관료로서 훌륭한 자세이다. 그러나 미국이라는 자국의 힘이 있다는 생각에서인지, 가끔은 지나치게 무례한 태도로 상대방에게 심한 불쾌감을 주기도 했다.

1998년 봄 과천의 농림부 회의실에서 미국과 쇠고기 협상이 있었는데, 일련의 과정에서 두 번째 회의였다. 필자는 첫 회의에는 참석하지 못했고, 두 번째 회의부터 참석했다. 대부분의 협상은 주로 양측의 수석대표 간에 논의가 진행되고, 여타의 대표는 두 수석대표의 이야기를 듣고 있다가 가끔 발언에 개입하여 우리 입장을 본인이 직접 발언하거나 수석대표를 통해 이야기하는 정도였다. 당시 필자가 발언을 하자, 미국의 수석대표는 필자를 가리키며 "미스터 유는 1차 회의에 참석하지 않았기 때문에, 1차 회의의 연장선에서 논의되는 사안에는 발언할 자격이 없다."라고 했다. 필자가 "무슨 말도 안 되는 소리를 하냐?"라고 반박하자, 미국 대표는 보고 있던 서류를 바닥에 있던 가방에 던지듯 집어넣었다. 필자도 동일한 방식으로 그렇게 했다. 서로의 기 싸움이 시작된다고 느꼈고, 밀려서는 안 된다는 생각이었다. 미국 수석대표가 다음번 회의 장소와 관련해서 휴식시간에 필자에게 "제네바에서 볼래, 워싱턴에서 볼래?" 하며 말을 걸어왔다. 필자가 "나는 워싱턴에는 자주 갔는데 기억이 별로 좋은 곳이 아니니 제네바에서 보자."라고 대꾸했다. 여기서 제네바는 WTO에 제소한다는 것이고, 워싱턴은 양자합의를 의미하는 말이다.

이후 축산국장이 바뀌고 1999년 1월 미국에서 쇠고기 협상이 열렸다. 의제는 전년도에 소진되지 못한 쇠고기 수입 쿼터의 이월 문제와 쇠고기 구분판매제였다. 미국의 통상 관료는 먼젓번과 같은 사람이었다. 하나의 이슈에 어느 수준의 합의가 이루어질 정도가 되면 미국 협상대표는 잠깐 회의를 멈추고 업계에 확인을 했다. 업계의 이익을 철저히 반영하려는 미국 통상 관료의 노력은 높이 평가하고 싶다. 그러나 무례하고 일방적 자세는 합의를 형성해 가는 데 문제가 있었다고 본다. 결과적으로 양자 합의는 실패했다. 그리고 얼마 되지 않아 미국이 우리나라의 쇠고기 구분판매제를 WTO에 제소함으로써 분쟁해결 절차가 진행되었다.

쇠고기 구분판매제

수입육이 한우로 둔갑되어 판매되는 것을 막기 위한 수단으로서 쇠고기 구분판매제가 1990년에 도입되었다. 그리고 1997년에는 판매점 자체를 공간적으로도 분리하도록 했다. 이 제도가 도입된 이후 미국이 바로 문제를 제기한 것은 아니었다. 1997년 말부터 시작된 외환위기[14]로 인해 한국 경제가 침체되자 쇠고기 소비도 현저히 줄어들었다. 쇠고기 수입량이 수입 쿼터를 채우지 못하게 되자 미국은 한국 정부에 대해 쿼터의 소진을 위한 특단의 대책을 요구했다. 그 중의 하나가 20%였던 쇠고기 관세율을 내리거나 구분판매제를 폐지하라는 것이었다. 당시 국산 쇠고기 판매점은 4만 5천 개였으나 수입 쇠고기 판매점은 5천여 개로 크게 적었다. 미국은 수입 쇠고기 전문 판매점 제도와 수입 쇠고기에 대한 표시제가 수입 쇠고기 유통을 제약하고 또 축산 보조금이 농업협정에서 정한 한도를 초과하고 있다는 이유로 WTO에 제소했다. 미국의 제소가 있고 2개월 후 호주도 동일한 내용으로 제소했다.

일반적으로 제소가 있고 패널이 구성되기까지는 통상 2~3개월 정도의 시간이 걸린다. 미국의 제소를 심의하기 위한 패널은 1999년 5월 26일에 설치되고, 호주의 제소를 심의하기 위한 패널은 같은 해 7월 26일에 설치되었다. 제소의 내용이 동일하여 두 패널은 1999년 8월 4일 하나의 패널로 통합되었다. 캐나다와 뉴질랜드가 제3자로 참여했다.

그로부터 1년여에 걸친 심의 결과 2000년 7월 31일 WTO 패널은 한국의 쇠고기 구분판매제가 수입 쇠고기에 대한 차별적 조치로 가트 규정을 위반했다고 판정했다. 한국을 원산지로 하는 동종 상품(like product)[15]에 비해 불리하게 하지 않아야 한다는 가트 3조의 내국민 대우 조항에 위반된

---

14) 우리나라의 외환 보유고가 바닥나 국가 신용도가 떨어져 1997년 12월 3일 국제통화기금(IMF)으로부터 경제개혁에 관한 요구조건을 받아들이는 조건으로 외환을 지원받았고, 급격한 산업 구조 조정으로 인해 많은 기업이 문을 닫고 실업자가 많아져 어려움을 겪었다.

15) 모든 면에서 당해 물품과 동일한(identical) 물품, 또는 동일한 물품이 없는 경우에는 당해 물품의 특성과 매우 유사한(closely resembling) 특성을 가지고 있는 물품이라고 할 수 있다. 또 한국 주세분쟁의 패널 및 상소보고서 (WT/DS75/AB/R, WT/DS84/AB/R, 1999.1.18.)는 '직접적인 경쟁관계나 대체관계에 있는 품목으로서 관념(notion) 면에서 매우 유사한 상품'으로 정의하고 있다.

다는 것이었다. 또 한국이 한우산업에 대한 보조금을 잘못 계산했고 보조금 수준도 WTO 농업협정에서 정한 한도를 초과하여 위반했다는 판정을 내렸다.

우리나라는 2000년 9월 11일 패널 판정 결과에 대해 상소했다. 상소 기구는 같은 해 12월 11일 구분판매제가 가트 규정을 위반했다는 판정 결과에 대하여는 제소국의 손을 들어주었다. 그러나 보조금을 초과한 위반에 대해서는 패널이 계산한 방법도 적절하다고 보기 어렵다는 이유로 패널의 결과를 배척한 상소 기구 보고서가 2001년 1월 10일 채택되었다. 그렇다고 상소기구 판정이 농업협정상 우리의 감축대상 보조금(AMS)[16] 산출에 문제가 없다는 의미는 아니었다. 당시 우리는 감축대상 보조금을 계산함에 있어서 자격물량[17]을 수매물량으로 계산했다. 그리고 양허표에 감축대상 보조금은 하나의 숫자만 있어야 하는데, 우리 양허표에는 두 개의 숫자가 있었다. 하나는 괄호 안에, 다른 하나는 괄호 밖에 있었다. 어느 것이 맞는 숫자인지에 대해서도 논쟁이 되었다. 패널은 괄호 밖의 숫자에 따라 판단해야 한다는 의견이었다. 괄호 밖에 있는 숫자가 괄호 내에 있는 것보다 적은 금액이었다. 그런데 2004년에 이 둘의 수치는 같아졌다. 양허표에 감축대상 보조금 감축 계획을 작성하면서, 시작은 달리하되 2004년에는 수치를 맞추는 것으로 고안되었기 때문이다.

이렇게 두 개의 숫자가 양허표에 들어간 배경은 UR 이행 계획서 작성의

---

16) Aggregate Measurement of Support의 약어이며, WTO 농업협정에서 보조금은 실제로 지급된 돈의 개념은 아니다.
17) 영어는 'eligible amount'이다. 정부가 생산량의 10%를 수매하더라도 수매 대상을 지역이나 품종 등으로 제한하지 않았다면 생산량 전부가 자격은 있으므로(eligible), 이 경우 자격물량은 생산량 전량이 된다. UR에서 일본은 쌀의 생산량 전량을 자격물량으로 계산한 반면, 우리는 수매량만을 자격물량으로 감축 대상 보조 총액(AMS)을 계산했다.

기준 연도가 1986년부터 1988년까지인데, 우리는 1989년부터 쌀 수매가격을 올리고 수매량을 늘려왔기 때문이다. 1986년부터 1988년까지 3개년 평균으로 보조금 총액을 적으면 당시 실제수준과 현저한 차이가 발생했던 것이다. 그래서 이행 계획서를 제출하면서, 1989년부터 1991년까지 3년 평균을 적고 쌀 보조금은 1993년을 기준으로 계산한 수치를 괄호 내에 적었던 것이다.

쇠고기 보조금이 문제가 되면서 이러한 우리의 특수한 사정이 드러나게 된 것이다. 정부 수매량으로 계산한 보조 총액을 동일한 기준으로 감축해왔기 때문에, 그 이전에는 특별히 문제가 된 적도 없었다. 1986년과 1993년 사이에 쌀 생산량은 큰 변화가 없었으므로, 자격물량을 정부 수매물량이 아닌 생산량으로 했으면 두 개의 숫자를 적지 않아도 되었을 것이다. 다만 그렇게 했다면 수매가를 올리기는 어려웠을 것이다. 왜냐하면 생산량이 줄어들지 않은 상태에서 수매가를 올리면 WTO에 양허된 AMS 한도를 초과할 수 있었기 때문이다. 반면에 수매물량만을 대상으로 AMS를 계산했기 때문에, 수매물량을 줄이면 수매가격을 올리는 것이 가능했던 것이다.

1999년 초 미국이 한국의 쇠고기 구분판매제에 대해 제소한다고 하자, 어떻게 할 것인가에 대해 농림부와 외교부 통상부 사이에 논쟁이 있었다. 외교통상부는 쇠고기 구분판매제는 가트에서 패소할 게 분명한데, 왜 WTO 분쟁으로 가야 하느냐는 것이었다. 농림부는 구분판매제가 패소한다고 단정할 것은 아니라는 입장이었다. 또 당시는 쇠고기 구분판매제를 폐지하기 어려운 사회적 상황으로 분쟁 절차를 진행함으로써 시간적 여유를 벌 수 있는 점도 고려해 패널을 진행하자는 입장이었다. 구분판매제는 결과적으로 WTO 분쟁에서 패소했다. 한편 분쟁 절차의 진행으로 시간을 벌어, 사회적으로 구분판매제의 폐지에 따른 여파를 최소화하는 것은 가능했다. 쇠고기 구분판매제는 상소 기구의 판정이 나오기까지 595일이 걸렸다. WTO 분쟁해결을 너무 자주 활용해도 안 되지만, 무조건 피하려고 할 것도 아니다. 세계에서 WTO 패널 분쟁을 가장 많이 활용하는 국가는 미국과 EU이고, 또한 가장 많이 피소되는 국가이기도 하다.

02
WTO 출범 초기 농산물 분쟁

분쟁해결에 걸리는 기간

　UR 협상이 끝나고 가트 체제에서 WTO 체제로 바뀜에 따라 가장 많이 달라진 부분이 분쟁해결 제도라고 할 수 있다. 어느 한 나라가 다른 나라를 WTO에 제소하면 분쟁해결 절차가 시작된다. 그 첫 절차는 두 나라간 협의(consultation)이다. 제소 국가가 상대국에 협의를 요청하면 상대국은 응해야 하고, 협의는 30일 내에 반드시 개최되어야 한다. 이 협의에서 합의가 이루어지지 않으면 제소국은 패널 구성을 요청할 수 있다.

　가트 시절부터 최근까지 분쟁 절차의 진행을 보면, 일반적으로 제소 절차를 시작하여 패널이 설치되기까지 3개월 정도의 시간이 소요된다. 패널이 설치되고 구성될 때까지 최단기간은 보름, 최장으로는 230일 정도가 걸린 경우도 있으나 평균적으로는 76일이 걸렸다. 패널이 구성되고 패널 중간보고서가 나올 때까지는 평균 283일이 걸리고 최종 패널보고서는 중간보고서가 나오고 당사국에 전달되기까지는 72일 정도가 추가로 소요되어 평균 355일 정도가 소요된다. 그 보고서가 WTO 회원국에 회람될 때까지는 3주 정도의 시간이 더 소요된다. 패널이 설치되고 최종 보고서가 회원국에 회람될 때까지는 평균 456일이 걸린다. 제소 절차를 시작하여 최종 패널 보고서가 나오기까지는 약 18개월의 기간이 소요되는 셈이다.[18] 물론 사안의 성격에 따라 큰 차이는 있다.

WTO 분쟁에서 가장 오래 시일이 걸린 사건은 항공기 분쟁으로, 5년 정도가 걸렸다. 농산물 관련 분쟁으로는 3년 정도 걸린, 미국과 EU가 다툰 쇠고기 호르몬 분쟁이었다. 패널 보고서가 나오고 어느 한 당사국이 패널 보고서의 내용에 불만을 갖고 상소 절차를 시작하면, 최종 확정되기까지 일반적으로 3개월 정도의 기간이 더 걸린다.

농산물 검역 및 검사 제도

1995년 WTO 출범 후 5년여 동안 우리나라가 관여된 분쟁은 비 농산물을 포함하여 11건이다. 교역 상대국이 한국을 제소한 경우가 8건이고, 우리가 상대국을 제소한 경우가 3건이다. 여기서 첫 번째 대상이 1995년 5월 미국이 제소한 우리의 수입 농산물 검역 및 위생검사 제도였다. WTO에 제소한 사유는 한국이 복잡하고 까다로운 통관검사 및 위생검역 제도를 통해 부당하게 수입을 규제하고 있다는 것이었다. 1994년 미국산 오렌지가 항구에서 썩는 일이 발생하자, 미국은 한국의 불합리한 통관절차 때문이라고 주장하면서, 이 문제를 WTO 차원에서 해결을 시도한 것이다. 미국은 한국이 자의든 타의든 농산물 시장개방을 해놓고, 그 이후에 여러

---

18) 3개월(패널설치) + 76일(패널구성) + 283일(중간보고서) + 72일(최종보고서 당사국전달) + 21일(최종보고서 회원국 회람)을 합하여 약550일로 약 18개월이 된다.

가지 형태, 즉 검역이나 검사 제도를 통하여 교묘하게 수입을 방해하고 있다는 의구심을 가지고 있었다. 이런 유형의 의심은 비단 이 문제에서뿐 아니라, 상당 기간 한미 간 통상마찰을 야기한 요인이기도 했다. 수입된 캘리포니아 오렌지가 통관 과정에서 많이 부패한 적이 있었다. 우리 쪽은 캘리포니아에 내린 많은 비 때문에 수입된 오렌지에 수분이 많은 데다, 지나치게 과다하게 선적되어 운송 도중에 썩은 것이라는 입장이었다. 반면 미국은 우리의 통관에 시일이 너무 오래 걸려 썩었다고 주장했다. 누구의 말이 옳은가를 떠나 우리의 통관에 소요되는 기간이 선진국의 일반적인 경우보다는 길었던 것은 사실이다.

WTO가 출범하면 첫 번째 분쟁해결 사례가 농산물이고, 그것도 검역이나 검사와 관련될 것이라는 예상은 틀리지 않았다. 미국은 1995년 4월 분쟁해결 절차의 시작으로, 한국에 양자협의를 요청했다. 그로부터 한 달 후 제소의 내용에 기술 규정의 채택이나 적용 등과 관련한 무역기술장벽협정(TBT)[19] 제2조를 추가하여 다시 협의를 요청했다. 상대국으로부터 협의 요청을 받으면, 요청 받은 국가는 30일 내 협의에 응하면 되나, 미국은 신선 농산물이라는 이유로 10일 내 협의를 하자고 요청했다. WTO 분쟁해결 절차의 시작을 위한 미국과 양자협의에서 합의에 이르러, 그 이후 분쟁해결 절차는 더 이상 진행되지 않았다.

---

19) Technical Barrier to Trade를 줄인 말이다. 무역거래에 영향을 미치는 시험검사, 인증제도, 각종 규격 등을 새로 제정하거나 개정할 때 국제기준이나 관행을 따르도록 의무화하려는 취지로, UR 협상에서 마련된 협정이다. 동식물의 질병이나 해충과 관련된 위생검역규정(SPS, Sanitary and Phytosanitary)과는 별개이다.

식품 유통기한

　미국에서 수입되던 가열냉동 소시지의 유통기한을 둘러싸고 1995년도에 있었던 한미 간 통상 분쟁이다. 가열냉동 수입 소시지는 주로 부대찌개나 핫도그용으로 공급되고 있었다. 지금과는 달리 당시에는 식품의 기준 및 규격에 관한 법령인 「식품공전」[20]에서 식품의 유통기한을 제조방법과 보관방식에 따라 정부가 획일적으로 정했다. 즉 가열처리한 소시지의 경우 냉장보관 상태에서 30일, 비(非) 가열 냉동보관 소시지는 90일의 유통기한만 정하고 있었다. 당시 냉동 유통시설의 미비로 가열처리한 경우는 냉장보관을 기준으로 유통기한을 부여했다. 가열처리한 냉동 소시지에 대한 유통기한이 별도로 없었기 때문에 가열처리한 냉장 소시지의 유통기한을 30일로 적용하고 있었다. 미국이 우리의 이러한 제도에 대해 식품의 유통기한을 제조업체가 스스로 정하도록 하는 제도의 도입을 요구하면서, 통상 현안으로 비화된 사안이었다. 우리가 인정한 30일의 유통기한은 미국 측에서 볼 때, 소시지가 국내로 들어오는 것을 사실상 원천적으로 봉쇄한다는 것이었다. 왜냐하면 외국에서 제조하고 국내로 들어올 때까지 아무리 빨라도 통관까지 한 달 정도가 걸리기 때문이었다.

　미국은 1995년 5월 WTO 분쟁해결 절차의 시작으로 양자협의를 요청했다. 미국은 이 사안의 성격을 한국이 소시지를 수입 자유화 품목으로 일단 분류해놓고, 실제로는 검역이나 검사를 강화하여 2차적 수입 장벽

---

20) 「식품위생법」에 따라 식품의 제조·가공·사용·조리·보존 방법에 관한 기준과 성분에 관한 규격을 담고 있다.

을 만드는 것으로 보았다.[21] 이후 우리 소비자 단체의 반발에도 불구하고 1995년부터 식품 유통기한을 제조자의 자율 표시제로 전환하고, 단계적으로 적용 대상 품목을 확대하는 방식으로 제도를 변경했다. 소분류를 기준으로 346개 품목 중 약 60%인 207개를 첫 해인 1995년에 자율화하고, 나머지를 1998년까지 자율화하는 것으로 했다. 그리고 우유, 두부, 이유식, 도시락 등은 그 이후 검토하는 것으로 했다. 제조자 유통기한 자율 표시제는 오늘날 우리가 적용하고 있는 제도이다. 당시 미국이나 일본 등 선진국은 이 제도를 운영하고 있었다. 우리보다 선진국이었던 국가들과 통상마찰을 겪으면서 우리 제도가 합리적으로 바뀌어가는 효과가 있었다는 점도 부인할 수는 없다. 당시 정부가 제조업체에서 스스로 유통기한을 정하고 표시토록 하는 제도를 도입하자, 소비자 단체는 미국의 압력에 굴복하여 국민의 식품안전을 포기했다며 정부를 비판했다.[22]

먹는 샘물

캐나다가 우리나라에 수출하려던 생수가 오존처리 되었다는 이유로 한국 정부는 먹는 샘물(생수)의 수입을 금지했다. 캐나다로부터 먹는 샘물을 수입한 업체는 주한 캐나다 대사관에 불만을 토로했고, 1995년 7월 캐나다 정부를 통해 이 문제가 통상 현안으로 제기되었다.

우리나라의 경우 「먹는 물 관리법」은 먹는 샘물의 경우 자외선 살균

---

21) 『매일경제신문』, 1995년 2월 8일, 1면, '美 산육 류 유통기한 철폐', '孔 외무-캔터 무역대표 회담'.
22) 『한겨레신문』, 1995년 3월 2일, 13면, '식품 유통기한 자율화, 거센 반발', 『매일경제신문』, 1994년 9월 25일, 19면, '식품 유통기한 업체 자율위임, 국민 건강권 포기 처사'.

등 물리적 처리만을 인정할 뿐 화학적으로 처리하는 것을 금지하고 있었다. 오존처리는 화학적 처리의 일종이다. 당시 먹는 샘물에 오존처리를 허용하고 있는 국가도 있고 그렇지 않은 국가도 있었다. 미국, 일본, 싱가포르 등은 허용하고 있었다. 그러나 국내법에서 정해진 6개월의 생수 유통기한으로는 오존처리를 하지 않은 샘물의 교역은 불가능했다.

캐나다가 이 사안으로 한국을 WTO에 제소하기 전에 미국이 냉동 소시지 건으로 식품 유통기한 문제로 한국을 WTO에 제소하자, 캐나다는 이 제소 건에 제3자로 참여하여 먹는 샘물 문제의 해결을 시도했다. 그러나 한국이 미국과 양자적으로 냉동 소시지를 포함한 식품유통기한 문제만을 해결하자, 캐나다는 독자적으로 1995년 11월, 한국을 WTO에 제소했다.[23] 이 분쟁에 미국과 EU가 제3자로 참여했다. 1996년 4월 한국과 캐나다는 오존처리 된 먹는 샘물의 국내 시판을 허용하되, 유통기한을 6개월로 합의하고 종결했다.[24]

혼합분유

축산업협동조합중앙회[25]는 1993년 1월부터 수입이 자유화된 이후 수입량이 급증한 혼합분유에 대해 산업피해구제를 1996년 5월 2일 신청했다. 분유의 고율관세를 회피하기 위한 혼합분유 형태로 수입이 급증했던 것이 이유였다. 그리고 무역위원회의 건의를 받아서 농림부 장관은 구제조치를

---

23) WTO, 1995년 11월 22일, '한국의 생수(bottled water) 관련 조치에 대한 캐나다 협의 요청'.
24) WTO, 1996년 5월 6일, '한국의 생수에 관한 조치에 대한 상호 합의의 통보'.
25) 1981년 1월에 양축농가의 협동조직을 육성하고, 축산업 진흥과 그 구성원의 경제적·사회적 지위 향상을 위해 설립된 특수법인이며, 2000년 7월 농협중앙회로 통합되었다.

결정했다.

분유는 관세가 200%로 높은 반면에, 분유에 유장분말이나 맥아 농축액 등을 섞으면 품목분류표(HSK)에서 혼합분유로 분류된다. 이 경우 관세가 75%로 낮아 수입이 급증했던 것이다. 무역위원회는 10개월 동안 조사를 거쳐 축산업협동조합중앙회 피해구제 신청이 타당하다고 보고 1997년 3월 7일 긴급수입제한조치, 즉 세이프가드를 결정했다. 농림부 장관은 무역위원회의 결정에 따라 혼합분유 수입에 대해 수량제한 조치를 시행했다. 혼합분유 수입 쿼터를 세이프가드 조치 첫 해인 1997년에는 2만 251톤으로 정하고 2001년까지[26] 4년간 동 쿼터를 기준으로 매년 수입물량을 5.7% 증량하는 내용이었다.

산업피해 판정은 동종 국내산업의 범위, 수입 수량이 증가했는지 여부, 국내 산업에 심각한 피해가 있는지, 그리고 그 피해와 수입과의 인과관계를 따지도록 세이프가드 협정에서 규정하고 있다. EU는 우리 정부가 세이프가드 조치를 내린 혼합분유에 대해 산업피해 조사의 적정성, 구제조치로 무역제한적인 수량제한, 즉 쿼터 조치가 불가피했느냐 등에 대한 문제점을 들어 1997년 8월 13일 WTO에 제소했다. 패널은 1999년 6월 21일 우리나라의 조치가 WTO 규정에 위배된다는 판정을 내렸다. 판정은 세이프가드 협정 4조 2항에서 정하고 있는 요건에 대한 검토가 충분하지 않았고, 수량제한 조치는 피해로부터 국내 산업을 구제하기 위해 필요한 수준을 초과했다는 것이었다.

우리나라는 패널의 결정에 불복하여 1999년 9월 15일 상소했다. EU도

---

26) 쿼터의 시작이 1997년 3월 1일부터여서, 세이프가드 기간은 2001년 2월 28일까지 4년간이었다.

일부 판정 내용에 대해 상소했다. 상소 기구는 원심인 패널의 판정을 거의 그대로 인정하여, 결국 우리나라가 패소했다. 우리나라는 2000년 5월 20일까지 판정 결과를 이행하기로 제소국인 EU와 합의하고, 그 일환으로 세이프가드 조치를 종료했다. 물론 WTO에서 우리가 패소했지만, 세이프가드 조치를 시행하고 일련의 과정을 진행하는 약 3년 동안 약 7천만 달러 상당의 혼합분유 수입을 줄이는 효과가 있었다. 또한 국내업계가 대응할 수 있는 시간을 확보하는 의미도 있었다.

국내 분유를 보호하기 위해 수입 분유에는 높은 관세를 매기고 그와 유사한 품목은 관세를 낮추어왔기 때문에, 고율의 관세를 회피하는 것이 가능해서 발생한 사안이었다. 앞으로 농산물 가공 기술은 어디까지 발전할지 모른다. 이 건은 관세정책의 중요성을 실감한 사안이었는데, 이러한 예는 많다. 고추를 보호하기 위해 고추와 고춧가루에는 높은 관세를 부과하니, 고추가 들어간 양념, 즉 관세가 낮은 다진 양념이나 냉동 고추로 수입하여 관세를 회피하는 일이 벌어지고 있다. 신선 마늘 역시 관세가 높지만 냉동 마늘이나 초산 마늘의 관세는 낮기 때문에, 이들 품목의 수입이 급증하여 세이프가드 조치를 취하고, 그 세이프가드를 둘러싸고 중국과 통상마찰이 심각하게 발생한 적도 있었다.

소주와 위스키

소주의 주세를 올릴 것인가? 위스키의 주세를 내릴 것인가? 1998년 7월 한국이 미국과 EU가 제소한 주세분쟁에서 패소하자 패널의 권고를 어떻게 이행할 것인가를 두고 나온 말이다. 1996년 미국, EU 및 캐나다가 알코

올 도수의 차이를 감안하더라도, 일본의 소주 세율에 비해 위스키 세율이 지나치게 높다는 이유로 일본을 WTO에 제소했다. 패널은 제소국인 미국, EU 및 캐나다의 손을 들어주었다. 이 판정을 근거로 미국과 EU는 한국에 대해서도 소주와 위스키의 세율을 조정해줄 것을 요구했는데, 우리가 받아들이지 않자 한국을 WTO에 제소했다. 당시 소주의 주세율은 증류식이 50%, 희석식 소주가 35%였는데, 당시 위스키의 세율은 100%로 소주에 비해 크게 높았다. 우리나라에 위스키 원액을 수출하던 EU가 1997년 4월에 한국을 제소하고 5월에는 미국이 제소하여, 1997년 10월에 단일 패널이 설치되었다. 그로부터 10개월 후인 1998년 7월 31일 패널은 한국의 패소를 결정했다.

  패널의 판정은 소주와 위스키가 직접적인 경쟁관계에 있고 동시에 대체관계가 존재하므로, 국산품인 소주에 비해 수입품인 위스키에 높은 세율을 적용하고 있는 한국의 주세제도가 WTO 협정의 내국민 대우[27] 조항에 위배된다는 것이었다. 그리고 3개월 후 우리나라는 패널 판정에 대해 상소했으나 1999년 1월 17일 상소 기구는 패널의 판정을 그대로 인정했고, 소주와 위스키 간 주세율의 차이를 해소해야 했다. 우리나라가 주세율의 차이를 해소하는 방안은 위스키의 주세를 낮추거나 소주의 주세를 올리는 것이었다. 당시 어느 것이 옳은가에 대한 논쟁이 적지 않았다. 결국 소주의 세율은 올리고 위스키의 세율은 내려서, 똑같이 72%로 맞추는 방식으로 2000년 1월 27일 주세법을 개정하여 차이를 해소했다.

---

[27] WTO 협정 제3조의 National Treatment on Taxation and Regulation을 말하며, 수입품을 국내 상품과 동등하게 대우해야 한다는 것이다. 다만 국내에서만 적용되므로 국내로 들어오기 이전의 상태에 있는 상품에는 적용되지 않는다.

03 APEC 조기 자유화

보고르 정상 선언과 오사카 행동지침

　김영삼 대통령이 참석한 APEC(아시아태평양경제협력기구) 정상회의가 인도네시아 보고르(Bogor)에서 1994년 11월 15일 개최되었다. 선진국은 2010년, 개도국은 2020년까지 무역과 투자의 자유화를 달성한다는 것을 목표로 설정했다. UR이 타결되고 1995년 1월 1일 WTO 출범을 앞두고 있던 시점이었다. UR 협상에서 농산물 시장개방의 정치적 어려움을 겪었던 기억이 채 가시기도 전이었다. 그런데 개도국이라도 2020년에 무역과 투자를 자유화한다는 것은 상당한 부담이었다. 더욱이 한국이 선진국으로 분류되어 2010년에 자유화를 한다는 것은 생각조차 할 수 없었다. 당시 다자 협상에서도 미국의 영향력은 컸지만, 특히 APEC 내에서는 거의 절대적인 시기였다.
　당시 개도국을 경제발전 정도에 따라 나누자는 논의가 있었고, 합의를 위한 초안에는 선진국과 개도국의 분류뿐 아니라 신흥 공업국(NIEs) 이라는 새로운 분류도 있었다. 그런데 신흥 공업국이라는 분류가 만들어지면 한국이 거기에 해당된다는 것은 누구도 부인할 수 없는 상황이었다. 그런데 그 분류는 만들어지지 않았다. 물론 이렇게 되기까지는 실무자들은 물론 대통령까지 나서는 많은 노력이 있었다. 정상들에 의해 합의가 이루어졌더라도, 그 합의가 10년 이상 지나도 수정없이 이행된다고 단정할 수는 없다. 그러나 그러한 합의가 존재한다는 사실만으로도 상당한 정치적 부담이 될 수 있었다. 보고르 정상 선언이 있고 다음 해 일본 오사카에서 보고로 정상회의 합의사항을 어떻게 이행할 것인가에 대한 실천 방안을 논의하는 회의가 있었다. 보고르 정상 선언문에 들어 있는, 선진국은 2010년까지, 개도국은 2020년까지 무역과 투자를 자유화한다는 합의는 한국은 물론 일본에게도 부담되기는 마찬가지였다.

보고르 정상 선언에서 명기된 선진국 2010년, 개도국 2020년의 시한에 신축적 해석이 가능할 수 있도록 합의 문구를 만든 것이 오사카 행동지침(Osaka Action Agenda)이었다. 각국의 경제발전 수준과 다양한 환경을 고려하여 무역 자유화를 다루어 나간다는 내용의 신축성(flexibility)[28] 조항이 들어갔다. 그 이후 보고르 정상회의에서 선언한 무역과 투자 자유화가 반드시 선진국은 2010년, 개도국은 2020년까지 자유화한다는 의미는 아니라는 해석이 가능해졌다. APEC 국가는 미국 외에도 농산물 수출국인 호주, 뉴질랜드 등 케언즈 국가가 많고, 수입국의 입장을 취하는 한국, 일본, 대만 등은 소수이다. 보고르 선언을 이행하기 위한 방안으로 분야별 조기 자유화에 대한 논의에서 농산물 수출국들이 보고르 목표를 들고나오며 압박해올 때, 오사카 행동지침에 반영된 신축성 조항으로 대응할 수 있었다.

---

28) Considering the different levels of economic development among the APEC economies and the diverse circumstances in each economy, flexibility will be available in dealing with issues arising from such circumstances in the liberalization and facilitation process.

분야별 조기 자유화

　분야별 조기 자유화는 아시아태평양경제협력기구(APEC) 국가 간 조기(Early)에 자발적(Voluntary)으로 분야별(Sectoral)로 무역과 투자를 자유화(Liberalization)하는 것이다. APEC 회원국이 자발성 및 신축성에 기초하여, 보고르 목표보다 더 빨리 무역 자유화가 가능한 분야를 선정하자는 취지로 추진되었다.

　1996년 필리핀 수빅(Subic)에서 개최된 APEC 정상회의에서 논의가 시작되었다. 그리고 1997년 말 밴쿠버 정상회의에서 각국의 지지 정도, 경제적 중요성, 회원국 간의 이익 균형을 감안하여 15개 분야를 조기 자유화 대상 분야로 선정하고 논의를 진행했다. 식품, 유지 종자(oilseed), 임산물, 수산물 등 농림어업 분야 4개와 완구, 환경제품 및 서비스, 화학, 보석, 에너지 및 관련 장비, 의료장비, 정보통신 상호인증 협정(MRA)[29] 및 관련 제품, 비료, 자동차 표준, 고무, 민간 항공기 등 11개 비 농림어업 분야이다. 농수산물 조기 자유화는 미국을 비롯한 농산물 수출국이 그들의 입김이 상대적으로 강한 무대인 APEC에서, 자유화 패키지를 만들어 제네바로 넘겨 다자적으로 합의를 시도하려는 구상이었다. 식품과 유지 종자는 농림부가, 수산물은 해양수산부가, 임산물은 산림청이 각각 담당했다.

　김영삼 정부 출범 후 정부조직 개편에 따라 수산청과 해운항만청이 합쳐져 해양수산부가 만들어져서, 수산물은 해양수산부 소관이었다. 우리는 농산물의 자유화는 다자 방식에 의한 자유화를 선호했다. 다자 무대에

---

[29] Mutual Recognition Arrangement의 약어로, 정보 처리 시스템이나 정보 처리 제품에 대해 상호 인증에 참가한 국가에서 통용된다는 것을 확인하는 협정을 말한다.

농업의 다원적 기능을 주장하는 EU가 있고, 다자 협상의 속성상 자유화의 속도를 가급적 늦추려는 우리 입장에서 APEC보다는 다자협상 무대인 WTO가 상대적으로 유리한 환경이었기 때문이다. 어떤 분야를 조기 자유화 대상으로 할지 각국에서 제안서를 제출하고 논의를 거쳐 자유화 대상을 정해 나가는 방식으로 진행되었다. 식품과 유지 종자 분야의 조기 자유화를 막아야 하는 우리 입장에서는 우리와 같은 입장을 취해온 일본과의 공조가 중요했다. 참가국을 2개의 그룹으로 나누어 조기 자유화를 논의했다. 한 그룹은 선진국 그룹이고, 다른 하나는 개도국 그룹이었다. 전자에는 일본이, 후자에는 한국이 참석했다. 어떤 경우는 선진국 그룹이 먼저 논의를 하고, 그 다음에 개도국 그룹이 논의를 하고, 다른 경우는 그 반대로 진행되었다.

우리와 일본은 회의에 참석하기에 앞서 공조하기로 하고, 누가 먼저 회의에 들어가든 회의가 끝날 때까지 기다렸다가, 논의 동향에 관한 정보를 교환하고 다음 회의에 참석했다. 왜냐하면 하나의 이슈에 대해 두 나라가 비슷한 목소리를 내는 것이 중요했기 때문이다. 그리고 만약에 농산물에서 식품과 유지 종자가 조기 자유화 대상 분야로 선정되더라도, APEC의 기본 원칙인 자발성에 입각하여 우리나라가 참여를 원치 않는 경우 '빠질 수 있는'(opt-out) 근거를 확보하는 것도 중요했기 때문이다.

합의문 초안에 조기 자유화가 분야별 이니셔티브(sectoral initiatives)로 표현되어 있었다. 여기서 이니셔티브라는 단어가 복수냐 단수냐에 따라 의미가 달라진다. 왜냐하면 단수이면 조기 자유화 패키지 전체를 말하는 것이 되고, 이 경우는 우리나라가 자발성에 입각해서 조기 자유화 전체를 받아들이든가 아니면 전부를 거부해야 한다는 의미이다. 반면에 이니셔티브가 복수로 쓰인 경우에는 조기 자유화 분야 각각을 말하는 것으로 해석되기 때문에, 우리가 원치 않는 분야는 자발성의 원칙에 근거하여 빠질 수 있다는 의미가 되는 것이었다. 그런데 합의문 초안에는 이니셔티브라는 단어가 복수였다. 어느 날 통상교섭본부의 고위 관계자가 필자에게 농산물 분야만 빠지는 선택이 불가능한 것이 아니냐고 묻기에 이니셔티브가 복수로 되어 있기 때문에 가능하다고 대답한 바 있다. 조기 자유화 논의 과정에서 농림부는 일관되게 농산물의 두 분야, 식품과 유지 종자의 조기 자유화에는 참여할 수 없다는 입장을 견지했었다.

  1998년 11월 뉴질랜드에서 개최된 APEC 회의에 대비하여 정부 입장을 정리하는 회의가 외교부 주관으로 열렸다. 수산물과 임산물은 분야별 조기 자유화가 타결 국면으로 갈 경우 수산물은 85%, 임산물은 80%의 관세를 철폐 한다는 입장을 결정했다. 이러한 결정은 협상에서의 최종 안으로 내부입장이었다. 그 이후 필자가 임산물 관련 조기 자유화 논의와 관련해 산림청의 과장, 사무관과 함께 뉴질랜드에서 열린 APEC 회의에 참석했다. APEC 회의 일정이 시작되고 얼마 되지 않은 시점이었고, 임산물 조기 자유화의 간사국을 맡고 있던 뉴질랜드가 주관한 회의였다. 임산물의 조기 자유화에 반대한다고 발언하고 회의를 끝내고 나오려는데, 뉴질랜드 대표가 다가와 "서울에서 좋은 소식은 없는지?" 하고 물었다. 무슨 소리인지 얼른 이해되지 않았지만 기분 좋게 들리는 말은 분명 아니었다. 그래서 "너 지금 무슨 소리 하는 거냐?"고 되물었다. 뉴질랜드 관계자가 대답을 피해서 필자가 다시 정색하며 물었다. "너 지금 장난하고 있냐?" 끝내 그 말의 의미를 뉴질랜드에서는 듣지 못했는데, 그 의미를 알게 된 것은 조기 자유화가 결렬되고 서울에 돌아와서였다. 외교부가 정부 내 각 부처 협상

대표에게 전달한 우리의 분야별 조기자유화에 대한 최종입장을 주한 외교관들을 불러 사전에 설명해주었던 것이다. 당시 회환위기 극복을 위해 우리 경제에 대한 대외 신인도가 중요한 시점이었다. 그 사실을 알지 못한 채 필자나 산림청 대표는 회의에 참석했고, 뉴질랜드 대표는 이미 한국의 입장을 알고 있었던 것이다. 뉴질랜드 대표는 한국 정부의 입장이 80% 개방인 것을 이미 아는데 뭐 그리 안 된다고 하느냐는 의미로 그런 말을 한 것이었다.

조기 자유화는 논의가 진행되면서 타결의 가능성이 점점 낮아지고 있었다. 당초 우리 외교부의 예상과는 달리 일본의 입장에 전혀 변화가 없었고, 대만의 입장도 마찬가지였다. 특히 수산물의 경우 의미 있는 다수(critical mass)[30]를 형성하기 위해서는 세계 1위의 수입국인 일본의 입장이 중요했는데, 일본의 입장에 전혀 변화가 없었다. 임산물도 수산물과 다르지 않은 상황이었다. 그런데 산림청에서 과장과 사무관이 참석하고 있었는데, 과장은 조기 자유화가 타결되지 않더라도 임산물 80% 개방안을 이번 회의에서 제시하고 돌아가야 한다는 것이었다. 필자가 조기 자유화가 결렬되는 것이 확실한 상황에서 왜 80% 개방안을 제시해야 하냐고 반문했다. 그리고 한번 제시하면 그것이 다음 번 논의의 기초가 되는데 이해할 수 없다고 하자, 과장은 서울에서 출발할 때 그런 지시를 받았다는 것이었다.

임산물은 농산물과 함께 농림부가 총괄적으로 관장하고 있는 분야이기

---

30) 사전적 의미로는 '바람직한 결과를 얻기 위한 충분한 양'을 의미한다. 분야별 자유화를 논의할 때 특정 분야 또는 품목의 교역량에서 자발적으로 참여하고자 하는 국가들의 교역량이 일정 수준을 넘게 되면 'Critical Mass'가 형성되었다고 본다. 획일적으로 정해진 수치적 개념은 없으나, 적어도 80%는 되어야 한다고 보는 것이 일반적이다.

도 하지만, 기본적으로는 산림청 소관이다. 고민 끝에 산림청 사무관에게 이야기했다. APEC 회의 기간에만 산림청의 입장을 제시하면 서울에서 받은 지시를 이행하는 것이 되니까, 마지막 전날 밤 11시 50분경 임산물 조정국을 맡고 있던 뉴질랜드 대표단 사무실에 가서 임산물 80% 개방안을 제출하라고 주문했고, 산림청 사무관은 그렇게 했다. 그리고 다음날 아침, 즉 APEC 회의 마지막 날, 그 전날까지 각국이 제시한 개방안이 공식 문서로 작성되어 회람되었다. 일본은 농산물이나 수산물, 임산물 모두 개방 비율이 매우 낮게 되어 있었다. 한국은 임산물 46%, 수산물 85%라는 관세철폐 비율의 숫자가 적혀 있었다. 그리고 조기 자유화는 결렬되고 대표단은 귀국했다. 며칠 후 APEC 회의에서 조기 자유화는 결렬되었으나 우리가 이미 회의에서 제시한 수산물과 임산물의 관세철폐 입장을 어떻게 할 것인가에 대해 외교부 차관보 주관으로 회의가 개최되었다.

『조선일보』 1면 톱

'정부 APEC 때 오판, 수·임산물 과잉 개방'
'경쟁국 확인 않고 덥석 개방'
'대외 이미지만 고려해서 성급한 판단'
'국제관례상 개방 폭 번복은 힘들어'

맨 앞의 것은 당시 조간신문[31]의 1면 헤드라인이고, 뒤의 것은 같은 날 42면에 실린 기사의 제목이다. 마지막 두 개는 그 다음날 같은 신문에 실

---

31) 『조선일보』 1998년 12월 2일자.

린 기사의 제목이다. 김대중 정부가 출범하고 대통령이 그해 11월 말, 뉴질 랜드에서 개최된 APEC 회의에 참석하고 귀국한 지 얼마 되지 않은 시점이 었다. 언론에 기사가 나가고, 그 기사의 내용에는 문제가 될 만큼 틀린 것은 없지만, 그러한 기사가 어떻게 나갔느냐 하는 것이 문제가 되었다. 누가 보더라도 정부 관계자의 회의 결과 보고문서가 유출된 것이 아닌가 하는 의구심을 갖기에 충분했다. 내용의 성격상 농림부가 일차적으로 의심 받는 상황이 되었다. 농산물은 농림부가 개방안을 내지 않았으니 조기 자유화가 결렬되어도 문제될 게 없었지만, 쟁점은 해양수산부나 산림청이 제시한 수산물 85%, 임산물 80%의 개방안을 어떻게 해야 하는가 하는 것이었다. 외교부는 일단 개방안을 제시했으니 그대로 둬야 한다는 입장이었고, 해양수산부는 결렬되었으니 없었던 것이 되어야 한다는 입장이었다. 산림청은 80% 개방안을 제시했지만 APEC 최종 공식문서에 반영된 46%라는 숫자만 우리가 지키면 된다는 입장을 취했다. 당시에는 신문의 가판(街販)32)이라는 제도가 있던 시절이었지만 이 기사는 가판에 없었다.

공직 기강실에 불려가다

공직기강실 관계자가 외교부 차관보 주관 회의에 참석한 부처의 회의 결과 보고서를 직접 받거나 팩스로 받았다. 그런데 공직기강실 관계자는 농림부 담당 국장한테 회의 결과 보고 자료를 가지고 공직기강실로 직접 들어오라는 것이었다. 당시 담당 과장이었던 필자가 국장과 함께 공직기

---

32) 일반적으로 오후 4시경 초판 기사를 마감하고 편집해서 인쇄한 후 저녁 6시경부터 가판 신문이 나오고, 오후 8시경 최종 편집이 이루어진다. 가판은 일종의 초벌구이 신문이라고 할 수 있다. 특종은 가판에 실으면 다른 신문이 베끼는 경우를 우려해 가판에 싣지 않는 것이 일반적이었다.

강실로 갔다. 도착하자마자 첫 질문이 미국 무역대표부 대표가 한국의 제안에 대해 '믿기지 않는 오퍼(unbelievable offer)'라고 했다는데, 그 근거가 무엇이냐는 것이었다. 외교부에서 '믿기지 않는 오퍼'라는 얘기가 회의장에서는 나오지 않았다고 하는데, 그러면 농림부가 사실과 다른 이야기를 한 것이 아닌가 하는 의문을 갖고 물어본 것이었다. 물론 농림부도 회의장에서 그런 이야기가 있었다고 한 것은 아니었다.

필자가 통상협력과장으로 업무를 하는 동안 미국 무역대표부 사이트에 들어가는 것은 업무상 일상적인 일이었다. 미국 고위 통상 관계자의 발언은 향후 동향을 파악하고 예측하는 데 유익한 정보가 될 수 있기 때문이었다. 뉴질랜드에서 개최된 APEC 회의에서 조기 자유화가 결렬되고 나서, 미국 무역대표부의 고위 관계자가 이번 회의 결과에 대해 언급한 발언이 있었는지, 그리고 있었다면 그 내용을 확인할 필요가 있었다. 필자가 미국 무역대표부 홈페이지에서 무역대표부 대표가 한국의 조기 자유화 오퍼에 대해 '믿기지 않는 오퍼'라고 평가했다는 발언의 내용을 읽고 회의대응 자료를 작성했다. 그 자료를 토대로 국장이 외교부 회의에 참석하여, 한국의 개방안에 대해 미국의 통상 장관이 '믿기지 않는 오퍼'라고 할 정도로 너무 앞서 높은 개방 계획을 제시한 것이라는 의미로 회의에서 발언한 것이었다. 공직기강실 관계자에게 미국 무역대표부 대표의 영문 발언문을 보여주자 더 이상 언급하지 않았다. 그 자리에서 회의 결과 보고서가 어떻게 유출되었는지는 알지 못하나, 국장이나 필자인 과장이 모두 책임을 지겠다고 했다. 그리고 그 관계자에게 APEC 조기 자유화가 어떻게 진행되었고, 그 진행 과정에서 농림부의 판단이 옳았는지 외교부의 판단이 옳았는지 검토해보기 바란다는 말을 하고 그곳을 나왔다.

농림부와 외교부의 판단에 차이가 있었던 부분은 일본과 대만이 수산물과 임산물 조기 자유화에 참여할 것인가에 대한 판단이었다. 외교부는 대만은 미국이 참가하라고 하면 그 말을 들을 수밖에 없다고 보았고, 일본 역시 참여할 것이라는 판단이었다. 반면 농림부는 대만은 단정할 수 없지만, 일본은 수산물과 임산물 모두에 참여하지 않을 것으로 보고 있었다. 결과적으로는 일본은 물론 대만도 두 분야의 조기 자유화에 참여하지 않았다.

04

미국산 쇠고기 수입 위생조건 협상

　소해면상뇌증, 영어로는 BSE[33]라고 일반적으로 줄여서 부르고, 속칭 광우병이다. 1986년 영국에서 최초로 확인된 후 대부분 유럽을 중심으로 발생했다. 인간 광우병과 관련 있는 것으로 확인된 이후 쇠고기 교역에서 가장 금기시되는 질병으로, 사람과 동물 모두에게 감염되는 인수 공통 전염병이다.

　2003년 12월 24일 미국에서 광우병이 처음으로 발생하자, 그 당시 미국산 쇠고기 수입 위생조건에 따라 한국 정부는 미국으로부터 쇠고기 수입을 전면 금지했다. 미국 쇠고기 수입금지는 우리뿐 아니라 일본, 대만도 동일한 조치를 취했다. 미국은 수입금지 조치가 취해진 다음 해부터 교역 상대국에게 수입을 재개해줄 것을 요청했다. 일본과 대만은 우리나라보다 먼저 수입을 허용하여, 미국은 이들 국가에 쇠고기를 수출하고 있었다. 미국이 수출하는 쇠고기 조건은 일본에는 20개월 미만 소에서 생산한 뼈를 포함한 쇠고기를, 대만에는 30개월 미만 소의 살코기였다. 이런 주변국가

---

[33] Bovine Spongiform Encephalopathy이고 이 책에서는 편의상 광우병으로 적고 있다. 발병 원인이 밝혀지고 이에 따른 각국의 적절한 조치로 인해 현저하게 발병 건수가 줄어들고 있다.

의 상황에 비추어 미국산 쇠고기 수입을 전면 금지하고 있던 한국에 대해 미국은 개방 압력을 집중했던 것이다.

2005년 2월부터 1년 동안 세 차례의 미국산 쇠고기 수입을 위한 수입 위생조건에 대한 양국 간 협의를 갖고 2006년 1월에 쇠고기 수입을 재개하기로 합의했다. 수입조건은 30개월 미만 소에서 생산된 살코기로 한정했다. 그리고 1998년 이후 출생한 소에서 광우병이 발생할 경우 수입을 중단하고, 한국으로 수출 자격이 있는 미국 쇠고기 작업장을 우리 정부가 승인하는 내용이었다. 당시 미국 농무부는 협상 타결후 한국과 정상적인 쇠고기 교역을 향한 진전은 환영하지만 한국이 완전하게 시장을 열지 않은데 극히 실망했다는 반응을 보인바 있다.[34] 미국과 수출검역증명서식, 수출작업장 승인 등 후속절차를 거쳐 2006년 9월 미국산 쇠고기 수입이 재개되었다.

뼛조각도 뼈다

2006년 합의한 30개월 령 미만 소에서 생산된 살코기의 정의는 뼈를 발라낸 살코기(deboned skeleton muscle meat)였다. 뼈를 어떻게 얼마나 정밀하게 발라내느냐에 따라 한 조각의 뼈도 없을 수 있지만, 조그마한 뼛조각 정도는 있을 수도 있다. 뼈에 대한 개념, 예를 들면 물렁뼈까지 포함되는지에 대해서는 명확한 정의가 없었다.

---

[34] 미국은 보도자료에서 다음과 같이 말했다. 'Although we appreciate this step toward normalized beef trade with Korea, we are extremely disappointed that Korea did not fully open its market to all U.S. beef products. We will continue to urge Korea in the strongest term to open its market without delay to U.S. bone-in beef, variety meats, and offal.'

수입 위생조건은 수입을 전제로 맺어진 조건으로 생산 현장, 즉 쇠고기 작업장에서 현실적으로 작동될 수 있어야 한다. 일반적인 작업 시스템에서 숙달된 작업자가 성실하게 작업하는 정도로 조건을 충족하는 것이 가능해야 한다는 의미이다. 어떤 뼛조각이 하나도 없도록 하는 것이 자국의 도축 시스템에서 실현가능하지 않는 것이라면, 그러한 합의를 한 미국의 협상가는 자국의 현실을 모르고 합의한 것이다. 또 그게 아니라면 우리 측에서도 뼈 없는 살코기의 의미를 한 조각의 뼈도 없어야 한다는 의미로 해석하는 것은 무리인 것이다.

미국산 쇠고기의 수입이 재개되었으나 통관 과정에서 조그만 뼛조각이 발견되었다. 농림부는 이를 이유로 2006년 10월 수입물량 전량을 반송 또는 폐기했다. 그리고 해당 작업장의 수출 선적을 중단시켰다. 수입된 미국산 쇠고기 8.9톤(727개 박스) 가운데 1박스에서 손톱 크기의 뼛조각 1개가 검출되었던 것이다. 농림부는 미국에 대해 합의한 수입 위생조건을 철저히 준수해줄 것을 요구했다.[35] 그럼에도 미국산 쇠고기 2차와 3차 수입물량에서도 또 뼛조각이 발견됐다. 이는 미국의 도축 시스템에서 뼛조각을 완벽히 걸러내는 것이 사실상 불가능하다는 의미이기도 했다. 일본은 20개월 령 미만의 뼈를 포함한 수입조건이므로 이러한 문제가 발생할 여지가 애초부터 없었고, 대만에는 미국의 도축 시스템으로 뼈 없는 살코기를 수출하고 있었다. 당시 뼛조각을 어떻게 볼 것인가에 대해 크든 작든 '뼈는 뼈고 살은 살이다'라는 단순하면서도 분명한 논리가 최고 정책 결정자에 의해 정해졌다.[36]

---

35) 농림부 국립수의과학검역원, 2006년 11월 4일. 보도자료 '수입된 미국산 쇠고기, 뼈조각 검출, 불합격 조치'
36) 민동석, 『대한민국에서 공직자로 산다는 것』, 나남, 2010, p.81.

3차례 수입된 미국산 쇠고기가 한국의 검역 과정에서 엑스선(X-ray) 검출기를 이용한 전수검사를 통과하지 못하고 전량 반송되자, 심각한 통상마찰로 비화됐다. 한국 정부는 전수 검사를 하고 문제가 된 박스만 반송하고, 작업장에 대해서는 수출중단 조치를 취하지 않는다는 약속을 했다. 검역은 합법적으로 교역을 방해하는 제도이다. 다만 조치가 합법적이냐 아니냐만 문제가 될 뿐이다. 통관 과정에서 문제가 생기면 문제가 된 물건만이 아니라, 로트 단위로 통관이 거부되는 것이 원칙이다. 조그만 뼛조각을 통관의 거부 사유로 하는 것이 적절했느냐는 의문이 있다. 그러나 이를 위반의 사유로 했다면, 이를 위반한 작업장은 어쨌든 불이익을 받아야 하고 해당 로트는 모두 통관이 거부되는 것이 옳다.

　2007년 8월 초에는 수입금지 부위인 등뼈가 발견되어 검역중단 조치를 취했다. 우리는 중단 조치를 해제하면서 다시 등뼈가 통관 과정에서 발견될 경우 새로운 수입 위생조건이 발효될 때까지 수입 검역을 중단하기로 미국과 합의했다. 그로부터 한 달 뒤인 2007년 9월 28일, 비록 척수[37]가 제거되었지만 수입금지 부위로 규정된 등뼈가 발견되어 미국산 쇠고기의 수입이 중단되었다. 미국산 쇠고기 수입이 재개된 지 38일 만이다.

쇠고기와 미국 내 정치상황

　2007년 3월 세 차례의 한미 FTA 협상이 있었다. 3월 8일부터 12일까지 제 8차 공식협상이 서울에서 개최된데 이어 3월 19일부터 22일까지는 워

---

37) 둥근 관(column) 형태의 뼈인 척추의 가운데 있는, 뇌와 말초신경을 연결하는 중추신경으로, 광우병 프리온(prion)이 뇌로 축적되는 통로 역할을 하는 것으로 알려진 매우 위험한 부위이다.

싱턴에서 고위급 협상이 개최되었다. 3월 26일부터는 무역협상촉진권한(TPA)시한을 며칠 남겨두고 두 나라간 한미 FTA 타결을 위한 마지막 통상장관 회담이 열렸다.

한미 FTA 막바지 협상이 진행되던 3월 20일에는 하원 무역소위원회 주관으로 열린 한미 FTA청문회에서 미국 육류연구소(AMI)의 패트릭 보일 사장은 한국의 미국산 쇠고기 전면수입이 한미 FTA타결 전에 반드시 이루어져야 한다고 주장했다.

이러한 미국 업계의 요구는 미국 의회에 전달되어 한미 FTA 타결에 앞서 미국산 쇠고기의 완전한 시장접근이 이루어져야 한다는 미국 의회의 정치적 압력이 강했다. 하원의 레빈 세입세출위원회 무역소위원회 위원장은 당시 슈워브 무역대표부 대표와 마이크 조핸 농무장관에게 서신을 발송하고 보커스 상원 재무위원장은 한국의 쇠고기 전면 수입허용을 강하게 주장하고 있었다. 한미 FTA가 타결되면 하원의 세입세출위원회 무역소위원회는 한미 FTA를 담당하는 위원회이고 상원의 재무위원회 또한 한미 FTA 비준을 처리하는 위원회이다. 이런 정치적 상황이다 보니 웬디 커틀러 한미 FTA 수석대표는 이러한 미국의회의 입장을 빌려 쇠고기 전면 개방없이는 FTA도 없다는 강경한 입장을 표명한 바 있다.[38]

한미 FTA와 미국산 쇠고기 수입재개 문제는 별개의 사안이었지만, 미국 내 정치적 상황으로 분리되기는 어려웠다. 2007년 3월 29일 노무현 대통령은 부시 대통령에게 직접 전화를 걸어 국제적 전문가들이 제시한 기준에 따라 한국의 쇠고기 시장을 개방하겠다고 약속했다.[39] 노무현 대통령

---

38) 한국일보, 2007년 3월 9일, '커틀러, 쇠고기 완전개방 없인 FTA 없다'
39) 민동석, 앞의 책, pp.83-84.

의 약속이 있은 다음 한미 FTA 협상은 진행되고 타결되었다. 쇠고기 검역에 관한 기준을 정함에 있어, 대통령이 상대국 대통령에게 전화를 걸어야 하는 상황은 가장 기술적 현안을 가장 정치적 현안으로 만든 것이었고, 이는 적절하게 상황이 관리되지 못했다는 의미이기도 하다.

예견된 미국의 입장

미국이 쇠고기 수입 위생조건을 어떤 내용으로 합의하려고 할지는 지금까지 미국이 보여 온 통상 현안의 접근 방식이나 기존 쇠고기 수입 위생조건에 대한 미국의 문제인식으로 어느 정도 예견될 수 있었다. 미국은 일반적으로 자국이 생산하는 그 물건 그 시스템으로 수출이 가능하도록 상대국과 합의하려는 경향이 강하다. 지금까지 뼛조각이 검출되어 수출이 불가능했고, 미국의 시스템이 그것을 완벽히 걸러낼 수 없거나 과다한 비용이 수반된다면, 미국은 상대국에게 뼈를 인정하라고 할 것이다. 미국의 마트에서 유통되는 쇠고기는 30개월 이상과 미만이 구분돼 있지 않고 프라임, 초이스, 셀렉트와 같은 등급만 있을 뿐이다. 30개월 이상과 이하는 특정 위험물질의 부위가 다르기 때문에 작업장에서만 구분한다. 이런 상황을 고려할 때 미국은 소의 월령제한을 없애고, 미국 정부가 허가한 작업장은 모두 한국으로 쇠고기를 수출할 수 있는 작업장으로 인정되어야 한다고 주장할 것이었다. 그리고 금지 부위는 미국의 규정에 따르고, 미국에서 광우병이 추가로 발생하더라도 수출에 지장이 초래되지 않도록 우리 측에 요구하리라는 것은 어렵지 않게 예견될 수 있었다.

이들 쟁점에 대한 논의의 기반은 국제수역사무국, 즉 OIE[40]가 정하고 있는 국제기준이 될 수밖에 없으나, 그 기준은 권고 기준이다. 권고 기준을 전부 따를 것인가 아니면 일부만 따를 것인가가 문제였다. 그러나 우리가 미국과 쇠고기 수입 위생조건을 협상할 당시에 일본은 20개월 령 미만 소의 쇠고기만 수입하고 있었다. 일본이나 한국에 적용되는 국제기준은 같았으나, 두 나라가 그 기준을 수용하는 데는 차이가 있었다. 모든 국가가 자국의 적정보호 수준(ALOP, Appropriate Level of Protection)을 규정에 근거하여 스스로 설정하고, 이를 달성하기 위한 위생검역 조치를 취할 수 있기 때문에, 그 조치의 내용이 국가마다 다를 수 있는 것이다. 일본도 2013년 2월부터 30개월 미만 소의 쇠고기를 수입하기 시작했다.

쇠고기 협상의 타이밍

2008년 2월 25일 이명박 정부가 출범하고 4월 9일 총선이 있었다. 총선 바로 다음날 미국과 쇠고기 협상을 시작한다고 발표하고 미국산 쇠고기 수입 위생조건 협상이 2008년 4월 11일부터 서울에서 개최되었다. 미국에서 열리는 한미 정상회담을 1주일 앞둔 시점이었다. 필자의 경험으로 봐서 특정 국가와 중요한 정치적 일정이 있으면 통상 현안은 그보다 훨씬 이전에 협상을 시작하여 끝내거나 정치적 일정 이후에 협상을 시작하고 타결하는 것이 바람직하다. 한미 쇠고기 협상은 전적으로 우리가 방어적 협상을 할 수밖에 없는 내용이기도 했다. 고도의 정치적 일정으로 인해 방어적

---

[40] Office International des Epizooties로 프랑스어 이다. 영어로는 World Animal Health Organization 이다.

협상을 할 수밖에 없는 우리의 입지가 줄어들 수도 있기 때문이다.

결과적으로 한미 정상회담을 몇 시간 앞두고 타결되었다.[41] 당시 수석대표는 정상회담을 의식하지 않고 진행한 협상이었다고 한다.[42] 그러나 시간적으로는 분리되기가 어려웠기 때문에 결과적으로 어떤 형태로든 정상회담과 연계되어 해석되는 상황이 될 수밖에 없었다.

티본스테이크와 포터하우스 스테이크

광우병 위험 통제국가의 30개월 이상 소의 등뼈는 특정 위험물질, 즉 SRM이다. 티본스테이크나 포터하우스 스테이크[43]에는 소 등뼈의 일부가 포함되기 때문에 30개월 미만 소에서 생산된 것이라는 확인이 필요하다는 것이 우리 입장이었다.

수입조건 협상에서 미국은 도축 과정에서 30개월 이상 소의 척추는 척수를 제거하고 색소를 뿌린 후 폐기하므로 월령 표시가 불필요하다고 주장했다. 합의문에는 수입이 재개된 이후 180일 동안 월령 표시를 하고, 그 이후는 협의를 다시 한다고 되어 있다.

그리고 쇠고기 수입 위생조건 부칙 4조에, "…이들 제품이 30개월 미만의 소에서 생산되었음을 한국 정부 관리에게 확인시켜주는 어떠한 표시(some notation)가 상자에 부착될 것이다."라고 되어 있다. 여기서 '어떠한'이

---

41) 『조선일보』, 2008년 5월 8일, 3면, '쇠고기 협상타결 전후 무슨 일이'.
42) 민동석, 앞의 책, p.122.
43) T-bone과 Poter House 스테이크는 소의 등 쪽 T자 모양의 뼈를 경계로 한 쪽은 등심, 다른 한 쪽은 안심이 붙은 부위다. 포터하우스가 티본보다 엉덩이 쪽과 가까운 쪽에 위치해 안심 부위가 티본보다 크다.

무엇을 의미하는지 구체적인 내용에 대한 언급이 합의문 어디에도 없다. 만약 표시를 하도록 한다면 어떻게 표시하고 어떤 정보가 들어가야 하는지에 대한 논의가 있어야 하고, 그에 대한 합의도 있어야 했다.

미국은 2013년 5월 말 국제수역사무국의 광우병 위험 등급이 '위험을 무시할 수 있는' 국가[44]로 올라갔다. OIE 기준에 따르면 척수가 제거된 등뼈도 특정 위험물질이 아니다. 이제는 티본스테이크나 포터하우스 스테이크를 들여올 때 월령 표시를 할 이유가 없다고 미국이 주장할 수도 있다. 그렇더라도 월령 표시 조건을 없애려면 협의라는 절차는 필요하다. 180일 후 계속할지 여부를 협의한다고 되어 있고 OIE 등급이 올라간 것은 하나의 판단요소일 뿐이다.

30개월 이상 쇠고기

현행 미국산 쇠고기 수입 위생조건에 검역 조건상 소의 월령제한은 없다. 다만 소비자의 신뢰가 개선[45]될 때까지 민간의 자율규제 방식으로 30개월 이상 소에서 생산된 쇠고기를 수출도 수입도 하지 않고 있다. 한국 수입업체가 30개월 미만 쇠고기만을 수출해달라는 요청에 대해 미국의 육류 수출업체가 그러겠다는 약속을 하고 이행하는 형식이다. 이런 자율규제의 종료 시점을 한국 소비자의 신뢰(confidence)가 개선될 때로 했다.

---

44) 국제수역사무국(OIE)에서 2005년부터 광우병 위험을 3등급으로 나누어 구분하고 있다. 위험이 적은 순으로 negligible risk, controlled risk, undetermined risk로 나누고 있다. 3등급 이전에는 5단계로 구분(bse free, bse provisionally free, minimal risk, moderate risk, high risk)되어 있었다. 2003년 이전에 미국은 bse free 국가에 해당되었다.
45) 지금까지 주로 '회복'이라는 단어로 사용되고 있으나 영어로 된 합의문에는 'improve'라는 단어를 사용하고 있어, 이 책에서는 '개선'이라는 단어를 사용했다.

미국에서 광우병이 발생하기 이전 한국에서 미국산 쇠고기의 시장 점유율에는 미치지 못하나, 2013년 6월 기준으로 한국의 수입 쇠고기 시장에서 차지하는 비율이 40% 수준까지 올라갔다. 2013년 5월에는 OIE가 부여하는 미국의 광우병 안전등급이 '광우병 위험을 무시할 수 있는'(negligible risk) 등급, 즉 호주와 뉴질랜드와 같은 등급으로 올라갔다. 이를 사유로 미국은 한국 소비자의 신뢰가 개선되었다고 주장할 수도 있다. 그러나 한국 소비자의 신뢰 개선을 판단할 주체는 우리다. 미국산 쇠고기의 수출이 늘었다거나 미국의 광우병 안전등급이 올라갔다는 것은 소비자의 인식 개선에 영향을 미치는 일부 변수일 뿐이다. 이것이 판단의 직접적 기준은 아니다. 한국 소비자의 인식이 개선되었느냐가 유일한 판단기준이다. 그럼에도 이를 판단할 세부기준이 없다. 만약 미국이 민간 자율규제를 그만하자고 요구하는 경우에는 신뢰회복의 판단기준, 즉 파라미터(parameters)를 둘러싼 논쟁이 예상된다.

일본과 대만의 수입 위생조건

2008년 5월 8일 한승수 당시 국무총리가 미국과 주변국가와의 협상 결과가 우리와 다르면 미국에 대해 재협상을 요구하겠다는 내용의 담화를 발표했다. 우리가 미국과 쇠고기 수입 위생조건 협상을 타결했을 때, 일본은 20개월 미만의 뼈를 포함한 쇠고기, 대만은 30개월 미만의 뼈 없는 쇠고기를 수입하고 있었다. 2013년 2월 1일자로 일본은 미국 및 캐나다산 쇠고기 수입을 위한 소의 월령을 30개월 미만으로 확대해서, 우리의 수입조건과 같아졌다. 소의 월령 확인도 우리의 조건과 같은 민간의 품질평가체계(QSA)⁴⁶⁾로 바뀌었다. 대만은 2009년 10월 22일자로 한국이 맺은 것과 거의 같은 내용과 수준으로 협정을 맺었다. 이제 주변국가의 협상 결과가 총리담화 당시보다 우리 조건과 더 비슷해졌다. 다만 일본의 수입조건에는 30개월 이상의 쇠고기가 검역조건에 의해 수입이 금지되고, 우리는 검역조건이 아닌 민간 자율로 수입을 하지 않는다는 점에서 여전히 차이는 있다. 국가별로 식품소비 패턴이 달라 같은 식품이라도 위험의 정도는 국가별도 다를 수 있다. 검역에 관한 기준은 국제적으로 정한 기준과 절차에 따라 독자적으로 설정할 수 있다.

제3국산 쇠고기의 수입규정

제3국산 소가 미국에서 도축되어 한국으로의 수출이 허용되고 있다. 이는 일본도 마찬가지다. 그러나 이를 허용하는 규정이 일본과는 차이가 있다. 일본의 수입 위생조건에는 "일본으로 수출하는 쇠고기를 생산하는 소는 미국에서 출생하여 사육되거나, 일본정부에 의해 일본으로 수출 자격이 있는 것으로 간주된 국가로부터 합법적으로 미국으로 수입된 소"라고 규정하고 있다.⁴⁷⁾ 반면에 우리의 미국산 쇠고기 수입 위생조건에는 "소

---

46) Quality System Assessment를 말하며, 미국 육류 작업장이 매뉴얼, 품질관리, 평가 등을 위한 프로그램을 제시하고 미국 농무부 농산물유통처(Agricultural Marketing Service)에 승인을 요청하면, 현지 점검을 통해 승인하고 정기 및 수시 점검을 통해 관리해 나가는 제도이다. 한국으로 수출하는 쇠고기는 '한국을 위한 30개월 미만 연령 검증 품질체계 평가 프로그램'을 수립하고 미국 농무부의 승인을 받아 운영하는 방식이다. 수출 쇠고기의 월령 확인을 미국 농무부의 관리 하에 민간 작업장이 책임지고 하는 제도이다.
47) 2013년 1월 25일자 미국산 쇠고기 수입 위생조건 1.b)에 'Cattle must be domesticated bovine animal(Bos taurus and Bos indicus)born and raised in the United States or legally imported into the United States from a country deemed eligible by Japan to export beef or beef products to Japan.'라고 되어 있다.

는 미국에서 출생하거나 한국 정부가 한국으로 쇠고기 또는 쇠고기 제품의 수출 자격이 있는 것으로 인정한 국가에서 미국으로 합법적으로 수입되었거나, 또는 도축 전 최소 100일 이상 미국 내에서 사육된 가축화된 소과 동물을 말한다."라고 되어 있다. '도축 전 100일 이상 미국에서 사육'이라는 마지막 요건 때문에 우리가 수입을 허용하지 않는 국가에서 출생한 소라도, 그 소에서 생산된 쇠고기가 우리나라로 수출될 수 있다. 이는 우리의 2006년 미국산 쇠고기 수입 위생조건[48]과도 차이가 있고, 일본의 수입 위생조건과도 다르다.

마지막 100일 이상 사육 요건은 실제적으로는 캐나다와 멕시코산 소가 미국으로 수입되어 도축되는 경우를 염두에 둔 규정이다. 우리의 미국산 쇠고기 수입조건이 대만의 수입 위생조건과 거의 같지만, 대만은 당시 캐나다산 쇠고기 수입을 허용하고 있었기 때문에 문제가 되지는 않았다. 그러나 한국은 캐나다산 쇠고기의 수입을 금지하고 있던 기간에도, 캐나다산 소가 미국으로 수입되어 그 소에서 생산된 쇠고기가 한국으로 수출이 가능했다. 이제 우리도 캐나다산 쇠고기의 수입을 허용했기 때문에 이것이 문제가 되지는 않는다. 다만 일본의 수입 위생조건 하에서는, 일본이 수입을 허용하고 있지 않은 국가의 쇠고기는 미국을 거쳐 들어올 수 없는 반면에, 한국이나 대만의 경우는 들어올 수 있다는 점에서 차이는 있다.

---

48) 2006년 미국산 쇠고기 수입 위생조건(농림부고시 제2000-15호, 2006.3.16.) 제9조는 "수출 쇠고기는 미국 내에서 출생·사육된 소, 또는 미국의 수입 위생조건에 따라 멕시코에서 수입된 후 도축일 기준으로 최소한 100일 이상 미국 내에서 사육된 소에서 생산된 것이어야 한다."라고 되어 있었다. 멕시코는 그 때도 우리나라로 쇠고기 수출이 가능한 국가였다.

검역주권과 광우병 발생 시 수입 중단

  2008년 4월 합의한 미국산 쇠고기 수입 위생조건에 대하여 소위 검역주권이 지켜지지 않았다는 비판이 제기되었다. 그 중 하나가 미국에서 광우병이 발생하더라도 OIE가 미국의 광우병 위험 등급을 하향 조정하지 않으면 수입을 중단할 수 없다는 것이었다.

  검역주권이라는 단어는 검역 관련 국제규정 어디에도 없다. 다만 검역이 WTO 규정이든 OIE 규정이든 체약국이 행사할 수 있는 고유한 권리라는 의미에서 나온 것이다. 그러나 그 권한을 행사함에 있어서 제약이나 조건이 없는 것은 아니다. 자국민의 건강을 지키기 위한 적정 보호수준을 위험평가 등 국제규정에 따라 스스로 결정하고 그것을 지키기 위한 조건을 수입 위생조건에 반영하면, 그것이 검역주권인 것이다. 일본의 수입 위생조건에도 광우병이 발생하면 수입을 중단할 수 있다는 규정은 없다. 단지 수입 위생조건에서 정하고 있는 시스템이 작동하지 않으면 수입 협정의 적용을 중단할 수 있다고 규정하고 있다. 일본은 광우병이 발생해도 안전을 확보할 수 있는 수입 위생조건을 체결하고, 그 위생조건이 제대로 작동되고 있느냐를 수입 중단 여부를 결정하는 판단의 기준으로 삼고 있다. 광우병이 발생해도 수입을 중단할 권리가 있는지 없는지를 가지고 검역주권을 이야기하는 것은 적절하지 않다. 우리는 OIE가 미국의 광우병 위험등급을 부정적으로 변경하는 경우에 수입을 중단할 수 있다고 규정하고 있다.

  우리 국민의 건강을 보호하기 위하여 필요한 경우 수입중단을 포함한 적절한 조치를 취하는 것은 WTO 체약국이 가지는 본질적 권리이다. OIE가 미국의 광우병 위험등급을 하향하는 경우 수입을 중단할 수 있다는 의미가 이러한 WTO 규정에 근거한 조치를 제한하는 의미로까지 해석될 수는 없다. 국민 건강을 보호하기 위해 조치가 필요한 상황이고 그 조치가 그 상황에 상응한지가 쟁점이 될 수 있을 뿐이다. 다만, 미국에서 광우병이 발생하더라도 국민건강에 위해를 초래하지 않는 상황이면 수입을 중단하지 않는다는 의미는 된다. 미국의 OIE등급이 내려가지 않는 상황에서 국민의 건강을 보호하기 위해 필요하다고 우리가 일방적으로 판단하여 수입중단 조치를 취하면 이는 궁극적으로는 WTO 협정상의 문제가 된다. 우리는 미국과 추가협상을 통해서 수입 위생조건에 국민의 건강이 위험에 처하면 '수입 중단 등' 조치를 취할 수 있다는 내용이 확인되었고, 당시 언론은 미국에서 광우병이 발생하는 경우 수입 중단이 가능한 것으로 보도했다.

신문광고로 한 4 가지 약속

2008년 5월 8일자 주요 일간지에 당시 농림수산식품부와 보건복지부는 공동명의의 광고를 통해 미국에서 광우병이 발견되면 네 가지 조치, 즉 즉각적인 수입 중단, 전수검사, 검역관을 파견하여 조사에 참여, 그리고 군대와 학교 급식에서 제외할 것을 약속했다.

수입 중단은 가장 무역 제한적인 검역조치이다. 광우병이 발생할 수 있기 때문에 상대적으로 엄격한 조건으로 쇠고기 수입위생 조건을 맺고 그 조건에 따라 수입되고 있다. 그런데 그 나라에서 광우병이 발생했다는 사실만으로 WTO 체제에서 가장 무역 제한적인 수입 중단 조치를 취하는 것은 정당한 조치로 보기는 무리이다. 전수검사를 장기간 지속적으로 실시하기는 어렵다. 모든 쇠고기 상자를 개봉해서 검사를 하더라도 수입금지 부위가 들어 있는지 여부만 확인할 뿐이다. 광우병 전달 물질인 프리온[49](prion)은 육안으로 확인되는 것이 아니다. 그리고 전수검사로 인해 통관 기간이 지나치게 길어지면 이 또한 통상 마찰 요인이 될 수 있으므로 합리적인 기간 내에 이루어져야 한다.

한미 합의문에는 광우병이 발생하면 미국이 조사해서 그 결과를 한국 정부에 통보한다고 되어 있다. 미국의 조사 과정에 우리 전문가의 참여를 미국에 요구할 법적 근거가 없다. 2012년 4월 미국에서 광우병이 발생하자 우리 정부는 조사단을 파견했지만 발병 농장을 조사하는 것은 불가능했다. 합법적으로 수입된 쇠고기를 정당한 사유 없이 국내에서의 사용에 정부가 개입하여 차별하면, 이 또한 정부 정책에 의한 수입품과 국산품의 차별이기 때문에 통상 문제가 될 수도 있다.

가축전염병예방법 개정

미국과 추가협의를 하고, 그 결과를 토대로 2008년 5월 8일 국무총리는 미국에서 광우병이 발생하여 국민 건강이 위험에 처하면 수입을 중단하겠다는 발표를 했다. 또한 2008년 5월 국회 본회의에서 어느 의원이 한승수 총리에게 "미국에서 광우병이 발생했는데 국민 건강에 위협이 안 된다고 판단하면 수입 중단 조치를 하지 않을 수도 있는가?"라는 질의를 하자, 총리는 "미국에서 광우병이 발생하면 그것이 위험한 상황

---

49) 양이나 염소의 스크래피 병, 광우병 및 크로이츠펠트-야코프 병 등 다양한 질병을 유발하는 인자로 단백질(Protein)과 비리온(Virion : 바이러스 입자)의 합성어이다. 사람을 포함해 동물에 감염되면 뇌에 스펀지처럼 구멍이 뚫려 사망에 이르게 된다.

이므로 수입을 중단하겠다."라고 답변한 바 있다.[50] 그리고 그로부터 3개월 후 가축전염병예방법 제32조의 2에는 수출국에서 광우병이 발생하여 국민의 건강과 안전을 위해 긴급한 조치가 필요한 경우, 일시적 수입중단 등 조치를 취할 수 있다는 요지의 규정이 신설되었다.[51] 여기서 '국민의 건강과 안전을 위해'라는 조건이 있기 때문에 가트 20조나 WTO SPS 규정에는 합치하나, 광우병이 발생해도 반드시 수입을 중단한다는 의미는 아닌 것이 된다.

미국에서 광우병이 발생하면 수입을 중단하겠다는 신문광고나 고위 관계자의 발언은 미국과의 엄청난 통상 마찰을 각오하지 않으면 지켜지기 어려운 것이었다. 정부가 대대적으로 광고하고 언론에 보도되면서, 많은 국민들은 수입 중단이 가능한 것으로 이해하고 있었다. 2008년 12월 필자는 농림수산식품부 통상정책관으로 부임하여 일을 시작하면서, 미국산 쇠고기 수입 위생조건의 현실과 국민과의 약속에 대한 신뢰의 문제로 많은 고민을 했다.

이를 극복하기 방안으로 생각한 것이, 쇠고기 수출국에서 광우병이 발생하는 경우에 대비한 매뉴얼을 미국에서 광우병이 발생하기 전에 공론화 절차를 거쳐 마련하는 것이었다. 이 매뉴얼은 캐나다와 양자합의를 위해서도 필요했지만, 미국에서 광우병이 발생하면 즉각 수입을 중단하겠다고 한 약속을 지킨다는 의미도 있었다. 아울러 수출국에서 광우병이 발생

---

50) 2008년 5월 8일 국회 본회의, 「제273회 국회 본회의 속기록 제3호」, p.33.

51) 제32조의 2(소해면상뇌증이 발생한 수출국에 대한 쇠고기 수입 중단 조치) 1항에는 "농림축산식품부 장관은 제34조 제2항에 따라 위생조건이 이미 고시되어 있는 수출국에서 소해면상뇌증이 추가로 발생하여 그 위험으로부터 국민의 건강과 안전을 보호하기 위하여 긴급한 조치가 필요한 경우, 쇠고기 또는 쇠고기 제품에 대한 일시적 수입 중단 조치 등을 할 수 있다."라고 되어 있다.

하여 수입을 중단하면, 수입을 재개하기 위해서는 국회 심의를 받아야 하기 때문에, 검역 당국이나 수출국의 입장에서도 상당한 부담이었다. 또한 국회의 심의 규정도 캐나다와 WTO 패널 분쟁에서 시비의 소지가 될 수도 있었다.[52]

매뉴얼을 마련하기 위해 우선 2009년 11월 한나라당과 의원회관에서 조찬 당정협의회를 가졌고, 이틀 후 국회 농림해양수산위원회에도 비공개로 보고도 했다. 외교부를 통해 우리가 만들고자 하는 매뉴얼의 취지를 미국에 설명하고 압박도 했으나, 미국의 반응은 싸늘했다. 매뉴얼을 만들어 캐나다에 적용하는 것은 미국이 관여할 바가 아니나, 미국에는 적용하지 말라는 것이었다. 캐나다산 쇠고기에 대해서만 적용하는 것이라면 매뉴얼로 할 것이 아니라, 캐나다산 쇠고기 수입 위생조건에 넣으면 되는 것이었다.

---

[52] 미국와 EU의 호르몬분쟁 패널보고서(WT/DS26/R/USA)의 8.94항에는 이렇게 되어 있다. "........... an assessment of risk is at least for risks to human life or health, a scientific examination of data and factual studies; it is not a policy exercise involving social value judgement made by political bodies."

05
캐나다, 한국을 WTO에 제소

왜, 한국만 제소했나?

캐나다가 한국을 자국산 쇠고기 수입을 금지하고 있다는 이유로 2009년 4월 WTO에 제소했다. 그러자 중국은 물론 호주도 수입을 금지하는데 왜 한국만 제소했느냐에 대해 여러 가지 이야기가 나왔다. 캐나다의 한 관계자가 한국을 WTO에 제소한 것에 대해, 미국 쇠고기와 비교해 무엇 때문에 자국의 쇠고기를 차별하는지에 대한 과학적 근거를 설명하도록 WTO에 정식으로 요청할 수밖에 없었다고 말했다.[53]

캐나다는 2003년 5월 광우병이 발생하여 한국이 쇠고기 수입을 금지하기 전인 2002년까지 매년 약 3천만 달러 정도의 쇠고기를 한국에 수출했다. 2007년 5월에는 캐나다도 미국과 마찬가지로 국제수역사무국에서 광우병 위험 통제국가[54]로 인정되었다. 2009년 3월 20일 캐나다 게리 리츠 농업장관이 서울을 방문하여, 당시 농림수산식품부 장관과 통상교섭본부

---

53) Brad Wilderman(캐나다 육우목축협회장), 2009년 10월 29일, 캐나다 쇠고기 시장 접근 세미나 자료, '캐나다 소 생산자들은 형평성 있는 대우를 희망한다'. p.85.
54) 영어로 'controlled risk country'를 번역한 말이다. 이보다 안전도가 높은 'negligible risk country'가 있고 그보다 낮은 'undetermined risk country'가 있다.

장을 만나 캐나다산 쇠고기의 수입 허용을 요구했다. 그 자리에서 우리는 여름 이후 양자협의를 갖자고 제안했지만 캐나다가 거부했다. 캐나다는 한국의 현실적 어려움은 이해하지만, 캐나다산 쇠고기의 수입을 막을 어떠한 이유도 없는 상황에서 왜 여름까지 기다려야 하는지에 대해 강한 불만을 표시했다. 그리고는 A4용지에 "캐나다산 쇠고기가 금년 봄에 한국 시장에 다시 돌아올 것이라는 서면 약속을 2009년 3월 31일까지 기대한다."는 내용의 짧은 문장[55]을 서면으로 제시하고, 더 이상 대화도 거부한 채 자리를 박차듯이 떠났다.

우리가 캐나다에 여름 이후 기술협의를 제안한 배경은 4월과 5월이 미국산 쇠고기 수입으로 인한 촛불시위 1주년이 되기 때문에, 그때를 피해야 한다는 정무적 판단도 있었다. 그리고 캐나다 농업장관이 우리 농림수산식품부 장관을 만나고 돌아간 직후, 2009년 3월 23일자 캐나다 신문에는 캐나다가 한국과 쇠고기 전쟁을 시작한다는 기사[56]가 실렸다. 그 기사가 나오고 이틀 후 농림수산식품부 2차관이 테드 립먼 주한 캐나다 대사의 요청으로 그를 만난 자리에서 6월 말 스위스 제네바에서 열리는 WTO SPS 회의 계기에 양국 전문가 간 기술협의를 갖자고 제안했다. 그러나 캐나다 대사는 6월 WTO에서 활동은 다른 형태의 WTO 활동이 될 것이라고 말하며 사실상 WTO 제소를 기정사실화했다.

---

55) 영문으로 전달한 문장은 이렇다. 'Canada expects by the end of March 2009, a written commitment from Korea saying that Canadian beef will be back in this market this spring.
56) *Calgary Herald*, 2009년 3월 23일자.

패널 절차의 진행

캐나다는 2009년 6월 9일자로 패널 설치를 요청했고, 우리는 피 제소국이 가지는 한 번의 거부권을 행사함에 따라 차기 회의에서 자동으로 설치되는 절차로 진행되어, 8월 31일 패널이 설치되었다. 미국과 캐나다 모두 OIE가 정한 광우병 위험 통제국으로 같고, 캐나다산 소가 미국으로 들어가서 100일 이상만 사육되어 도축되면 그 쇠고기는 한국으로 수출이 가능하다. 그런데 두 나라의 쇠고기에 대한 우리의 수입제도는 너무 달랐다. WTO 분쟁에서 법리적으로 동시에 두 제도를 모두 방어하기에는 어려움이 있을 수밖에 없는 구조였다. 일본은 당시 미국산 쇠고기나 캐나다산 쇠고기에 대해 20개월 미만이라는 동일한 수입 허용기준을 적용하고, 중국은 두 나라 모두에 대해 수입을 금지하고 있었다. 즉 미국과 캐나다 두 나라의 쇠고기 수입조건에 차이를 두지 않았다.

미국, 일본, 대만, 브라질, EU, 아르헨티나, 중국, 인도 등 8개국이 우리나라와 캐나다 간 쇠고기 분쟁에 제3자로 참여했다. 우리 측에서 미국의 제3자 참여는 국내 정치적으로 민감할 수 있었기 때문에 참여를 자제하도록 요청했다. 미국은 모든 분쟁에 제3자 참여를 해왔던 전례와 미국산 쇠고기의 제3국 시장 진출과 관련하여 영향이 있을 수 있다는 이유로, 한국과 캐나다 간 쇠고기 분쟁에 제3자로 참여를 결정했다. EU도 제3자로 참여하자, 당시 언론[57]은 캐나다산 쇠고기의 수입금지에 관한 분쟁이 국제적 무역 분쟁으로 번질 조짐이라고 보도하기도 했다.

---

57) 『조선일보』, 2009년 9월 23일, 'WTO 분쟁해소 패널에 쇠고기 수출국 포함 8개국'.

지금까지 WTO 분쟁에서 제3자 참여가 가장 많았던 분쟁은 EU와 브라질이 다툰 설탕 분쟁으로서 약 25개국이 참여한 적이 있다. 한국과 캐나다 간 쇠고기 분쟁에 제3자 참여가 비교적 많았던 것은 광우병과 관련한 분쟁이 처음이었고, 일본과 대만은 쇠고기를 수입하는 국가의 관점에서, 브라질 등은 수출국의 관점에서 참가했던 것이다. 인도는 WTO에서 활동을 강화한다는 측면에서 참여했고, EU는 회원국들의 이해관계에 따른 것이었다. 중국은 광우병을 이유로 미국과 캐나다의 쇠고기의 수입을 금지하고 있었기 때문에 관심을 가지는 것이 당연했다.

패널 분쟁에서 제3자로 참여하면 사안에 대해 자국의 의견을 제시할 권리가 있고, 분쟁의 진행 과정에도 참석할 수 있다. WTO 분쟁해결 절차의 진행은 일단 패널이 설치되면 패널 위원을 선정하는 절차가 진행된다. 상대국이 선정한 위원에 대해 거부할 수도 있다. 세 사람을 선정하는데, 한 사람은 중립적인 인사를, 나머지 두 사람은 분쟁 당사국들이 한 사람씩 선정하는 것이 일반적인 관행이다. 당사국간 합의가 이루어지지 않으면 어느 당사국의 요청에 의해 WTO 사무총장이 직권으로 선정할 수도 있다. WTO 사무총장이 직권으로 선정하더라도 당사국들 사이에 이야기되었던 인사들 중 균형을 고려하여 선정하는 것이 일반적이다.

우리가 캐나다와 WTO 분쟁을 진행하던 2009년 6월 당시 분쟁해결 기구 의장은 제네바 주재 캐나다 대사였다. 캐나다의 패널 구성 요청 서한은 캐나다 대표부의 공사가 분쟁해결 기구 의장에게 보내고, 사본을 제네바 주재 한국 대사에게 보내는 형식을 취했다. 서신에서 캐나다는 제소 사유로 국가 간 차별, 수입제한의 부당성, 위험평가 미실시 등을 포함하여 30여 가지 위반 사유를 A4용지 3페이지 정도에 적시했다. 여기에는 5년 내 광우병이 발생한 국가로부터 30개월 이상 소의 쇠고기 수입을 금지하고 있는 사항과 금지를 해제하기 위해서는 국회의 심의를 받도록 한 규정도 제소 대상에 들어 있었다. 캐나다가 미국을 특정하지는 않았지만, 다른 WTO 회원국에 비해 자국이 차별받고 있다는 주장도 있었다. 또 한국의 수입금지 조치가 위험평가에 근거해야 하고 필요한 수준 이상으로 무역을 제한하지 않아야 한다는 WTO SPS 규정을 위반하고 있다는 것이었다.

한국은 패널 절차를 신속히 진행할 이유가 없고 오히려 늦추는 것이 유리하다는 판단에 따라, 분쟁 절차가 허용하고 있는 모든 권리를 행사하여 시간을 최대한 지연하면서 대응했다. 그런 배경에는 법리적 대응에 어려움이 있는 상황에서, 캐나다와 WTO 패널 분쟁을 시작한 이상 시간도 벌고 양자적 타결을 위해 조금이라도 유리한 구도를 만들어가기 위한 전략이었다. 캐나다의 패널 구성 요청서가 제소 조치를 구체적으로 적시하도록 규정한 WTO 분쟁해결 양해규정(DSU)[58]에 합치하지 않음을 이유로 선결을 요청하기도 했다.

동시에 양자적으로도 강온(强溫) 전략을 구사했다. 2009년 11월 20일 필자의 FAO 총회 참석을 계기로 로마에서, 당시 쇠고기 분쟁 건을 담당하고 있던 캐나다 농무부의 국장과 FAO[59] 사무실에서 양자협의를 가졌다. 그 자리에서 필자는 패널의 진행은 시간을 최대한 끌면서 대응해 나갈 것이라는 점을 분명히 했다. 패널의 판정 결과가 캐나다한테 유리할 것으로 생각하더라도, 그것을 얻기까지는 많은 시간이 걸릴 것이라는 점을 주지

---

[58] Understanding on Rules and Procedures Governing the Settlement of Disputes 규정 6조 2항에 '패널 설치 요청은 문제가 된 특정 조치를 명시하여 문제를 분명하게 제시하는 데 충분한 제소의 법적 근거에 대한 간략한 요약문(brief summary)을 제시하여야 한다.'라고 규정하고 있다.
[59] UN 산하의 국제식량농업기구(Food and Agriculture Organization)를 말한다.

시키기 위한 것이었다. 캐나다는 가능한 한 빨리 자국 쇠고기의 한국시장 접근을 원하고 있었기 때문에 우리는 최대한 유리한 조건으로 양자적 타결을 끌어내기 위한 전략이었다.

선택의 문제, 패널 판정과 양자 타결

캐나다 쇠고기 문제에 대해 관련부서 간 협의가 있었다. 청와대에 몇 차례의 보고도 있었다. 초기에는 캐나다산 쇠고기의 수입조건을 미국과 동일하게 하는 것이 좋겠다는 의견이었다. 수입조건이 미국과 다르면 이것이 또 다른 문제가 될 수 있다는 시각이었다. 그러나 농림수산식품부는 캐나다산 쇠고기 수입조건은 미국산 쇠고기 수입 위생조건보다 엄격하게 해야 한다는 입장이었다. 미국산 쇠고기 수입 위생조건에 대해 제기되었던 소의 월령, 수입금지 부위, 작업장 승인 문제, 광우병 발생 시 조치 등에 대한 문제가 더 이상 제기되어서는 안 된다는 입장이었다. 그러면서 미국산 쇠고기 수입 위생조건과 캐나다산 쇠고기 수입 위생조건과의 차이는 두 나라의 가축 위생 상황의 차이에 근거해 그 조건을 반영한 것으로 설명하는 것이 보다 합리적이라고 주장했다. 캐나다와 쇠고기 WTO 분쟁을 어떻게 처리할지에 대한 논의과정에서, 농림수산식품부는 양자 타결을 하는 것이 좋겠다는 입장이었고, 외교통상부는 패널 절차를 계속 진행하자는 입장이었다. 그래서 패널 절차를 진행하면서 양자협의를 해나가기로 했다. 양국 간에 합의가 이루어져 수입 위생조건이 입안 예고가 되면 패널의 진행을 잠정 중단(suspend)하고, 수입이 이루어지면 캐나다로 하여금 제소를 철회토록 하는 것을 로드 맵으로 하여 진행해 나갔다.

WTO 사무총장 직권에 의한 패널 구성과 대응

　패널의 구성이 당사국, 즉 한국과 캐나다 사이에 합의가 되지 않자, 캐나다의 요청에 따라 WTO 사무총장이 직권으로 구성하여 통보했다. 의장으로는 싱가포르 외교부 국장을 역임하고 당시 싱가포르 국립대 법대 교수였던 마가렛 리앙을 선정하고, 위원으로는 제네바 칠레대표부 차석인 마티아스 프랑케와 아이슬란드 농림부에서 동식물 검역 규정을 담당했던 헬가슨이 선임되었다. 그때부터 패널의 일정은 패널 위원과 당사국 간 협의에 의해 결정되고 진행되었다. 당사국인 한국과 캐나다가 서면 진술서를 내고, 제3자로 참여한 국가들도 그들의 진술서를 내고 동시에 구두변론도 하면서 진행되었다. 패널 위원들은 광우병 관련 여러 기관에 질문서를 보내 그들의 의견도 받았다. WTO 농업국의 SPS 담당 수석 참사관 명의로 세계보건기구(WHO), 국제수역사무국(OIE), 식품안전을 다루는 국제식품규격위원회(CODEX) 등에 전문가 추천을 요청했고 당사국과 협의를 거쳐 7인을 선정하고 이들 전문가에게 질문서를 보냈다.

　우리는 캐나다산 모든 쇠고기를 수입 금지하고 있었기 때문에, 이를 방어하기 위해서는 살코기 자체도 위험하여 수입을 금지할 수밖에 없다는 주장을 해야 했다. 세계보건기구(WHO)의 보고서[60]에 있는 쇠고기 살코기의 광우병 감염력에 관한 내용을 인용하기도 했다. 일단 분쟁이 시작된 이상 적어도 초기에는 가능한 모든 논리를 동원하여 전부를 방어하는 전략으로 나가지 않을 수 없었다. 왜냐하면 그렇게 하지 않으면 처음부터 우

---

60) WHO, 2006 WHO Guidelines on Tissue Infectivity Distribution in Transmissible Spongiform Encephalopathies, p.19.

리 조치에 문제가 있다는 것을 인정하는 것이 되기 때문이다.

미국산 쇠고기는 전면적으로 수입을 허용하는 상황에서, 캐나다산 쇠고기는 전면적으로 수입을 금지하는 상황을 논리적으로 방어하기는 어려웠다. 두 나라의 가축위생 상황 차이가 우리의 쇠고기 수입제도의 차이만큼 극단적이지는 않기 때문이었다. 두 나라간 가축위생 조건에 차이가 없다면 차별을 해서는 안 되고, 차이가 존재한다면 수입조건의 차이도 그에 상응해야 하는 것이다.

그런데 우리는 다르다. 우리가 캐나다산 쇠고기의 수입을 허용한 2012년 1월 20일 이전에도 미국을 경유해서 캐나다산 쇠고기는 들어올 수 있었다. '미국에서 100일 이상만 사육하면'되는 조건은 잠복기가 짧은 질병의 경우는 안전장치가 될 수 있으나 광우병의 경우는 그렇지 않다.

어느 외국의 통상전문 변호사는 수입을 금지하고 있는 캐나다산 쇠고기가 미국을 경유해서는 들어올 수 있다는 사실, 그 자체가 한국이 캐나다와 분쟁에서 불리한 결정적 증거(smoking gun)가 될 수 있다고도 했다. 우리가 미국으로부터 모든 월령의 쇠고기 수입을 허용하고, 캐나다로부터는 모든 쇠고기의 수입을 금지하는 상황은 적어도 분쟁대응 관점에서 보면, 두 나라 쇠고기를 모두 수입 금지하는 상황보다 방어하기가 더 어려운 것이다.

왜냐하면 두 나라간 가축위생상황의 차이에 상응하지 않은 정당하지 않은 자의적인 차별이 존재한다면, 그 자체만으로도 규정 위반이 되고, 제소하는 국가 입장에서는 수입금지의 적법성 여부보다 차별이 존재한다는 것을 입증하기가 훨씬 수월하기 때문이다.

패널 판정보다는 양자 타결로

캐나다산 쇠고기 패널 분쟁의 결과를 판정까지 가지 않아 알 수는 없다. 그러나 지금까지 WTO SPS 분쟁은 모두 피소국에 불리한 판정 결과가 나왔다. 한국과 캐나다 간 쇠고기 분쟁이 진행되고 있던 2009년 9월을 기준으로 그때까지 37건의 WTO SPS, 동식물 검역관련 분쟁이 있었다. 17건이 양자협의 단계에서 끝나고 10건이 패널판정으로 갔으며 10건을 사건(case)으로 보면 5건이다.[61] 그중 일부는 상소판정까지 갔는데 모두 피소국이 패소했다. 패소의 사유는 크게 세 가지이다. 첫째, 피소국이 채택한 국제기준보다 높은 수준의 SPS 조치가 적절한 위험평가에 기초하지 않으면 SPS협정을 위반한 것이라는 판단이었다. 둘째, SPS 조치가 위험평가에 기초했다 하더라도 필요한 수준 이상으로 무역제한적 조치를 취했다면 SPS 협정 위반이라는 것이었다. 셋째, SPS 조치가 동일하거나 유사한 조건에 있는 국가 간의 자의적·차별적 조치라면 SPS 협정 위반이라는 것이었다.

WTO 분쟁해결 절차를 진행하면 지더라도 수입개방의 시기를 최대한 늦출 수 있다는 장점은 있으나, 수입조건을 국제기준에 근접하게 설정해야 하고, 또한 국내 관련 법령도 고쳐야 하는 상황이 발생할 수도 있다. 반면에 양자적으로 해결하면 수입조건은 유리할 수 있으나, 수입을 허용하는 시점이 앞당겨질 수 있었다. 수입조건을 우리가 원하는 수준으로 할 수 있다면 양자 타결을 한다는 방침을 정했다.

---

61) 미국·캐나다가 EC를 제소한 성장촉진 호르몬처리 쇠고기 수입금지건과 EC가 미국^캐나다를 제소한 호르몬사건 판결 미·이행을 이유로한 지속적 보복조치를 하나의 사건으로 봄

캐나다도 미국과 마찬가지로 광우병이 발생하더라도, OIE가 등급을 하향 조정하지 않는 한 수입을 중단하지 않아야 한다는 것을 그 어떤 것보다 강하게 요구했다. 이 문제를 해결하지 않고는 양자 타결은 불가능하고 패널 판정까지 갈 수밖에 없었다. 그래서 수입 중단을 검역 중단과 선적 중단의 두 가지 개념으로 구분했다. 캐나다에서 광우병이 발생할 경우 일단 검역을 중단하여 소비자에게 더 이상 쇠고기가 공급되지 않도록 조치하고, 역학조사 결과가 국민 건강에 위험이 없으면 검역 중단을 해제하고, 그렇지 않으면 수입 중단으로 넘어가는 것으로 하여 양자 타결의 가닥을 잡았다.

캐나다산 쇠고기 수입에는 조용하다

광우병은 미국보다 캐나다에서 더 많이 발생하는데도, 캐나다산 쇠고기의 수입 허용에는 비교적 조용했던 반면에, 미국산 쇠고기 수입 허용에는 엄청난 반대 촛불시위가 있었다. 이런 상황의 차이를 보는 시각도 다르다. 미국산 쇠고기는 방송이 위험을 과장해서 그렇게 되었다고 보기도 하고, 우리 사회에 부분적으로 존재하는 반미(反美)와 연결시켜 해석하기도 한다. 그리고 어느 날 갑자기 미국산 쇠고기의 수입에 대한 연령조건이나 규제를 거의 다 풀면서 야기된 통상에 대한 국민들의 불만이 표출된 것이라고도 이야기한다.[62] 어느 하나만으로 촛불시위의 요인을 말하기는 어려우나, 굳이 하나를 들라면 필자는 마지막 것이 요인이라고 본다.

---

62) 대단하이, 2010년 2월 6일, BRIC 커뮤니티, '애초 통상의 문제였거늘…'.

쇠고기 수입 위생조건에 가장 비판적인 견해를 가진 전문가도 캐나다와의 협상은 국제적으로 합리적인 수준에서 받아들일 만한 조건으로 평가했다.[63] 또 어느 통상법 전문가는 캐나다와 양자 협의를 통해 우리가 최선의 결과를 도출한 것으로 보았다.[64] 또 축산 전문 언론은 "캐나다와의 수입협상이 미국과 비슷한 수준에서 이뤄지게 될 것이라는 전망이 지배적이었는데 예상을 깨고, 우리의 요구를 상당 부분 관철시킨 결과를 만들어 낸 노력에 대해서만큼은 격려를 보내야 한다."라고 보도했다.[65]

수출국의 입장에서는 자국의 기준을 그대로 수출 쇠고기에도 적용하고 싶어 한다. 기준이 달리 적용된다면 그 조건을 충족시키기 위한 시스템의 유지나 관리에 추가적인 비용이 든다. 그리고 수입국 조건을 맞추지 못하는 사례가 발생할 가능성도 상대적으로 더 높을 수 있기 때문이다. 2007년 10월 미국산 쇠고기 검역 과정에서 등뼈가 두 번째로 발견되어 검역이 중단되자 미국은 검역 재개를 요청하면서, 등뼈가 들어간 것은 미국 국내용 쇠고기가 한국 수출용에 잘못 들어가서 생긴 것이라고 설명했다. 국내용과 수출용이 같다면 문제가 되지 않았다는 의미이다.

국가마다 식품 소비의 패턴이나 식습관이 다르다. 동일한 식품이라 하더라도 그로 인해 노출되는 위험의 크기는 국가마다 다를 수밖에 없다. 그래서 수입국에게 국제기준과 달리 수입조건을 설정할 수 있는 권리를 부여하고 있는 것이다. 다만 무역제한의 수단으로 이용되지 않도록 위험

---

63) 우희종, 「경향신문」, 2011년 6월 30일, '캐나다 쇠고기 협상 들여다보니 한미 협상은 졸속'.
64) 최원목, 2011년 9월 8일, 국회 농림수산식품위원회, 캐나다 쇠고기 수입 위생조건(안)에 대한 공청회 자료.
65) 축산뉴스, 2011년 7월 6일, '방어 노력 역력…, 꼭 지금 했어야 했나, 한.加 쇠고기 수입협상 타결을 바라보는 한우업계 시각'.

평가를 통해 그 나라의 적정 보호수준을 설정하도록 하고, 그에 대한 과학적 근거도 요구하고 있는 것이다. 미국이 자국에서 적용하는 기준이 설사 국제기준이라고 하더라도 우리가 그 기준을 그대로 따라야 하는 것은 아니다.

쇠고기 수입위생 조건에 관련되는 사항은 크게 네 가지 관점에서 볼 수 있다. 첫 번째 관점은 수입하는 쇠고기를 생산하는 소의 월령을 어디까지로 할 것인가이고, 두 번째 관점은 수입허용 부위를 어디까지로 한정할 것인가이다. 세 번째 관점은 수출국에서 쇠고기가 생산되는 과정에 수입국의 검역관이 어느 정도 확인할 수 있는 권리를 가지느냐 하는 것이다. 끝으로 네 번째는 만일 수출국에서 광우병이 발생하면 수입국은 어떤 권한을 행사하고 수입국은 어떤 의무를 질 것인가이다. 이 네 가지 관점에서 미국과 캐나다 간 쇠고기의 수입조건에는 차이가 있다. 우선 미국산 쇠고기 수입 위생조건에는 소의 월령 제한이 없다. 촛불시위 이후 추가적인 협의를 거쳐 기간을 정하지는 않았지만 과도기적인 조치임을 분명히 하고, 30개월 미만 쇠고기만 수출이 가능하도록 합의했다. 이 합의는 검역상의 수입제한 조건이 아니고 수출업자와 한국의 수입업자 간 자율로 수출과 수입을 규제키로 한 것이다. 반면에 캐나다산 쇠고기의 수입 위생조건에는 검역조건으로 30개월 미만만 수입이 가능하도록 정하고 있다.

두 번째 관점에서 볼 때, OIE 규정이 정한 특정 위험물질(SRM)은 미국이나 캐나다 수입 위생조건 모두에서 규제하고 있고 차이도 없다. 다만 소의 내장에 대한 규제에는 차이가 있다. 광우병에 관한 가장 많은 정보를 가지고 있는 EU는 국제규정과 달리 위를 제외한 내장도 특정 위험물질의 하나로 규정하고 있다. 그렇다면 내장을 유럽처럼 위험한 부위로 볼 것인가?

아니면 OIE 규정대로 내장도 '회장원위부'라는 소장의 끝 일부만을 제거하면 안전하다고 볼 것인가? 하는 판단의 문제가 있다. 어느 수의 전문가는 "광우병 통제에서 과학적으로 인정할 수 있는 것은 오직 유럽연합의 과학 기준과 정책이다."66)라고 말한다. 그러나 이 견해가 반드시 옳다고 단정할 수는 없다. 또 광우병이 월등히 많이 발생한 유럽의 기준을 다른 나라에까지 적용하는 것은 지나치다는 견해도 있을 수 있다. 다만 다른 유력한 두 견해가 존재한다면 이에 대한 접근에는 차이가 있을 수 있다.67) 캐나다산 쇠고기 수입 위생조건에는 국제규정에서 정하고 있는 특정 위험물질은 물론 EU가 특정 위험물질로 규정하고 있는 내장도 수입금지 부위에 포함시켰다는 점에서 차이가 있다.

세 번째 관점에서 그 차이는 우리 검역관이 얼마나 상대국의 쇠고기 작업장에 대해 접근할 권한이 있는가에 있다. 미국의 모든 작업장이 우리 검역관의 확인 없이 한국으로 수출할 쇠고기를 생산할 자격이 있다고 규정하고 있다.68) 반면에 캐나다 작업장은 우리 검역관이 시설이나 위생 상황을 점검하고 수출 자격을 부여하고 있는69) 점에서 다르다.

마지막으로 미국이나 캐나다에서에서 광우병이 추가로 발생했다고 가정하면, 두 나라에 대해 우리가 취할 수 있는 조치에도 차이가 있다. 캐나다에서 광우병이 발생하는 경우 국민건강에 위해를 초래할지 여부에 관계없

---

66) 우희종, 「한겨레신문」, 2010년 7월 7일, 34면, 「여론칼럼」, '피고석에 서서 반성 좀 하세요'.

67) 한국농업경영인중앙연합회는 2010년 7월 6일자 논평에서 "유럽 기준 적용(EU)을 통한 내장 수입금지 등을 전제로 한 협상 원칙을 명확히 해야 할 것이다."라고 한 바 있다.

68) 미국산 쇠고기 수입 위생조건 6조에는 "미국 농업부의 검사 하에 운영되는 미국의 모든 작업장은 한국으로 수출되는 쇠고기 또는 쇠고기 제품을 생산할 자격이 있다."라고 규정되어 있다.

69) 우리나라로 쇠고기를 수출하는 작업장은 캐나다 정부가 선정하여 통보한 작업장 중 우리 정부가 현지 점검 등의 방법으로 승인해야 한다고 규정되어 있다.

이 검역중단이라는 수단을 통해 국내 소비자에게 캐나다산 쇠고기의 공급을 합법적으로 일단 차단한다. 그런 다음 조사 결과가 식품안전에 위험이 없으면 검역을 재개하고, 위험이 있다고 판단되면 수입을 금지할 수 있도록 되어 있다. 국회 농림수산식품위원회는 2012년 5월 미국산 쇠고기 및 쇠고기 제품에 대한 검역중단 촉구결의안이 채택되었고, 세 가지 내용이 들어 있었는데, 그 중 두 번째가 2008년 쇠고기 수입 위생조건은 국민 건강을 이유로 신속하게 대응할 수 있도록, 캐나다 쇠고기 수입 위생조건 수준으로 재협상을 촉구한다는 권고문[70]을 채택하기도 했다.

---

70) 『제37회(임시회) 국회 농림수산식품위원회 속기록』, 2012년 5월 1일, p.145.

06 미국의 통상 압력과 슈퍼 301조

미국은 그들이 이야기하는 상대국의 불공정 무역 관행을 시정하기 위한 대표적인 수단으로 소위 슈퍼 301조를 들고 나온다. 미국의 무역통상법 301조에 따른 기존 조치는 품목별, 분야별로 협상을 진행하는 방식으로 되어 있다. 이 방식이 교역 상대국의 불공정 무역 관행을 제거하는 데 효과적이지 못했다고 보고, 1988년 종합통상법[71]에서 기존 301조를 보강하는 형태로 2년간 한시적으로 도입했던 것이 슈퍼 301조의 시작이었다.

미국의 무역대표부는 NTE[72]라는 '국가별 무역장벽에 관한 보고서'를 매년도 4월 1일까지 작성하여 대통령 및 의회에 제출해야 한다. 그로부터 6개월 후[73] 우선협상 대상 관행과 국가를 지정하여 의회에 보고하도록 하고 있다. 우선 관심관행(Priority Foreign Practices)과 우선 관심국가(Priority Foreign Countries)를 지정하면,[74] 21일 이내에 종합통상법 301조에 의한 조

---

71) The Omnibus Trade and Competitiveness Act
72) National Trade Estimates Report on Foreign Trade Barriers
73) 1988년 도입 당시에는 1개월이었으나 행정 명령으로 부활하면서 해당국과 사전에 충분히 협상할 수 있는 기간을 부여하기 위해 6개월로 변경했다.
74) 상대국의 관행이나 제도가 미국의 지적재산권의 보호 또는 미국 상품에 공정하고 동등한(fair and equitable) 시장 접근을 거부하는 경우 그러한 국가나 관행을 지정하는 것을 말한다.

사를 개시하도록 하고 있다. 1988년 신설된 310조는 조사개시 절차에 관한 특별규정이다. 조사 결과에 따른 보복 절차와 결정 그리고 집행에 관하여는 기존의 규정, 즉 301조부터 309조까지의 조항을 따르게 되어 있다. 이를 일반 301조로 부르고, 신설된 310조를 슈퍼 301조로 부른다.

일반 301조는 이해 관계자의 제소에 의해 조사가 시작되도록 되어 있다. 그러나 슈퍼 301조, 즉 310조는 미국 무역대표부가 우선 관심국가와 우선 관심관행을 지정하면 일방적으로 조사를 시작하는 점에서 차이가 있다. 슈퍼 301조가 신설된 시기는 1988년으로 미국으로서는 쌍둥이 적자, 즉 무역적자와 재정적자가 크게 확대되어 자국의 수출을 늘려서 무역적자를 줄이기 위한 요구가 가장 절실했던 시기이다. 반면 1986년부터 1989년까지의 기간은 우리 경제가 처음으로 국제수지가 흑자를 기록한 기간이었다. 1988년에는 89억 달러의 무역흑자를 기록했다. 미국과 교역에서만 100억 달러의 흑자로 나머지 국가들과의 교역에서 적자를 상쇄하고도 남아 흑자가 되었다. 미국은 슈퍼 301조를 동원하여 한국의 시장개방을 시도했고 대상이 주로 농산물이었다.

미국의 통상법 어디에도 '슈퍼(super)'라는 단어가 있는 것은 아니다. 불공정 무역관행에 대한 조사개시 권한과 보복조치 권한을 대통령으로부터 미국 무역대표부 로 이관시키고 의무적 보복조치의 대상을 보다 명확히 했다. 무역협정에 의해서 보장된 미국의 권리가 거부될 때, 상대국의 행위·정책·법률·관행이 무역협정의 조항에 위배되거나 미국의 권리가 정당하지 않은 조치로 침해받았을 때로 비교적 구체적으로 적시하여, 재량적 판단이 개입될 여지를 줄였다. 불공정의 정도가 심한 국가나 관행을 우선협상 대상국이나 우선협상 관행으로 지정하여 의회에 보고하고, 그 나라들과 12개월 내지 18개월간의 협상을 벌여 불공정 관행을 시정하는 조치를 취하도록 하고 있다. 상대국의 거부로 협상이 이루어지지 않을 경우, 그 나라에 대해 100%의 보복관세 부과, 수입쿼터 실시, 무역협정 철폐, 그리고 개발도상국에 대해서는 일반특혜관세(GSP)[75] 철회 등의 보복조치를 단행할 수 있다. 슈퍼 301조는 1989년부터 1991년까지 한시적으로 운용되다가 부시 행정부 때 폐기되었는데, 1994년 3월 클린턴 행정부가 부활시켰다.

EU가 1998년 11월 미국의 슈퍼 301조를 WTO에 제소했다. 1999년 1월 패널이 설치되어 심의를 했는데, 미국의 슈퍼 301조가 WTO 규정에 어긋나는 것은 아니라는(not inconsistent) 패널 판정이 나왔다. WTO 협정이 적용되지 않는 분야, 즉 노동, 환경, 경쟁법, 금융, 서비스와 같은 분야는 WTO가 문제 삼기 어려웠다. 또한 슈퍼 301조 조치로 상대국의 불공정 행위를 일방적으로 지정하더라도 보복조치를 취하지 않거나, 취하더라도 WTO 규정에 따라서 하면 반드시 위반이라고 할 수는 없다는 것이다.

우선협상국 지정과 슈퍼 301조 협상

우리나라는 농산물의 수입제한 근거였던 GATT 18조 B항을 1989년 졸업[76]함에 따라, 수입제한 근거가 없어진 품목을 매년 '일반적으로 균등하

---

[75] Generalized System of Preference를 줄인 말이다. 선진국이 개발도상국의 경제개발을 지원하기 위해 수입하는 제품에 대해 무관세 혹은 최혜국 세율보다도 낮은 세율의 관세를 부과하는 특혜 제도를 말한다.
[76] 일반적으로 졸업이라고 부르고 있으나 원용중단(disinvoke)이 정확한 용어이다. 가트 18조 원용중단은 동 11조로 이행하겠다는 의미가 되며, 관세, 조세, 기타 과징금 이외의 수량제한 등과 같은 수입제한 조치를 취해서는 안 된다.

게'(generally evenly manner) 자유화해야 하는 의무를 지게 되었다. 농산물 수입을 어떻게 자유화할 것인가에 대해 우리의 교역 상대국과 협의해야 했는데, 그 중 가장 중요한 상대국은 미국이었다. 미국은 양자적으로 슈퍼 301조를 무기로 한국을 불공정 무역국으로 잠정 지정하고, 농산물을 포함한 시장개방을 요구했다. 미국이 한국을 우선 협상 대상국으로 지정 여부를 결정하기 위한 세 번의 협상이 1989년 3월 중순부터 4월 초에 걸쳐 미국 워싱턴에서 있었다.

1989년 3월 슈퍼 301조 협상이 있던 그 즈음, 243개 품목의 ''89-'91 농산물 수입 자유화 예시 계획'을 발표했다. 한국 정부는 어려운 여건에서 최대한 노력한 것이라는 사실을 미국에 설명했음에도 미국은 우선협상국 지정을 무기로 관심 품목의 개방 년도 단축과 관세인하를 요구했다. 1989년 3월 미국과 슈퍼 301조에 의한 협상을 시작하기 얼마 전인 1989년 2월 4일 농산물 시장개방과 농업정책에 반대하는 대규모 농민시위가 지금의 여의도 공원, 당시 여의도 광장에서 있었다. 시위에서 농민들은 수세(水稅)로 불리던 농사를 짓는 데 사용하는 물 값을 폐지하라고 주장했다. 담배시장 개방으로 잎담배를 재배하던 농가가 고추 재배로 전환하여, 고추의 생산량이 늘어나 값이 폭락한 것이 계기가 되었다. 여기에 농산물 시장개방 반대가 더해져 격화되었고 죽창(竹槍)이 등장하기도 했다.

1989년 3월 워싱턴에서 개최된 미국과의 협상에서 당시 농림수산부 국장이 농민의 시위 사진을 보여주면서, 개방에 따른 우리의 어려움을 미국 측에 설명하기도 했다. 그 후 두 차례의 협상이 워싱턴에서 더 있었다. 그리고 한 달 정도가 지난 1989년 5월 미국으로부터 연락이 왔다. 한국이 지난 달 4월 워싱턴 협상에서 제시한 내용 중 일부 농산물의 개방 시기를

1년 단축해주면, 우선협상국 지정을 하지 않겠다면서 한국 정부의 입장을 타진해 왔다. 미국의 이러한 요구를 받아들일 것인가, 거부할 것인가를 논의하기 위한 장관회의가 열렸다. 일부 품목의 개방 시기를 1년 앞당겨 달라는 미국의 요구를 받아들이자는 의견이 다수였다. 물론 농림수산부 입장에서도 일부 품목의 개방 시기를 1년 앞당기더라도 크게 문제될 것은 없다는 것이 실무적 판단이었다. 그런데 당시 농림수산부 장관은 개방 시기를 1년이 아니라 6개월만 앞당기자는 의견을 제시했다. 농림수산부 장관의 이런 발언에 대해 미국이 협상 결렬을 선언할 수도 있는데, 6개월 때문에 그럴 필요가 있을까 하는 일부의 우려도 있었다. 그러나 정부의 입장은 농림수산부 주장대로 정해지고, 미국에 우리의 입장을 전달했는데, 미국이 이를 수용하여 타결되었다. 당시 정부의 입장은 농산물 분야에서 우선협상국 지정을 피하기 위해 노력은 하되, 미국이 슈퍼 301조의 우선협상국이나 우선협상 관행으로 지정하면 받아들인다는 분위기가 형성되어 있었다.

보름 만에 다시 고친 검역 규정

버찌는 코드린 나방의 기주식물(host plant)이다. 이 나방은 우리나라에는 없지만 미국에는 서식하고 있다. 그래서 미국산 버찌가 한국으로 수입되기 위해서는 메칠브로마이드라는 농약으로 훈증[77] 처리를 거쳐야 한다. 훈증처리를 어떤 방식으로, 어떤 온도로, 얼마만큼 농약을 투입해서 해야

---

77) 영어로 'fumigation'이라고 하며 식품, 사료, 목재 등을 수입할 때 유해한 동식물이 국내에 들어오는 것을 방지하기 위한 목적으로 선창(船艙), 창고, 컨테이너, 야적장(시트로 덮음) 등에 약제를 투입해서 유해한 동식물을 구제하는 것을 말한다.

하는지는 농림수산부 장관의 고시로 정하고 있었다. 이 고시에 대해 미국이 이의를 제기했고, 우리는 미국의 요구를 들어준다고 개정을 했는데, 그것을 보름 만에 다시 개정해야 하는 일이 1989년 6월에 발생했다.

국제적으로 농약의 양과 온도에 따라 처리 조건을 달리하는 네 가지 방식이 인정된다. 온도가 높으면 투입되는 농약의 양이 적고, 온도가 낮으면 투입되는 농약의 양이 많아진다. 처리 시간은 두 시간으로 모두 같다. 네 가지 방법의 처리 효과는 과학적으로 모두 동일하다. 그런데 버찌를 수출하는 자나 수입자의 입장에서는 상품성에 손상이 적은 방법을 선호하는데, 약의 투입량이 많고 온도가 낮은 방식이 상품성의 저하를 적게 가져온다. 1989년 당시 우리 규정에는 약의 투입량은 가장 적고 처리 온도는 가장 높은 방식만 허용하고 있었다. 1989년 미국은 슈퍼 301조를 앞세워 버찌의 훈증처리에 관한 규정을 고쳐, 낮은 온도에서 처리하는 방식, 즉 저온처리 방식도 인정하라는 것이었다. 우리가 이를 수용하면서 1989년 4월에 합의가 이루어졌다. 합의의 이행은 행정적으로는 미국산 버찌의 훈증처리 조건에 관한 고시를[78] 개정하는 것이었다.

그런데 고시가 개정되고 얼마 지나지 않아, 주한 미국대사가 농림수산부 장관을 방문하여 개정된 고시 내용에 대해 심각하게 문제를 제기했다. 기존의 처리 온도보다 한 단계 낮은 것만 추가로 인정하고, 그보다 더 낮은 온도에서 처리하는 나머지 두 가지 방식은 인정하지 않았던 것이다. 농림수산부 고시 내용이 주한 미국대사관을 통해 전부 영어로 번역되어 워싱턴에 보고되자, 미국 정부는 개정된 내용이 아닌 기존의 고시의 내용까

---

[78] 고시의 정확한 명칭은 '수입금지 식물 중 미국산 양벚 생과실의 수입금지 제외 기준'이다.

지도 문제를 삼고 나왔다. 고시에 '어떠한 병해충도 없는' 곳에서 처리해야 한다는 내용이 있었는데, 미국은 지구상 어디에 그런 곳이 존재하느냐는 식으로 불만을 표출했다. 그 부분도 나중에 '유해 동식물이 침입할 우려가 없는 방충 시설이 설치된 장소로 수정되었다.

미국과의 협상에서 저온처리를 인정하기로 합의를 했고 네 가지 방안이 구체적으로 모두 인정되고 있고 과학적으로 효과가 동일하므로 모두 인정해주는 것이 옳았다. 이에 대해 장관이 크게 화를 내며 담당국장에게 당장 규정을 다시 개정할 것을 지시했고, 개정된 지 보름 만에 규정을 다시 개정해야 했다.

미국의 농업 관료

지금까지 많은 미국 정부의 관료들을 만나서 회의를 하고 협상도 했다. 미국의 무역대표부와 농무부는 물론 국무부, 상무부, 국방부 관리도 있었고, SOFA, 주한 미군 주둔군 지위협정 개정 협상을 할 때는 군인도 있었다. 그 관료가 일하고 있는 부서가 어디인가에 따라 생각이나 정서가 많이 다르다는 느낌을 받곤 했다. 미국 농무부 관리를 만나면 다른 부서의 관료보다는 어딘가 우리 농업 관료와 정서가 비슷하다는 생각도 들었다. 우리가 진정으로 어렵다고 이야기하면 그들은 들어주는 척이라도 했다. 훗날 들은 이야기지만, UR 이행 계획서와 관련하여 한국의 농림수산부 공무원들이 많은 고민을 하자, 미국 농무부의 변호사가 아이디어를 주었다고 한다. 이를 토대로 만들어진 것이 이행 계획서에 마크 업(mark-up), 즉 수입 부과금과 쿼터 공매를 명기한 Note 4[79]와 Note 5[80]이다.

협상에서 만들어진 합의문에는 어느 정도의 모호성이 있게 마련이다. 합의된 내용을 엄격하게 해석해서 이행 방안을 만드는 것은 어려운 일이 아니다. 그러나 때로는 합의 내용이나 규정에 위배되지 않으면서 조금이라도 우리에게 유리하도록 이행 방안을 만들 필요가 있을 수 있다. 그러기 위해서는 그 분야에 대한 전문 지식이나 경험은 물론 그 규정이 만들어진 세세한 배경까지도 정확히 알아야 한다.

미국, 초등학생용 만화에 시비를 걸다

'달리의 방학기행', 지금부터 23년 전 농협이 배포한 초등학생용 만화의 제목이다. 이 만화는 1990년 여름방학 즈음에 나왔다. 국내적으로는 국산품 소비가 권장되고 근검절약이 미덕이라는 인식이 상당하던 시기였다. 미국은 어린 학생들을 위한 만화에 수입품을 차별하는 내용이 들어 있다고 문제를 제기했다. 엄마가 시장에서 수입품을 구매하지 못하게 아이들이 감시하자고 다짐한 부분이 미국 측의 신경을 건드렸던 것이다.

1990년 말 미국의 『워싱턴 포스트』에 '수입의 악마들, 한국의 시각[81]

---

79) For tariff quotas specified as '* Note 4' in Column 7 of Section I-B of Part I of this Schedule, the Government of the Republic of Korea or the designated state trading agencies can impose mark-up on sales of these products in Korea in addition to the in-quota tariff.
80) For tariff quotas specified as '* Note 5' in Column 7 of Section I-B of Part I of this Schedule, the Government of the Republic of Korea or its designated agencies can take measures the World Trade Organization to ensure orderly domestic markets and to designate revenues resulting from the sales of these products in Korea.
81) The evils of imports; South Korean views.

이라는 제목을 달아 만화의 일부가 게재되고 기사화되었다. 미국은 미래의 소비 주체인 아이들한테 수입품을 배척하는 가치관을 심어줄 수 있다는 우려로, 당시 그 어떤 문제보다 중대한 사안으로 간주했다. 이것은 한미 간에 심각한 통상마찰로 비화되었다. 이를 완화하기 위해 부총리를 비롯한 한국 정부의 고위관료가 미국을 방문하여 이해시키고자 노력했으나 완화될 기미가 보이지 않았다. 무역의 필요성과 한국무역의 성장과정을 소개한 홍보만화를 제작하기도 했다.[82]

농협 만화책 문제가 한미 간 심각한 통상마찰이 된 이후 농협이 쌀 소비를 촉진하기 위해 쌀을 길이로 세워서 햄버거 위에 올려놓은 그림의 포스터를 제작하려 했다. 쌀이 햄버거를 누르는 모습이었다. 농협 만화 때문에 워낙 곤욕을 치른 뒤라 이 포스터도 쌀은 국산품을, 햄버거는 수입품을 의미하는 것으로 비춰질 수 있다는 의견이 제기되었다. 또 통상마찰이 생길 수 있다는 우려로 구상 단계에서 없었던 일로 했다.

국산 농산물 소비 촉진

냉동감자 이야기다. 국산 감자로 가정에서 프렌치프라이를 만들 수 있도록 가공한 제품이 국내에서 생산된 적이 있다. 농가소득 작목으로 감자 재배를 권장했으나, 1988년 냉동감자 수입이 자유화되자 다음 해부터 수입이 연간 30~40%씩 증가하여, 3년 만에 수입량이 여섯 배로 늘어나고, 수입업체 수도 세 배로 늘어났다. 수입 냉동감자의 대부분은 미국산이었

---

82) 동아일보, 1991년 1월 8일, 21면, '만화 새 홍보매체로 각광'

다. 국산 감자를 원료로 생산된 냉동감자는 판로를 잃어 피해를 입었다. 국산 감자는 크기가 수입 감자에 비해 작기 때문에 프렌치프라이로 사용하기에는 길이가 상대적으로 짧아 불리했다. 그러자 농림수산부 담당 과에서 냉동감자 사용 업체를 불러서 국내생산 냉동감자를 사용해줄 것을 요청하는 회의를 했다. 그런데 그 회의에 참석했던 어느 업체가 주한 미국대사관에 이러한 사실을 알렸다. 주한미국대사관은 한국 정부가 민간 업체를 불러서 국산 수입 냉동감자 사용을 자제하고 국산 냉동감자를 사용하도록 압력을 가했다고 본국에 보고했던 것이다.

이 일은 워싱턴을 경유하여 한미 간 통상문제로 비화되기에 이르렀다. 통상 현안은 일단 발생하면 그것을 완전 해소하기까지는 시간과 비용이 수반된다. 미국 정부는 이 사안을 수입 자유화 조치와는 상반된, 즉 수입을 자유화하고 그 다음에는 다른 수단을 동원하여 막는 유형으로 인식했던 것이다. 지금의 변화된 통상 환경에서 보면 정부가 수입 업체를 불러서 감자를 생산하는 농민이 어려우니 수입을 자제하고 국산을 많이 사용해 주었으면 좋겠다는 취지로 이야기한다는 것은 생각조차 할 수 없다. 이와 비슷한 사례는 그 이전에도 있었다.

농림수산부 농정국의 국제협력과가 수입 관리지침을 매년 내려 보내던 시절이 있었다. 그 지침에 '수입을 관리한다.'라는 문구가 적혀 있었으나, 이 말의 실체적 의미는 거의 없었다. 그런데 이 지침 전부가 영문으로 번역되어 주한 미국대사관을 통해 워싱턴에 전달되고 한미 간 통상마찰로 번졌다. 어떤 품목 부서의 조치가 어느 날 갑자기 통상 현안이 되어 미국 정부를 통해 외교 경로로 전달되는 사례가 적지 않았고, 이는 농림수산부만의 일도 아니었다. 국제교역에 영향을 미칠 수 있는 규정을 제정하거나 개정하는 경우 무역에 관한 가트의 기술장벽협정[83]에 90일간 회원국이 의견을 제시할 수 있도록 의견수렴 기간을 부여해야 한다. 그런데 당시 이러한 인식이 부족하여 의도하지 않은 절차적 하자로 인해 통상마찰로 비화되는 경우도 종종 있었다.

미국은 어떤 사안에 불만이 있으면 항상 그 사안에 한국 정부가 어떤 형태로 간여되었는지를 파악하고, 조금이라도 시비를 걸 수 있으면 그곳을 치고 들어왔다. 미국 정부 입장에서는 민간을 직접 상대하기보다는 한국 정부를 상대하기가 수월했다. 그리고 그때까지만 해도 민간 분야에 대한 한국 정부의 영향력이 커서 정부 쪽으로 우회하여 문제를 해결하는 것이 더 효과적이라고 생각했기 때문이었다. 한번은 농협매장에서 수입품을 취급하지 않는 데 불만을 가지고, 농협이 한국 정부의 통제와 감독을 받는 준(quasi) 정부기관이라고 하면서 농림수산부에 시비를 걸어온 적도 있었다.

한미담배양해록

'美, 한국 담배시장 不公正(불공정) 조사결정, 속상해도 미국 담밴 못 피우겠군.' 이는 1988년 2월 어느 신문[84]의 기사다. "수입 자유화를 하지 말라는 이야기는 아니다. 수입 자유화의 추세는 거역할 수 없더라도, 과세는 주권 국가로서 우리의 방식으로 우리가 결정해야 한다." 대학교수

---

83) Agreement on Technical Barriers to Trade
84) 1988년 2월 17일, 『경향신문』, 1면, '신문고'.

가 언론[85]에 기고한 글의 내용이다.

한국과 미국 두 나라에는 「담배시장 접근에 관한 한국과 미국 정부 간의 양해록」[86], 줄여서 한미담배양해록이라고 불리는 합의가 있다. 지난 1988년 한국과 미국 정부 간에 체결된 것이다. 이 합의서에 따르면, 한국이 담배시장을 개방하면서 수입 담배에 대한 무관세 원칙과 미국의 사전 양해가 있어야 담배세율 및 징수 방법을 변경할 수 있도록 되어 있다. 양해록을 체결할 당시 담배세는 갑당 360원으로 하는 종량세 방식이어서, 가격이 2배 정도 비싼 수입 담배에 유리했다. 담배세를 올릴 경우는 물론 담배 관련 법령 개정 시 미국 정부와 사전 협의를 하도록 되어 있었다. 이것으로 인해 한국 정부의 법 제정과 개정 관련 주권이 상실된 것으로 간주되면서 재협상이 필요하다는 주장이 지속적으로 제기되었다. 국제적으로 관세를 부과하는 것이 일반적이고, 미국도 5% 수준의 관세를 부과하고 있었음에도 우리는 모든 수입 담배에 관세를 면제해왔다. 담배에 부가가치세를 도입하려고 할 때나 국민건강증진법의 시행을 위해서도 미국의 동의가 필요했다.

WTO가 출범한 직후인 1995년 8월에 한국 정부는 미국과 협상을 가졌다. 당시 담배양해록과 상충된다며 논란이 되었던 「국민건강증진법」을 시행하게 되었고, 담배에 대한 부가가치세는 1998년부터 도입하기로 합의가 이루어졌다. 즉 종량세를 종가세로 전환하되, 종량세의 최초 인상률에 차등을 두어 국산 담배와 국산 담배 가격의 두 배 수준인 미국 담배에 부

---

[85] 최광 한국외국어대 교수, 1988.6.23일, 5면, 『한겨레신문』, '양담배 세금'.
[86] 양해록의 영문 명칭은 'Record of Understanding between the Governmnet of the Republic of Korea and the Government of the United States of America Concerning Market Access for Cigaretts'이다.

과되는 세금을 동일하게 했다. 「국민건강증진법」 시행과 맞물려 체결된 개정안은 한국 정부가 담배세 조정 및 광고규제 권한을 자율 행사하고 국내산과 수입산 담배를 차별하지 않기로 했다.

우리나라의 담배에 대한 조세주권이 상당히 회복되었지만 여전히 우리 정부가 담배와 관련된 새로운 제도의 도입이나 규정을 개정할 때는 입법예고 시점이나 규정의 시행 전 20일 중 빨리 도래하는 시점까지 미국에 통보하도록 되어 있다.[87] 또한 미국의 요청이 있는 경우 협의하도록 되어 있다. 그러나 이제 우리 정책이 투명해지고 대내외 차별적 요소도 거의 없으므로, 사전 통보나 협의 조항도 일반적인 행정 절차로 통합하여 없애는 방향으로 나가야 한다. 과거 담배양해록이 체결된 시점은 미국이 슈퍼 301조를 동원하여 통상 압력을 가하던 시기였고, 이를 해소하는 것이 시급한 과제이기는 했다.[88] 그렇더라도 우리의 입법권이나 정책 재량권을 제약함에도, 「양해록」이라는 이유로 국회 비준동의도 받지 않은 것이 적절했다고 보기는 어렵다. 국회 비준동의 대상인지 여부는 규정의 명칭보다는 그 안에 담겨져 있는 내용이 우리의 권리를 얼마나 제약하고 부담을 가져오느냐 또 입법사항이 포함되어 있느냐에 따라 결정되어야 한다.

---

[87] 수정 담배양해록(1995.8.25) 제7조 D항에는 "…the Korean government shall notify the U.S. government of its intentions at the time the Korean government provides notice to the public pursuant to its relevant laws or regulations or twenty days before the effective date of any such change, whichever date is earlier, unless emergency circumstances prevent the provision of such notice. Prior to the adoption of any such change, the Korean government agrees to consult in a timely manner with the U.S. government upon request, with a view to ensuring that any such proposed change does not have a discriminatory effect on imports." 라고 되어 있다.

[88] 88년 담배양해록 제7조 C에 "…1974년 수정 미합중국 통상법 301조에 의해 행해지고 있는 한국의 정책 및 관행에 대한 조사를 종결한다."라고 명기되어 있다. 여기서 조사는 슈퍼 301조에 의한 조사를 의미한다.

07
한미 간 식품안전 분쟁, 자몽과 배

1980년대 후반부터 1990년대 후반까지 한미 간 통상 분쟁에서 가장 빈번한 현안이 검역 관련이었다. 검역은 두 가지이다. 하나는 사람이 먹어도 문제가 없는지를 다루는 식품안전이고, 다른 하나는 농산물이 수입되면서 함께 들어올 수 있는 병이나 해충의 유입을 차단하는 동식물 검역이다. 전자는 식품의약품안전처, 후자는 농림축산식품부 소관이다. 시장개방 과정을 지나오면서 소비자 단체가 식품에 대한 안전성을 확보하는 데 외부 감시자로서의 역할을 해왔다. 그러나 국산품은 좋고 수입품은 위험하다는 식으로 접근해온 측면도 전적으로 부인할 수는 없고, 이것이 통상 마찰을 종종 야기했다.

미국산 자몽의 알라 사건

"시고 달며 쌉쌀한 맛의 미국산 자몽(그레이프프루트)이 한미 관계를 씁쓸하게 만들고 있다." 어느 언론[89]에 나온 글이다. 자몽, 즉 그레이프프루

---

89) 『경향신문』, 1989년 7월 11일, 3면, 여적(餘滴), '자몽과 美國'.

트는 1985년에 수입이 자유화되어 1988년부터 수입이 크게 늘어나기 시작, 1989년에는 1만 톤을 넘었다. 농산물 수입이 자유화되고 국내시장에서 수요가 늘어나면 수입도 늘어나는 것은 당연한 현상이다. 일단 수입을 자유화한 이상 국내 농업에 피해를 주더라도 정부가 할 수 있는 방안은 별로 없다. 관세화 품목의 경우는 농업협정에 의한 긴급 수입제한 조치[90]가 가능하나, 그렇지 않은 품목은 WTO 협정 제 19조에 의한 세이프가드 조치만 가능할 뿐이다.

그런데 수입이 늘어나면서 두 가지 걱정이 생겼다. 하나는 국내 농업에 미치는 영향으로 인한 걱정과, 다른 하나는 과연 들어오는 농산물이 우리 국민들이 먹어도 안전한가 하는 것이었다. 1989년 6월 소비자 시민모임, 당시 소비자 문제를 연구하는 시민의 모임이 시중에서 구한 자몽을 농촌진흥청의 국립농약연구소에 잔류농약 검사를 의뢰했고, 농약연구소는 껍질과 과육(果肉)에 대하여 검사를 실시하고 그 결과를 소비자 문제를 연구하는 시민의 모임에 통보했다. 농약연구소가 소비자 모임에 통보한 내용은 분석 방법에 의한 검출 한계치가 0.5PPM인데, 잔류 양이 그보다 적게 나왔다는 내용이었다.[91] 이 통보 결과를 소비자 문제를 연구하는 시민의 모임이 미국산 자몽에서 0.5PPM 이하가 검출되었다고 발표하고, 당시 언론은 그렇게 보도했다. 이로 인해 자몽의 소비가 급감하고 썩어서 버려지는 상황에까지 이르고 한미 간 심각한 통상 현안으로 비화되었다. 주한 미국

---

90) 우루과이 라운드에서 관세화한 품목의 경우 가격이 일정 수준 이하로 내려가거나 수입 물량이 일정 수준 이상 늘어나면 자동으로 관세를 올릴 수 있는 조치로 Special Safeguard(SSG) 조치가 있다.
91) 농약연구소가 소비자 모임에 회신한 분석 결과는 「果肉〈0.05PPM(분석법 검출한계 0.05), 果皮〈0.05PPM(분석법 검출한계 0.05)」였다.

대사관은 농촌진흥청의 분석 결과는 미국산 자몽에는 알라 농약이 들어 있지 않다는 것이 정확한 해석이라고 주장했다. 또한 알라 농약은 미국에서 자몽에 사용할 수 있도록 승인되지도 않은 농약이고 알라가 사용되었다는 증거도 없다고 반박했다.

이렇게 통상 현안으로 비화되자 농촌진흥청 농약연구소는 연구소 검사 결과는 '알라' 성분이 검출되지 않았다는 것이라고 발표했다.[92] 그러자 소비자 문제를 연구하는 시민의 모임은 미국의 압력에 의해 농촌진흥청 농약연구소가 농약이 나왔다고 했다가 말을 바꿨다는 것이었다. 또 정부가 국민의 건강에 심각한 문제가 되는데도 통상 외교 문제로 비화되는 것을 두려워해, 민간 소비단체에 압력을 가하고 있다는 것이었다.

한미 간에 심각한 통상 현안이 되자 자몽에 대한 문제의 농약 검사를 88올림픽 도핑검사에서 명성을 얻고 있던 카이스트(KAIST)의 도핑컨트롤센터에서 실시하고 또 보건복지부 산하 보건연구원에서도 실시했다. 보건연구원의 검사 결과 알라 농약이 나오지 않았다고 발표하자, 시민의 모임은 보건연구원이 과학이 아닌 정치적 작업을 한 것이라고 비판하는 성명을 발표했다. 한국청과수입업자협의회는 소비자 문제를 연구하는 시민의 모임이 허위 사실을 유포했다고 고발했다.[93] 알라 농약 검출 발표가 있고 시비가 벌어지자, 당시 보도를 했던 한 언론[94]은 처음에는 농약이 '검출'되었다고 보도했다가, 검사 결과에 대한 해석상의 문제가 발생하자 나중에

---

92) 『동아일보』, 1989년 6월 30일, 10면, '자몽 발암물질 부인, 농약연구소'.
93) 『동아일보』, 1989년 9월 4일, 15면, '자몽 발암물질 발표 「시민의 모임」을 고발', 『매일경제신문』, 1989년 10월 30일, 13면, '자몽파동 내연(內燃) 방향 주목'.
94) 『매일경제신문』, 1989년 12월 22일, '본보 20일자 13면 자몽수입 관련 기사 중 '알라 농약 검출'은 '알라 농약 검출 시비'로 바로잡습니다'라고 정정했다.

'검출 시비'로 정정하기도 했다.

미국, 한국산 배(pears)를 수입 금지하다

1989년 12월 우리나라에서 미국으로 수출한 배에서 다코닐 농약에 들어 있는 클로로타로닐 성분이 검출되었다고 미국 세관이 통관을 금지하는 일이 생겼다. 그해 한국에서 생산한 배의 미국 수출은 불가능했다. 국제식품규격위원회(codex) 허용 기준보다 낮은 0.02에서 0.04 ppm의 클로르타로닐 성분이 검출되었다. 미국은 이 성분에 대한 잔류 허용 기준이 설정되어 있지 않음을 이유로 허용 기준으로 영을 적용(zero tolerance)하고, 미국으로 수출된 배를 통관시키지 않았던 것이다. 미국은 검출 장비의 한계치인 0.02PPM까지는 통관을 허용했다. 미국은 이 문제가 한국에서 발생한 자몽의 알라 농약 건과는 전적으로 무관하다고 이야기했지만, 당시 자몽에 대한 미국의 보복 대응으로 보는 시각도 적지 않았다.[95]

1989년 12월 6일부터 8일까지 워싱턴에서 개최된 한미 경제협의회에서, 당시 농림수산부 국장이 참석하여 미국의 이런 조치에 대해 강하게 항의를 했다. 농약이 검출되었다고 하나 그것은 Codex 허용 기준에 비해서도 현저히 낮은 수준이고, 그것도 껍질에만 잔류하는 것이며, 배는 껍질을 깎아 먹는 과일이라고 이야기했다. 그러자 미국 측은 그것은 한국의 식습관일 뿐이고 미국은 그렇게 먹지 않으며, 설사 껍질을 깎아서 먹는다 하더라도 그 껍질에 농약이 있어도 된다는 것은 아니라고 주장했다. 잔류 허용

---

[95] 『한겨레신문』, 1989년 11월 25일, 11면, '수출 배 6백 65톤 폐기처분 위기', 『매일경제신문』, 1989년 12월 21일, 15면, '韓美 농산물 感情 대결 양상'.

기준이 없으면 국제 기준이 적용되어야지 왜 영(零)이 적용되어야 하는가 라는 우리의 반박에 대해서도, 미국은 설정되지 않은 모든 농약의 허용 기준은 영(零)이 적용되어야 한다는 것이었다. 한국이 해당 농약에 대해 잔류 허용 기준 설정을 원하면 미국 환경보호처(EPA)에 청원할 수는 있으나, 그 비용은 신청자가 부담해야 하며, 비용은 기준을 설정하려는 성분별로 지불되어야 한다는 것이었다.

당시 우리 사회에서는 미국으로 수출한 배는 미국의 검역관이 한국에 와서 검역을 하여 선적한 것인데, 미국에 도착하여 다시 검역하는 것은 이중 검역이라는 식의 잘못 이해한 주장도 있었다. 한국의 배가 미국으로 수출되기 위해서는 두 종류의 검역을 받아야 한다. 하나는 한국 현지에서 미국 검역관에 의한 식물검역이고, 또 다른 하나는 통관 과정에서 행해지는 FDA에 의한 식품안전 검사, 즉 잔류 농약 검사이다. 한국에서 식물검역을 마쳤기 때문에 미국에 도착해서 식물검역은 면제되지만 FDA의 검사는 받아야 하고, 이 검사에서 농약이 검출되어 통관되지 않았던 것이다.

그 당시 수출한 배에서 농약이 검출된 것과 관련하여, 수출용 배는 재배과정에서 해충 피해를 줄이고 품질을 높이기 위해 봉지를 씌워 재배했다. 수출업체는 이 봉지에 들어 있는 농약으로 인한 것이라고 주장하며 당시 배 봉지를 공급한 한국농림수산식품유통공사, 당시 농수산물유통공사에 대해 손해배상 소송을 제기하기도 했다.[96]

---

96) 『연합뉴스』, 1990년 11월 30일, '배 수입금지는 한국 책임'.

08
미국 통상 정책의 기만성

『THE FAIR TRADE FRAUD』라는 제목의 책이 있다. 저자는 제임스 보바드라는 미국인이다.[97] 책의 부제는 '미국의 의회가 어떻게 소비자를 약탈하고, 미국의 경쟁력을 훼손하고 있는가?[98]이다. 이 책을 김성훈 전 농림부 장관이 대학교수 시절에 번역하여 출간했는데, 한국어 제목이 『미국 통상 정책의 기만성』이다.

필자가 통상협력과장이던 1999년 2월에 피셔 미국 무역대표부 부대표가 한국을 방문하여 장관실에서 농림부 장관을 만났다. 그 자리에는 보스워스 당시 주한 미국대사가 동행했다. 면담에 앞서 피셔 부대표는 앉자마자 김성훈 장관에게 『미국 통상 정책의 기만성』이라는 책을 쓰지 않았느냐고 물었다. 김성훈 장관이 "그 책은 내가 쓴 것이 아니라 번역한 것이며 저자는 제임스 보바드라는 미국인이다."라고 말하면서 당시 접견실 책장에 있던 그 책을 보여주었다. 그러자 피셔 부대표는 옆에 있던 대사에게

---

97) 1956년생으로 저널리스트이며 저술가로 뉴욕 타임즈, 월스트리트, 워싱턴포스트 등에 많은 기고를 하고 'The Farm Fiasco'의 저자이다.
98) HOW CONGRESS PILLAGES THE CONSUMERS AND DECIMATES AMERICAN COMPETITIVENESS

관련 자료가 들어 있던 파일을 조용히 접어주면서 "당신이 가지고 있는 파일을 정정해야 하겠군." 하며 머쓱해 했다.

세계에서 공정 무역을 가장 많이 언급하는 나라는 아마도 미국일 것이다. 물론 보는 사람의 시각에 따라 달리 해석될 수도 있으나, 그들이 과연 공정한가에 대해 의문을 제기하는 사람도 적지 않다. 그러한 의문을 들게끔 하는 행태를 농업통상 협상의 현장에서 보는 것은 어려운 일이 아니었다.

면화 보조금

미국의 농업 보조금 문제와 관련, 가장 쟁점이 많은 품목이 면화이다. 미국에서 면화는 설탕과 마찬가지로 정치적으로 영향력이 큰 품목이다. 면화는 전 세계적으로 1억 2천만 톤이 생산되고 있다. 미국은 중국, 인도 다음으로 파키스탄과 비슷한 양을 생산하고 있다. 미국의 생산량은 전 세계 생산량의 12% 수준이다. 그 다음으로 많이 생산하는 국가는 브라질과 베냉, 차드, 말리, 부르키나파소 등 서부 아프리카의 가난한 국가들로 전 세계 생산량의 약 10% 수준을 생산하고 있다.

면화를 많이 생산하는 국가 가운데 미국을 제외한 중국, 인도, 파키스탄 등은 보조금을 주고 있지 않다. 그런데 미국은 면화에 대해 상당한 보조금을 지급하고 있으며, 이 보조금의 유형을 WTO 농업협정상 그린박스, 즉 허용보조로 통보했다. 허용보조 정책이면 면화 생산에 영향을 주지 않아야 한다. 그런데 1998년부터 2001년까지 국제 면화 가격이 지속적으로 하락했음에도 미국의 면화 생산량은 오히려 1천 4백만 톤에서 2천만 톤으로 약 60% 증가했다. 이는 미국의 보조금이 생산에 영향을 주었다는 의미가 될 수 있고, 농업협정에서 정한 허용보조 요건을 충족하지 않고 있는 것이 아니냐는 문제 제기가 가능하다.

브라질은 2002년 9월 미국이 면화 농가에 주는 보조금이 WTO 규정을 위반했다고 WTO에 제소했다. 2005년 3월 WTO 분쟁해결 기구는 미국의 면화 지원 프로그램 중 일부가 WTO 보조금 협정 및 농업협정 위반이라고 판정했다. 패널은 위반된 보조금의 부정적 효과를 제거하거나 보조금 자체를 철회할 것을 미국에 권고했다. 2006년 8월에 브라질은 WTO 분쟁해결기구(DSB)[99]가 권고한 사항에 대해, 미국의 이행이 불충분하다면서 이행 패널의[100] 설치를 요청했고, 이행 패널도 브라질의 손을 들어주었다.

미국은 DDA 협상에서 면화 보조금을 별도로 다루자는 서부 아프리카 국가들의 요구를 거부하고, 농업협상의 보조금 감축에 포함하여 다루자는 입장이었다. 특정 품목의 보조금만을 별도로 다루는 것이 DDA 협상의 의제를 벗어난다는 미국의 주장이 틀린 것은 아니다. 하지만 그 배경은 면화에 대한 보조금 감축을 가능한 한 적게하려는 의도가 있었기 때문이다. 그래서 서부 아프리카 국가는 면화 보조금을 DDA 보조금 감축 협상에서 별도로 다루자고 주장하고 있다.

2013년 12월 인도네시아 발리에서 개최된 제9차 WTO 각료회의에서는 홍콩 각료회의 합의내용을 재확인하고 WTO 사무총장 주관의 면화분야

---

[99] Dispute Settlement Body의 약어이다. 국제간 무역 분쟁을 효과적으로 해결하기 위한 WTO 기구이다. 전문가 3~5명으로 구성된 패널이 분쟁을 심의하여 결정 내리도록 하고 있다. 만약 이 결정에 승복하지 않으면 항소할 수 있는데, 이 경우는 7명의 패널이 담당한다.
[100] 분쟁에서 패소한 국가가 판정 결과를 적절히 이행하고 있는지의 여부를 판단하는 것으로, 패널 설치 후 약 3개월 동안 심리 절차를 진행하게 되며, 동 이행 패널 결정에 대한 상소가 있을 경우 약 3개월이 추가되어 총 6~7개월의 기간이 소요된다.

논의를 강화하기로 했다. 논의과정에서 최빈개도국이 면화를 수출하는 국가의 수출보조, 국내보조, 관세 및 비관세조치를 특별히 고려한다는 내용을 담고 있다. 베냉, 브루키나파소, 차드, 말리 등 소위 면화 4국이 요구한 무관세 무쿼타, 보조금 철폐 등은 미국 등의 반대로 반영되지 않았다.

미국의 육류 원산지 규정

2002년 농업법(Farm Bill)의 부수규정으로 미국 농무부는 쇠고기, 돼지고기, 양고기 등 육류와 어류, 조개류, 땅콩과 냉동품에 대한 원산지 표시 지침을 제정했다. 2003년 어류와 조개류를 제외하고는 당초 2004년 9월 30일부터 의무적으로 시행하려고 했으나, 계획을 수정하여 2008년부터 시행하고 있다. 농산물의 원산지 표시제는 우리나라를 비롯한 여러 나라가 시행하고 있는 제도인데, 미국이 시행하고 있는 소매점 육류 원산지 표시제는 지나치게 무역 제한적이고 수입품에 차별적인 요소를 내포하고 있다. 캐나다와 멕시코가 미국의 육류 원산지 제도를 2008년 12월에 WTO에 제소하여, 미국의 요청으로 상소 판정까지 갔는데, 2012년 6월 상소심에서도 미국의 패소 판정이 나왔다. 미국이 쇠고기에 대해 시행하고 있는 소매점 원산지 표시제가 미국의 WTO 의무에 합치되지 않는다는 것이다. 즉 미국산에 비해 캐나다산이나 멕시코 산 쇠고기가 미국 시장에서 '덜 유리한'(less favorable) 대우를 받고 있다는 것이 그 이유이다.

미국의 육류 원산지 표시제도는 미국에서 태어나고 사육되고 도축된 소만 미국산으로 표기하도록 규정하고 있다. 미국에서 도축되었더라도 캐나다나 멕시코에서 수입되어 미국에서 사육된 소는 다르게 표기하도록 규정되어 있다.[101] 하나는 소비자에게 알권리 차원에서 상품의 정보제공을 위한 것이고 다른 하나는 FTA에서 특혜관세 부여를 위한 것으로 사안의 성격이 다르다고 주장할 수는 있다. 그렇더라도 한미 FTA에서 미국은 미국에서 태어나 도축된 경우만 미국산으로 하자는 우리의 요구를 거부하고, 미국에서 도축되어 생산된 모든 쇠고기는 미국산으로 규정하자고 요구했던 것이다. 결국 한미 FTA의 육류 원산지 판정 기준은 미국의 요구대로 출생국이나 사육국이 아닌, 도축국 기준으로 정했다.[102] 소는 HS 1류인데 도축이라는 과정을 거친 쇠고기는 2류가 된다. 즉 HS 분류가 1류에서 2류로 변경되었으니 원산지가 바뀐 것이라는 개념이다. 그런데 미국은 그들에게 민감한 품목인 설탕은 원당 기준이고, 섬유는 일부를 제외하고 원사 기준이다. 이들 품목은 HS 품목분류표상 류(chapter)가 변경되어도, FTA에서 원산지 변경을 인정하지 않는다. 원당을 가공하여 설탕을 만드는 것이나 원사를 사용하여 의류를 만드는 것이 소를 도축하여 쇠고기를 만드는 것보다 실질적 변형(substantial change)의 정도가 적다고 할 수는 없다.

한미 FTA를 제외하고는 우리가 맺은 모든 FTA에서 육류의 원산지 판정 기준은 완전생산 기준, 즉 그 나라에서 출생, 사육, 도축된 경우에 한정하여 FTA 특혜 관세를 부여하고 있다. 미국의 요구가 한미 FTA 이전의 FTA 원산지 판정 기준에 대한 우리의 입장과 상치하자, 실무적으로 미국의 주장을 받아들이는 것은 불가하므로 대외 경제장관회의에서 방침이 필요하

---

101) 단순절단 식육(Muscle cuts of Meat)의 경우 미국에서 출생 여부, 사육 여부 그리고 둘 다 아닌, 즉 도축만을 위해 수입된 경우로 구분하여, 이러한 정보가 표시되도록 하고 있다. 출생·사육·도축 모두가 미국에서 이루어진 경우는 'Product of the US', 모두가 미국이 아닌 경우는 'Product of Country X', 미국에서 도축만 된 경우는 'Product of the Country X, US'로, 다른 나라에서 태어났으나 미국에서 사육 후 도축된 경우는 'Product of the US, Country X'로 표기하도록 하고 있다.
102) 예로 캐나다나 멕시코에서 출생하여 미국으로 수입, 도축되어 우리나라에 수출되는 경우, 원산지가 미국산으로 변경되어 FTA 관세 특혜를 받는다.

다는 입장[103]이었다.

품목분류의 변경, 먹장어와 대구 머리

"미국이 자국에서 그대로 버려지거나 기껏해야 사료용으로나 쓰이는 일부 수산물의 부산물을 싫다는데 억지로 들여다 먹으라고 압력을 가하고 있는 것은 람보식 통상의 전형이 아닐 수 없다." 이것은 1994년 어느 신문 사설에 있는 내용이다.[104]

먹장어는 우리가 알고 있는 곰장어[105]의 정확한 명칭이다. 죽은 고기를 먹고 살며 눈이 퇴화하여 흔적만 남아 있어서 '눈이 먼 장어'라는 뜻으로 먹장어로 불리게 된 것이다. 1990년까지 가죽을 사용하기 위해 공업용으로만 수입이 자유화되었고, 식용으로는 수입이 제한되어 있었다. 그런데 일부 업자들이 공업용으로 들여와서 껍질을 벗겨 가죽으로 사용하고, 껍질이 벗겨진 곰장어를 식용으로 판매하여 말썽이 나자 공업용도 수입을 금지했다.

미국에서는 곰장어의 가죽은 지갑 등을 만드는 데 사용하고 나머지는 버렸었는데, 한국에서 식용으로 수요가 있자 이를 식용으로 수입하도록 요구한 것이다. 물론 미국에서 식용에 적합하도록 처리하는 것을 전제로 했다. 1993년에 껍질 벗긴 먹장어의 품목분류는 식용으로 수입될 수 없는 HS 5류 '어류의 폐기물'(waste)에서 3류 '식용 어패류'로 HS 분

---

103) 강기갑, 『한미 FTA 참고자료 모음집』, 2011, pp.148-149.
104) 『경향신문』, 1994년 5월 22일, 사설, '대구 머리까지 輸入해야 하나'.
105) 꼼장어는 틀린 말이고 '곰장어'가 표준어다.

류를 바꿔 수입을 허용하기로 합의했다.

대구 머리도 그 자체는 껍질을 벗긴 먹장어와 마찬가지로 HS 품목분류표에서 비식용인 HS 5류로 분류되어 사료용으로만 수입되었다. 대구는 알래스카에서 많이 잡히는데, 대구 머리는 그곳에서 먹기 좋은 살코기만을 발라낸 필렛(fillet)을 뜨고 버려지는 것이었다. 그런데 이렇게 버려지는 대구 머리를 한국으로 가져가면 돈이 될 수 있다는 생각에서 생긴 통상 현안이었다.

미국의 입장에서는 돈을 받고 팔 수 있다면 돈도 벌고 처리 비용도 절감할 수 있는 것이었다. 미국의 수입허용 요구에 우리는 한국 사람이 대구 머리를 즐겨 먹으나 이는 대구를 요리하는 과정에서 머리를 이용하는 식습관일 뿐이다. 전 세계에서 몸통과 분리된 대구 머리만을 식용으로 사용하는 국가는 없다고 주장하며 미국의 요구를 한동안 받아들이지 않았다. 미국은 포르투갈에서도 대구 머리를 식용으로 사용하고 있다는 사례를 제시했다. 그러나 미국이 말한 사례는 바깔라우(Bacalhau)라는 음식을 말하는 것이었는데, 우리의 대구 요리와는 상당히 다르다. 이렇게 두 나라의 주장이 대립하면서 대구 머리도 상당 기간 한미 간의 통상 현안으로 남아 있었다. 미국은 이 문제를 무역대표부가 작성하여 의회에 보고하는 국별 무역장벽보고서에 대표적인 불공정 규제 사례로 적시하면서 계속 압력을 가해왔다. 대구 머리가 식용에 적합하게 처리되었다는 위생증명서를 첨부할 테니 수입하라는 것이었다. 1994년 10월 서울에서 개최된 한미 무역실무회의에서 먹장어와 대구 머리를 식용으로 수입이 가능한 HS 품목분류로 바꾸기로 합의하고, 식용으로 수입을 허가하는 것은 양국 식품위생 전문가 간의 현지조사를 통해 결정하기로 합의했다.

식용으로 사용 가능 여부는 「식품위생법」에서 규정하고 HS 품목분류표상에서는 규정하지 않는 방식으로, HS 품목분류표가 개정되면서 껍질을 벗긴 먹장어와 대구 머리가 HS 3류로 변경되었다.[106] 미국에서도 대구 머리를 폐기물로 분류하던 규정을 고치고, 가공 공장에서 위생처리를 하고 미국 정부 기관의 위생검사 증명서를 첨부하는 것으로 식용으로의 수입이 허용되었다.

---

106) 5류는 비식용이고 3류는 식용 어류 분류항목이다. 대구 머리는 식용에 적합한 것은 HSK '0303 60 0000'으로, 식용에 적합하지 않은 것은 HSK '0505 11 2000'으로 분류된다.

09
대한민국 최초의 FTA

왜 하필 칠레인가?

FTA 협상을 시작하면서 자주 들은 말이다. 칠레와의 FTA 추진은 외환위기가 진행되던 1998년 10월 31일에 공식적으로 논의가 시작되었다. 광화문 정부종합청사에서 국무조정실장 주재로 대외경제조정위원회 실무위원회가 열렸다. 농림부에서는 차관이 참석했고 당시 통상협력과장이던 필자도 동석했다. 그날 농림부는 한·칠레 FTA 추진에 반대했다. 우리나라의 농산물 관세구조가 매우 복잡하고 높아 FTA를 수용할 수 있는 여건이 되지 못하는 반면에, 칠레는 관세가 매우 낮고 구조도 단순하다. 이처럼 관세구조에 근본적이고 구조적으로 차이가 나는 두 나라의 관세를 FTA라는 하나의 관세 틀로 조화시킨다는 게 매우 어려울 것이라는 것이 그 이유였다. 또 칠레는 이미 매년 1% 포인트씩 관세를 내리겠다고 APEC에서 자발적 형태의 약속을 한 바 있기 때문에 관세인하 실익도 적을 것이라는 점도 아울러 지적했다. 반면에 외교부는 칠레가 지리적으로 멀고 우리와 계절도 반대라서 농산물 수입이 늘어나기 어렵다고 봤다. 또 우리나라의 무역 의존도가 높을 뿐 아니라 중남미 진출 교두보 확보를 위해서도 칠레와의 FTA가 필요하다고 주장했다.

대외경제위원회 실무위원회에 이어 1998년 11월 5일 대외경제장관회의가 당시 김종필 총리 주재로 개최되었다. 이 자리에서 '농업의 민감성을 최대한 고려'라는 단서를 붙여 한·칠레 FTA를 추진하는 것으로 정부 입장을 정했다. FTA 협상을 시작함에 있어서는 반대하는 세력도 있고 찬성하는 세력도 있게 마련이다. '민감성을 최대한 고려'라는 단서는 반대를 완화시키고 시작의 명분을 확보하는 데 도움이 될 수 있을 뿐이다. 오랜 시간 진행되는 FTA 협상에서 구체적이고 특정한 방침이 아니고는 특별한 의미를 갖기는 어렵다.

대외경제장관회의에서 한·칠레 FTA를 추진하기로 결정하고 열흘 정도가 지난 1998년 11월 17일, 말레이시아에서 개최된 APEC 회의 계기에 양국이 FTA 협상을 위한 준비회의를 칠레 산티아고에서 갖기로 합의했다. 칠레가 왜 첫 번째 대상국이 되었는지에 대해 당시 외교부는 칠레의 경제 규모나 협상 능력이 우리가 처음으로 FTA 협상을 하는 상대, 즉 스파링 파트너로 가장 적절한 국가라는 것이었다. 그러나 막상 협상이 시작되자 그들은 이미 여러 차례의 FTA 협상 경험이 있어서인지, 우리의 스파링 파트너 이상이었다. 처음 FTA 협상을 하는 우리로서는 그럴 수밖에 없기도 했지만, 협상 기간 내내 우리를 당겼다 놓았다 하면서 협상의 주도권을 잡고 끌고 갔다. FTA 협상에서 칠레가 협상을 끌고 가는 것은 우리보다 공세적 입장, 즉 FTA 관세철폐 여건이 좋은 데 기인하는 측면도 물론 있었다. 또 칠레는 우리나라뿐 아니라 이미 여러 나라와 FTA를 했고, 우리와 협상하는 중간에 EU와 FTA 협상을 시작했기 때문에 한국과의 FTA에 덜

연연해했다. 반면 우리는 반드시 FTA 협정을 체결해야 한다는 입장이다 보니, 대등한 관계를 유지하면서 나가는 데 구조적인 한계가 있었다. 칠레는 FTA경험이 어떤 나라보다 많고, 우리와는 계절이 다르다는 농업 부분의 이점도 있었다. 그러나 계절적 보완성에도 불구하고 농산물의 관세구조가 우리와 달리 매우 단순하고 수준도 크게 낮은, 구조적 차이가 있는 농산물 수출국이라는 점에서 어려움이 있었다. 칠레와 FTA 협상을 통해 우리 농업 통상 관료들이 많은 경험과 협상의 노하우를 축적하게 된 것도 부인할 수 없다. 그때 만들어진 관세양허 유형 등이 그 이후 체결된 한미 FTA와 한EU FTA는 물론 거의 모든 FTA 협상에서 활용되었다.

농업을 보는 다른 시각

FTA로 대변되는 시장개방 문제를 논의할 때마다 이야기되는 것이, 농업을 어떻게 할 것인가 하는 것이다. 다른 분야에도 충격이 없는 것은 아니지만, 농업 분야가 받는 충격은 현실적으로나 정서적으로 클 수밖에 없다. UR 때와는 달리 농산물 개방에도 그 자체에는 다수 국민들이 어느 정도 공감하고 있다. 그러나 얼마나 빨리 개방으로 나갈 것인가와 나가는 속도가 적절한가에 대한 판단은 다를 수 있다.

이런 유형의 논쟁에 필연적으로 수반되는 것이 우리 농업을 어떤 가치관으로 바라보느냐 하는 것이다. 한쪽에서는 한국에서 농업의 경쟁력에는 구조적 한계가 있기 때문에 수출만이 우리의 살 길이라고 주장한다. 나아가 우리나라의 지속적 성장을 위해서는 해외시장이 중요하고, 이를 확보하기 위해서는 농업 분야에서 어느 정도 희생은 불가피하다고까지 이야기한다. 또 다른 쪽에서는 많은 인구가 적은 국토에서 살아야 하는 우리나라에서 경쟁력이 낮더라도 적정한 수준의 농업은 식량안보 차원의 문제로, 그 어떤 것보다 국민의 생존과 국가의 지속적 성장에 필수 요소라고 주장한다. 전자가 반드시 틀린 이야기도 아니고 후자가 항상 맞는 것도 아니다. 농업을 바라보는 가치관과 인식의 차이일 뿐이다.

우리나라 최초의 FTA인 한·칠레 FTA를 시작할 것인가를 논의하는 과정에서 자주 등장한 단어는 해외거점, 무역 의존도, 수출시장이었다. 반면 농업, 식량안보, 농촌 등은 상대적으로 적게 거론되었다.

신라호텔에서 한·칠레 FTA를 추진할지의 여부를 논의하는 토론회가 있었다. 그 자리에서 우리나라는 어디로 가야 하는가 하는 문제가 제기되면서 홍콩, 싱가포르, 스위스의 세 나라가 거론되었다. 이 중 홍콩이나 싱가포르는 먹을거리를 거의 전부 해외에 의존하는 국가로 우리의 벤치마크 대상이 되기에는 적절하지 않았다.

그러나 스위스는 조금 다르다. 스위스는 우리보다 국토의 면적도 작고 인구도 월등히 적다. 국토 면적은 한반도의 5분의 1로 남한의 절반 수준이고, 인구는 남한의 5분의 1이다. 인구에 비해 국토 면적이 우리보다 작지는 않으나 산악지역이 대부분이다. 정부조직에는 농업부도 없고 경제부가 농업을 담당하며, 경제부에서 나온 관리가 다른 나라 농업부에서 나온 사람보다 농업 보호에 더 적극적이다. 스위스의 아름다운 경관이 농업 때문에 유지되고 있으며, 이것이 스위스의 경쟁력이라고 얘기한 스위스 경제부 관리의 말이 생각난다.

스위스 연방헌법 104조에는 농업의 역할을 국민의 생존을 위한 식량 생산뿐만 아니라 다원적 기능과 공공적 가치도 공급한다는 철학을 명문화하고 있다.[107] 이러한 헌법 정신을 바탕으로 스위스는 농업을 시장의 논리로만 파악하지 않는다. 농업과 농촌의 다원적 기능과 공익적 가치에 대한 정부 지원을 국민적 공감대 속에 늘려가고 있다. 이러한 지원으로 더 깨끗해진 환경과 경관, 분산적 인구정착으로 인한 국토의 균형발전, 국제적 식량위기에 대응한 안정적 곡물자급률[108]을 유지하면서 국가경쟁력을 높이고 있다.

무역 의존도

농업통상 업무를 하는 동안 자주 들은 말이 무역 의존도이다. 그것을 얘기하는 사람들 대부분은 우리나라가 무역 의존도가 높아 시장개방이 불가피하다는 것이었다. 1998년 한·칠레 FTA를 시작할 것인지 여부를 논의하면서, 하자는 쪽이 말한 첫 번째 논리가 당시 우리의 무역 의존도[109]가 70% 이상이라는 것이었다. 무역 의존도가 FTA 추진 여부를 결정할 만큼 상관성이 있는가에 대해서는 의문이다. 무역 의존도는 국내총생산(GDP) 대비 무역규모, 즉 수출액과 수입액을 합친 규모가 차지하는 비율이다. 우리 경제가 성장하면서 이 수치도 계속 커져왔다. 우리가 높다고 하

---

107) 스위스 헌법 104조는 농업에 관한 조문으로 4개항으로 구성되어 있다. 1항에서 '연방은 지속적이고 시장 지향적 정책으로 신뢰할 수 있는 식량 공급, 자연자원과 농촌의 유지, 그리고 국가의 인구 분산 전략을 인식하도록 규정하고 있다. 2항에서는 합리적으로 자조적 조치에 더하여 필요한 경우 경제적 자유화의 원칙으로부터 농지와 농장을 지원할 수 있도록 규정하고 있다. 즉 농업이나 농촌 지원을 위한 정부의 적극적 책임을 헌법에 명시하고 있다.
108) (2005년 기준) 일본 31%, 스위스 206, 미국 129, 캐나다 144, 덴마크 100, 프랑스 191, 독일 116, 이태리 82, 스페인 51, 스웨덴 115 (2011기준) 한국 23 (자료: 2011 식품수급표, p233, 한국농촌경제연구원)
109) 2012년 기준으로 한국 95%, 미국 25, 중국 47, 태국 131, 독일 76, 일본 28, 프랑스 47, 영국 46, 네덜란드 137, 이태리 49, 싱가포르 287, 홍콩 360, 대만 121, 헝가리 157, 체코 152, 호주 37(2011), 뉴질랜드 46(2011) 등이다(자료: www.kosis.kr)

나 우리보다 더 높은 나라가 적지 않기 때문에, 이것만으로 시장개방의 필요성을 이야기하는 데는 분명 한계가 있다. 무역 의존도를 계산하는 데 있어서, 분모로 국민소득을 취할 것인가 또는 국민총생산을 취할 것인가에 대한 절대적인 기준도 없다. 동일한 분모를 취함으로써 국제적 비교 또는 역사적인 비교를 할 수 있다는 점에서 상대적 의미를 가질 뿐이고 시장을 개방해야 한다는 의미는 아니다.

무역은 외국의 경기변동, 기타 경제사정에 따라서 좌우될 수 있으므로 무역 의존도가 높다는 것은 한 나라의 국민경제가 해외 사정에 많이 의존하게 되어 그만큼 불안정성이 커진다는 의미이기도 하다. FTA는 해외시장을 유지하거나 관리하기 위한 수단이지, FTA 그 자체가 목적이 될 수는 없다.

산티아고 실무준비회의

1998년 12월 2일 칠레의 수도 산티아고에서 한·칠레 FTA 공식 협상을 시작하기 위한 실무준비 회의가 열렸다. 외교부 다자국장을 수석대표로 하여 농림부에서는 통상협력과장이었던 필자가 참석했고, 드물게 총리실에서도 과장이 참석했다. 우리 측 수석대표는 FTA 협상의 원칙으로 최대한 교역 자유화를 이야기하고, 필자는 한국과 칠레 두 나라 농산물의 관세구조 차이를 이야기했다.

"FTA는 서로 다른 두 나라의 관세구조를 FTA라는 하나의 틀로 조화시켜 나가는 것이다. 그런데 칠레의 관세구조는 단일관세로 매우 단순하고 수준도 낮다. 반면에 한국의 농산물 관세는 평균 63%로 높고 이중관세

110), 관세할당(TRQ)111), 국영무역112) 등등 매우 복잡하다. FTA라는 하나의 관세 틀로 이처럼 근본적으로 다른 두 나라의 농산물 관세구조를 조화시키기가 쉽지는 않을 것으로 본다."라고 필자가 이야기를 했다. 이 발언의 의도는 농산물에서 예외를 만들어야 한다는 점을 시작 단계에서 칠레에 주지시킬 필요가 있다는 판단에 따른 것이었다.

1999년 4월부터 6월까지 두 차례의 정보교환 회의가 서울과 산티아고에서 한 번씩 개최되어, 작업반 구성, FTA 추진을 위한 기본원칙 등에 대해 논의했다. 이를 토대로 1999년 9월 뉴질랜드에서 개최된 APEC 회의 계기 정상회담에서 한칠레 FTA 공식협상을 개시하기로 합의하고, 12월에 1차 공식협상이 산티아고에서 개최되었다.

한·칠레 FTA 관세양허안 작성

한칠레 FTA 공식협상이 시작되면서 양허안을 어떻게 작성할 것인가가 중요한 과제였다. 칠레와 FTA 협상을 타결하기 위해서는 칠레의 관심품목에 대한 적절한 고려는 반드시 필요했다. 그러나 칠레에서 생산되지 않아 그들의 관심품목은 아닌데, 우리나라 관세율이 높거나 복잡한 관세구조

---

110) UR에서 채택된 관세화 원칙에 따라 하나의 품목에 두 개의 유효한 관세율이 있다. 하나는 시장접근 물량에 적용되는 세율(in-quota tariff)이고, 다른 하나는 그 물량을 벗어나는 수입 물량에 적용되는 관세율(out-quota tariff)이다.
111) 현행의 관세율보다 낮은 세율을 적용하거나 드물게는 높은 세율을 적용하기 위해 해당 물량을 정하는 경우가 있는데, 이때 정해진 물량을 관세할당 물량이라고 한다
112) State Trading Enterprise를 줄여서 종종 STE라고 부르기도 한다. 국영기업이나 국가로부터 독점권을 부여받은 기업이 행하는 무역을 말한다. 국영기업을 경제의 근간으로 하는 사회주의 국가의 특수성을 인정한 규정이었으나, 지금은 다수의 국가가 이를 활용하고 있다. 가트 규정 17조는 이들 기관에 수입 또는 수출을 위한 독점적 권리를 부여하는 동시에 상업적 고려(commercial consideration)만을 하여 행동하도록 의무가 부과되어 있다.

를 가진 품목이 있다. 이런 유형의 품목을 보는 시각에 농림부와 외교부의 차이가 있었다. 칠레에서 생산되지 않아 수입될 가능성이 없으니 관세를 철폐하자는 것이 외교부 입장이었다. 반면 관세가 높고 구조가 복잡한 품목이고 칠레의 반대도 적을 것이니 오히려 관세철폐의 예외로 처리해야 한다는 것이 농림부 시각이었다.

농림부의 이런 입장의 배경에는 진행 중인 DDA[113]에서 우리나라 농산물 관세구조의 기본 틀이 정해질 것이므로, 거기에 미치는 영향을 최소화하면서 FTA를 타결하는 방향으로 가닥을 잡아 나가야 한다는 생각이었다. 그래서 관세구조가 복잡한 품목이나 칠레의 관심이 아닌 품목은 우리의 뜻대로 양허의 내용을 정하겠다는 것이었다. 관세구조가 복잡하나 칠레의 관심품목은 DDA 협상에서 관세의 기본 틀이 정해질 때까지는, 관세할당(TRQ) 등의 방식으로 적절한 수준에서만 양허하고, DDA 협상이 끝나면 다시 논의하자는 것이었다.

그러기 위해서는 칠레로부터 무슨 품목이 그들의 관심인지 품목 리스트를 받아야 했다. 우리의 공산품은 한·칠레 FTA 협상을 시작하자마자 공산품 9천여 개 중에서 구리 한 품목만 10년 내 관세철폐로 하고, 모든 품목을 FTA 발효와 동시에 관세를 철폐하겠다는 입장을 칠레에 전달했다. 농업 분야와는 달리 우리의 공산품 분야는 그야말로 느긋하게 칠레의 입장만 기다리는 상황이었다. 우리가 칠레에 비해 공산품의 경쟁력이 우위에 있다고 해서, FTA 협상에서 모든 품목의 관세를 즉시 철폐하겠다는 식으로 접근하는 것이 과연 적절한 것이었느냐는 지금도 의문이다. 이

---

113) 한·칠레 FTA협상 초기에는 DDA라는 다자협상의 명칭이 정해지지 않았었다. DDA출범 전에는 WTO라는 용어를 사용하였으나 편의상 DDA로 사용한다.

렇다 보니 한·칠레 FTA 협상의 쟁점은 우리가 농산물에서 얼마나 칠레에 양허를 제공하고, 칠레로부터는 공산품 분야에서 얼마나 양허를 받아내느냐는 구도로 전개되었다.

칠레에게 관심품목 리스트를 요구하기 위해서는 우선 정부 내 합의가 있어야 했다. 정부 내 합의라지만 농림부와 외교부 두 부처의 문제였다. 당시 외교통상부의 고위관리는 FTA는 모든 품목의 관세를 10년 내 철폐하는 것인데, 농림부가 일부 품목은 관세를 철폐하고, 일부는 하지 않는 것을 염두에 두고 관심품목 리스트로 접근한다고 불만을 표시하기도 했다. 물론 외교부의 그런 입장이 FTA 원칙에 보다 충실한 것이긴 하지만, 농림부의 관심품목 리스트 접근이 협상을 지연시킬 수 있다는 우려 때문에 더 부정적이었다. 농산물 분야는 관심품목 리스트로 범위를 좁혀서 논의해야 한다는 농림부 입장이 워낙 확고하다 보니, 일단 칠레 측에 관심품목 리스트를 요구하기로 합의했다. 이를 토대로 2000년 5월 산티아고에서 열린 제3차 협상에 필자가 참석하여 칠레에게 그들의 관심품목 리스트를 전달해줄 것을 요청했다. 그 자리에서 필자는 통상 협상에서 자국의 관심품목은 상대국의 품목분류 번호로 제출하는 것이 관례이므로, 한국의 품목분류 번호로 작성해서 전달해줄 것을 요청했고, 칠레로부터 그러겠다는 답변을 받았다.

이러한 복잡한 대내외 논의의 과정을 거쳐 칠레로부터 관심품목 리스트를 받았다. 공식협상이 시작되고 6개월이 지나서였다. 그런데 칠레 측은 자국의 품목분류 번호로, 그것도 품목의 세분화 작업도 없이 작성한 리스트를 우리에게 전달했다. 대부분은 HS 9단위도 아닌 6단위로 되어 있었다. 이 경우 그 HS 6 단위에 속한 모든 품목이 칠레의 관심품목이라는 말이 되는데, 아무리 살펴봐도 그 중에는 분명히 관심품목일 수 없는 품목도 들어 있는, 무척이나 성의 없이 작성한 리스트였다. 칠레 측에 우리 HS 10단위로 다시 제출해줄 것을 요구하는 것도 심각히 고려했으나 협상의 진전에 지장을 초래할 수 있다는 우려 때문에, 칠레가 제시한 HS 6 단위를 토대로 우리가 칠레의 관심품목 리스트를 추출하는 작업을 진행하여 관심품목 리스트를 만들었다. 그리고 그것으로 관심품목 논의가 시작되었다.

칠레는 한국이 다른 나라에 대해 관세를 내리면 칠레에 대해서도 관세를 내린다는 소위 미래 최혜국 대우[114]를 주장했다. 이는 발효와 동시에 모든 품목의 관세를 철폐하는 공산품에는 해당사항이 없었고 농산물에만 해당하는 것으로, 농림부가 반대해서 한·칠레 FTA에 반영되지 않았다. 농림부가 반대한 이유는 우리가 앞으로 여러 나라와 FTA를 해야 하는데, 이미 맺은 한·칠레 FTA에 미칠 영향까지를 고려해야 하는 번거롭고 복잡한 상황을 만들 필요가 없다는 판단이었다. 또 칠레는 다자 협상에서 양국이 농산물 수출보조에 대해 반대한다는 내용도 넣자고 주장했는데, 농림부가 다자 협상에서 논의할 문제이지 양자 간 협정에 넣을 사안이 아니라고 주장하여 이 또한 협정문에 들어가지 않았다. 다자 문제를 양자 간 협정에 반영하는 것이 부적절하다는 원칙적 판단과 다자 농산물 협상에서 EU와 공조에 방해가 될 수 있다는 판단에 따른 것이기도 했다.

---

[114] FTA 협상을 체결한 이후 어느 한 나라가 미래 어느 시점에서, 다른 국가와의 FTA 협상에서 더 많은 개방을 약속하면 자동적으로 협상의 상대방에게도 적용되는 규정을 말한다.

스파게티 보올(bowl) 효과[115]

스파게티 보올 효과는 여러 나라와 동시에 FTA를 체결할 경우 각 나라마다 다른 원산지 규정과 통관절차 등으로 시간과 인력이 소모되어, 기업들의 FTA 활용률이 떨어지는 현상을 말한다. 어느 나라가 30여 개 나라와 FTA를 했는데, 그 FTA 내용에 상당한 차이가 있고 특별히 일관된 원칙이 없어서 각 나라의 FTA 협정문을 보지 않고는 그 내용을 짐작할 수도 없다면, 그것을 활용해야 하는 입장에서는 상당히 비효율적일 수밖에 없다. 동시다발적으로 많은 국가와 FTA를 체결할 경우 주요한 원칙에 일관성이 부족해 발생할 수 있는 현상을 일컫는 말이다.

원산지 규정은 FTA에서 가장 중요한 분야이다. 왜냐하면 관세 혜택을 받으려면 원산지 기준을 충족시켜야 한다. 그런데 FTA를 맺은 국가마다 협정 내용이 구조적으로도 다르게 되어 있어 활용률이 떨어지고 있다면 문제이다. 예를 들면 이렇다. 한미 FTA의 원산지 규정은 미국의 체계를 따르고 한·EU FTA 원산지 규정은 EU의 체계를 따르면, 상대국과 합의하기는 수월하지만 우리가 맺은 FTA 원산지 규정은 모두 다르게 된다. FTA 원산지 규정은 FTA 협상 과정에서 정해지는 것이고 협정의 중요한 요소이기 때문에, 일단 정해지고 나면 사후 변경이나 개선이 쉽지 않다. FTA 협상 개시나 타결에만 의미를 둘 것이 아니라, 효과를 극대화하기 위해서는 어느 정도 일관된 원칙이 있어야 한다. FTA는 체결국 간에만 관세 혜택을 주

---

[115] 여러 국가와 동시다발적으로 FTA를 체결하면 체결 내용에 따라서는 각 국가마다 서로 다른 원산지 규정, 통관 절차, 표준, 관세 등의 복잡한 절차로 인해 FTA를 활용하려는 기업에게 지나친 부담이 되어 FTA 활용률이 떨어질 수 있다. 이런 상황을 접시에 담긴 스파게티 가락들이 서로 복잡하게 엉켜 있는 모습에 비유하여 스파게티 볼 효과(Spaghetti Bowl Effect)라고 부른다.

는 배타적 협정이기 때문에, 품목별 원산지 기준은 더욱 엄격하게 규정된다. 상대국에서 수출하는 상품이라도 그 상품이 원산지 요건을 충족한 경우에만 무관세 혹은 낮은 관세 혜택을 주는 것이다.

스파게티 보올 효과를 최소화하기 위해서는 원산지 규정은 물론 가급적 관세 틀도 어느 정도 일관된 원칙으로 유지하면서, 여러 나라와 FTA를 체결해 나가는 것이 바람직하다. 물론 FTA는 협상이라는 과정을 거쳐 만들어지고, 협상은 상대와 이해의 조정이 필요하기 때문에 어느 정도 수정은 불가피하나, 이를 최소화하려는 노력은 필요하다. 각 국가와 체결한 FTA의 내용에 따라 서로 다른 원산지 결정 기준이 적용될 경우, 기업은 같은 상품을 수출하더라도 어느 국가로 수출하느냐에 따라 원재료 조달이나 생산방식을 다르게 해야 하는 부담이 있게 된다. FTA 체결국이 많아질수록 이런 부담도 증가하고 활용률이 떨어질 수밖에 없다. 또 원산지 규정을 제대로 이해하지 못하고 수출할 경우 FTA에 따른 관세인하는커녕 면제받은 세금을 반환해야 하고, 경우에 따라서는 과태료 부과 등 처벌을 받을 수도 있다.[116]

이는 원산지 규정만의 문제가 아니라, 정도의 차이는 있지만 관세율에 있어서도 마찬가지이다. 국가별로 같은 품목의 관세를 어느 국가는 생산되지 않는다고 철폐하고, 어느 국가는 생산이 많다고 높은 관세를 유지하기 보다는 큰 차이가 없도록 하는 것이 바람직하다.

만약 이 품목이 우리 농업에 덜 중요하다면 둘 다 관세를 낮은 수준에서 비슷하게 유지하고, 우리 농업에 중요하다면 두 나라의 관세 모두를 큰

---

[116] 『한국경제신문』, 2013년 6월 25일, '美, FTA 원산지 증명하라…, 위반 의심 수출기업 60곳에 통보'.

차이가 나지 않는 수준에서 상대적으로 높게 유지하면 된다. 즉 어느 국가로부터의 수입 가능성이 없다고 무조건 관세를 낮추거나 철폐할 것이 아니라, FTA에서도 관세구조의 일관성을 적절히 고려할 필요가 있다.

DDA 이후 논의

우리나라의 농산물 관세구조는 어느 나라보다 복잡하다. 이는 1986년부터 1993년까지 진행된 UR에서 만들어진 관세화에 기인하는 바가 크다.

한·칠레 FTA에서 관세양허 유형으로 들어 있는 'DDA 이후 논의' 유형은 EU와 멕시코 간에 1997년 체결된 FTA에서 아이디어를 가져왔다. EU는 다자협상에서 농업의 비 교역적 특수성을 강조하고 있는 NTC 국가의 일원이다. 농업은 보호가 필요하다는 시각을 가진 국가이다. 그리고 농산물 관세구조가 우리와 비슷하게 높고 복잡하다. EU가 비교적 단순한 관세구조를 가진 멕시코와 어떻게 FTA를 체결했는지를 들여다본 것이 계기가 되었다.

EU는 일부 품목에 대하여 '3년 후 검토'라는 유형을 만들었고, 일부 품목을 이 유형으로 처리했다. 그러나 실제로 협정의 어디에도 3년의 구체적 의미에 대한 언급은 없었다. 여러 가지 배경자료를 뒤져서 파악한 바로는 관세철폐 유형을 정하기가 어려운 품목이지만, 정책에 변화가 있을 수 있기 때문에 일정 시간이 지나서 다시 검토하자는 의미였다. 또 여기에는 당시 진행되고 있던 DDA 협상이 3년 후에는 끝날 것이라는 가정도 내재된 것이었다. 우리는 DDA 협상이 끝날 시기를 예측할 수 없으니 기간을 확정하지 않고, DDA에서 다자관세가 정해진 다음에 한·칠레 FTA 관세를 논의한다는 개념으로 만든 것이 'DDA 이후 논의' 유형이다. 이 유형을 만든 우리나 이를 받아들인 칠레나 모두 이 기간이 10년 이상이 되리라고는 예상하지 못했다. 만약 그 기간을 확정적 기간으로 설정했다면, 그 기간 안에 DDA 협상이 끝나지 않았을 것이다. 그러면 우리 농산물의 다자 관세구조가 DDA에서 정해진 다음에 FTA 관세를 논의한다는 취지를 달성하는 것은 불가능했다. 'DDA 이후 논의'라는 관세양허 유형을 만들자고 우리가 제안하자, 칠레는 강하게 수용-불가 입장을 표명했고, 하더라도 확정 기간으로 하자고 주장했다. 이러한 칠레의 주장에 대해, 한국의 농산물 구조는 매우 복잡하고, 높은 관세구조를 FTA에서 합의하기 위해서는 반드시 필요하다는 점을 예를 들어 설명했다. 예로 든 품목은 매니옥[117]이었다. 칠레의 관심품목을 예로 들면 거부감이 생길 수 있다는 생각이 들어 거부감을 주지 않으면서도 우리의 취지를 가장 잘 설명할 수 있는 품목이 매니옥이라고 생각했기 때문이다.

설명의 요지는 이러했다. 한국에서 가장 관세율이 높은 품목이다. UR 타결시 양허 관세율이 986%이다. 칠레는 이 품목을 생산하지 않아 수출을 하지 않는다고 가정하자. 이 품목의 관세를 한·칠레 FTA에서 철폐하면 WTO 관세와 FTA 관세율 사이에 엄청난 차이, 즉 WTO 세율은 986%이고 한·칠레 FTA의 세율은 영(零)인 상황이 발생하게 된다. 이는 한 국가의 관세 정책적으로 결코 바람직하지 않다. 당신이라면 이 품목을 어떻게 처리하겠느냐고 되묻기도 했다. 이런 유형의 품목은 DDA 협상 과정에서 관세율은 물론 이중관세 등 관세구조나 수입제도가 어떻게 조정될지 결정될

---

117) 카사바(cassava)로도 불리며 남아메리카가 원산지인 다년생 작물로서 덩이뿌리가 사방으로 퍼져 고구마와 비슷하게 굵다. 이 뿌리에 20~25%의 전분이 들어 있는데, 가격이 저렴하여 공업용으로 많이 사용된다.

것이다. 그러니 그 결과를 보고 그 다음에 FTA 관세를 논의하자고 설득했다. 그렇게 'DDA 이후 논의'라는 관세양허 유형이 만들어졌다.

우선 적용조항이 들어간 농업 협정문 초안

한·칠레 FTA 최종 협정문은 전문(preamble)과 21개의 장(chapter)으로 구성되고, 6개 분야로 구분되어 한글 본 기준으로 200여 페이지 분량의 문서로 되어 있다. 이 최종 협정문이 합의될 때까지 많은 수정이 있었고, 협정문은 한 부분이 수정되면 경우에 따라서는 다른 부분도 함께 수정되어야 하는 구조로 되어 있었다. FTA에서 농업분야를 별도의 장(chapter)으로 한 경우도 있고 그렇지 않은 경우도 있다. 전자의 대표적인 사례가 북미자유무역협정(NAFTA)이지만 후자의 경우가 더 많다. 미국이 맺은 FTA에는 농업 분야가 별도로 있다. 수세적 협상을 해야 하는 우리 농업 분야의 경우 어느 것이 더 유리한지는 보는 사람에 따라 다를 수 있다.

농림부는 협상 초기부터 농업 분야를 별도로 작성할 것을 주장했고, 외교부는 상품 분야에 통합하자는 견해를 갖고 있었다. 농림부가 별도의 장으로 하려던 배경은, 농업 분야는 농림부가 책임지고 가겠다는 취지에서였다. 칠레와 FTA 타결을 위해 내줄 것은 내주지만, 양보할 수 없는 부분에 대하여는 지키겠다는 생각이 깔려 있었다. 협정문에 다른 분야와 혼재되어 있으면 농림부가 운신하기가 오히려 쉽지 않을 수 있다는 판단 때문이었다. 그리고 무엇보다 논의 과정에서 수백 페이지에 달하는 분량의 협정문 초안을 보고 농업 분야에 영향을 미칠 어떤 내용들이 어디에 들어가 있는지를 짧은 시간에 세세하게 검토한다는 것도 어려웠다. 또 분야별로 이루어지는 모든 협상에 농림부 협상 담당자들이 다 참석하여 전 과정을 챙긴다는 것도 사실상 불가능했다.

이런 이유로 농림부는 농업 분야를 별도의 장으로 만들자고 주장했고, 농업협정 문안의 초안을 만들었다. 농업 챕터(chapter)에 규정된 내용이 이 협정의 다른 부분과 서로 상충하거나 달리 규정된 것이 있다면, 농업 챕터가 여타 부분에 우선적용된다는 내용이 들어 있었다. 적어도 협상 초기에는 농업 협정문 초안만 챙기면 다른 분야에 들어가는 내용에는 신경을 덜 써도 되는 구조로 만든 것이다. 협정문의 의미는 협상을 하면서 시간이 지남에 따라 더 명확해지고 잘못된 것이 있다면 드러날 수 있기 때문이다. 공세적 위치에서 하는 협상이라면 좀 더 쉽게 갈 수도 있고, 협상의 위치가 절대적 우위에 있는 국가라면 나중에 수정하자고 할 수도 있을 것이다. 그러나 한·칠레 FTA 협상에서는 그럴 수 있다는 보장도 없었고 바람직하지도 않다고 생각했다.

한·칠레 동식물 검역 분과회의

한·칠레 FTA 협상을 하면서 사안별로 여러 분과가 만들어졌다. 그 중에서 동식물 검역(SPS) 분과는 농림부 통상협력과장이 분과장을 맡고 복지부, 해수부 담당자가 참여하는 형태였다. 칠레는 FTA를 이미 여러 나라와 체결한 경험이 있어서인지, SPS 분과 첫 회의에 SPS 협정 초안을 만들어 가져왔다. 협상에서 누가 초안을 만드느냐는 중요하다. 합의의 단계로 넘어가면서 다소의 모호성이 내재될 가능성이 있고, 그럴 경우 초안을 만든 자가 주도적으로 끌고 갈 수 있기 때문이다. 그래서 다음 번 회의에 우리 측도 초안을 만들어 제시하겠다고 했다. 오늘 칠레가 우리에게 전달한 것과 비교해서, 앞으로 어느 것을 토대로 논의를 진행해 나갈지를 다음 회의에서 결정하자고 했다. 그렇게 하여 우리가 작성한 초안을 토대로 협상이 진행되었다.

양국 간 검역회의 개최와 관련하여 칠레 측은 검역 전문가 회의를 정기적으로 매년 열자고 주장했고, 우리는 매 2년마다 개최하자고 주장했다. 검역 전문가 회의에서 논의될 사안은 우리 관심사항보다는 칠레의 관심사항이 많을 것이기 때문이었다. 칠레 측은 1년을 계속 주장했다. 그래서 정기적인 회의는 2년마다 하고, 수시회의를 도입하되 수시회의는 회의 개최를 요청받는 국가에서 개최하기로 합의했다. 회의를 원하는 측에서 비용을 부담하는 것이 적절하다는 생각과 우리 입장에서 회의 개최 요구 빈도도 줄일 수 있다는 생각에서였다. 우리가 만든 SPS 협정문 초안에도 '모든 것이 합의될 때까지 언제든지 수정하거나 다시 논의(revisit)할 수 있는 권리를 유보'한다는 문구를 넣고 협상을 시작했다. 그리고 몇 차례의 협상이 진행되어 내용적으로 상당한 수준의 합의에 이르러 유보 문구를 삭제했고, 그 이후 합의된 내용을 수정해야 하는 상황은 없었다.

한 순간의 반전

한·칠레 FTA 협상이 1999년 12월 칠레 산티아고에서 시작된 이후 3차 협상이 2000년 5월 개최되었다. 그 이후 4차 협상이 2000년 12월에 개최되었으니 그 사이 약 7개월이 경과하도록 협상이 열리지 못했던 것이다. 농산물 분야에서 두 나라의 입장 차이가 좁혀지지 않았던 것도 있었지만,

칠레가 EU와 협상을 시작하고서는 한국과의 FTA 협상이 그들의 관심에서 멀어진 것도 요인이었다.

2000년 11월 브루나이에서 APEC회의를 앞두고, 한·칠레 FTA 4차 협상이 일정조차 잡히지 못하자 한·칠레 FTA의 방향을 논의하기 위한 회의가, 경제장관 간담회 형식으로 2000년 10월 광화문 청사에서 개최되었다. 농림부는 물론 다른 경제부처 장관들과 청와대 경제수석도 참석했다. 회의 전날 각 부처 실무자들 사이에 이런 저런 형태로 의견 교환이 있었다. 대다수는 칠레가 한국과의 FTA 협상에 소극적이어서, 오늘 회의에서 당분간 한·칠레 FTA 추진이 어렵지 않겠느냐는 것을 확인하는 정도의 논의가 있을 것으로 예상했었다. 간담회도 그렇게 흘러가고 있었는데, 회의 진행을 듣고 있던 청와대 경제수석이 대통령의 뜻이 아니라는 취지로 발언을 하자 분위기가 한 순간에 반전되었다.

2000년 11월 어느 날 외교부의 다자국장이 당시 통상협력과장이던 필자에게 전화를 걸어왔다. 경제수석이 대통령을 수행해서, 브루나이에서 개최된 APEC 회의 참석차 출장 중에 있는데, 농림부 장관에게 한·칠레 FTA 건으로 전화를 하겠다고 하니, 미리 장관에게 보고해 달라는 것이었다. 농림부 장관이 외부에서 들어오는 중이라 필자가 장관실에서 기다리고 있었는데, 사무실에 도착하기 전에 카폰으로 이미 청와대 경제수석과 전화 통화가 이루어졌다.

브루나이 APEC 회의 계기에 개최된 한·칠레 정상회의에서 2001년 3월 말까지 FTA를 타결하기로 합의하고, 2000년 12월 협상을 갖기로 하여 제4차 협상이 개최되었다. 한·칠레 FTA를 타결하느냐 못 하느냐는 전적으로 농산물에 달려 있는 상황이었다. 이것이 농림부에 상당한 부담으로 작용하고 있었다. 쌀은 협상 초기 일찌감치 FTA에서 제외하기로 합의하고 시작했었다. 한·칠레 FTA의 쟁점 품목은 단일관세 품목으로 사과, 배, 복숭아, 자두 등 과실류로 집중되었고, 관세가 높고 이중관세 등으로 무역제도가 복잡한 품목을 처리하는 방안이 쟁점이었다.

청와대에서 부총리 주재로 한·칠레 FTA 협상 관련부처 장관회의가 열렸다. 외교부에서는 통상교섭본부장과 다자국장이 참석했고, 농림부에서는 장관과 국제농업국장이 참석하고 있었다. 사과를 둘러싼 논쟁이 있었다. 칠레 측은 무슨 일이 있어도 사과는 관세철폐 유형에 넣어야 한다는 입장이었고, 우리는 반드시 예외로 빼내야 한다는 입장이었다. 그날 외교부는 재외 공관을 통해서 칠레 사과가 수입될 경우 국내 도착 가격과 가락동 도매시장에서 가격이 얼마가 될지를 독자적으로 조사했다. 이에 근거하여 수입되더라도 피해가 크지 않을 거라는 보고를 했다. 농림부는 외교부가 재외 공관을 통해 파악한다는 사실은 물론 그날 그러한 보고를 한다는 사실도 전혀 몰랐다. 다음날 그런 일이 있었다는 이야기를 듣고 필자가 외교부 다자국장에게 전화를 걸었다. 공관을 통해 자료를 조사했으면 담당부서인 농림부에게도 당연히 전달해주어야 하는데 알려주지 않고, 장관회의에서 검증되지도 않은 자료로 당황스럽게 만들 수 있느냐는 항의였다. 그리고 조사한 자료를 보내달라고 했다. 받아본 자료는 객관적 사실로 판단하기에는 한계가 있었다.

어느 날 전경련 회관에서 한·칠레 FTA 관계 장관회의가 있었다. 칠레 과일이 어느 정도 우수한지를 파악하기 위해 농촌진흥청에서 연구용으로 가져온 과일을 시식해보기도 했다. 한·칠레 FTA를 체결해야 하는 상황에서 민감 품목에 대한 예외를 만들고, FTA를 원만하게 타결해야 하는 부담이 농림부에 가중되고 있었다. 한·칠레 FTA 협상에서 예외를 인정하지 않으려는 칠레를 대상으로 설득하고, 때로는 국내의 정치적 환경을 이용하기도 했다. 한번은 협상장에서 칠레 대표에게 필자가 이야기했다. "FTA 협상이 끝나면 궁극적으로는 국회의 비준동의를 받아야 하는데, 적정한 수준을 벗어나면 국회에서 동의 받는 것이 불가능할 수 있다."는 말이었다. 당시 한국농업경영인연합회가 주관하여 농가부채 해결과 농업 및 농촌 대책 마련을 위한 여러 요구사항을 담아 국회의원들로부터 서약을 받고 있었다. 거기에 담긴 내용의 하나가 한·칠레 FTA 비준동의 거부였고, 서명한 의원들의 명단이 연합회 홈페이지에 올라 있었다. 한·칠레 FTA 비준반대 서약서에 서명한 의원 수가 많다고 하자, 칠레 수석대표는 서명한 의원이 몇 명이나 되느냐고 묻기도 했다.[118]

사과와 배

사과와 배는 오랫동안 한국 농업에서 중심 품목이었고, 지금도 그 위치에는 별다른 변함이 없다. 사과의 세계 최대 생산국은 중국으로 연간 3천만 톤 수준이다. 이는 세계 2위, 미국의 생산량 4백만 톤의 8배 수준이다. 우리는 연간 40만 톤 내외를 생산하고 있고, 금액으로는 8천억 원 수준이며, 60% 정도가 경북에서 생산된다. 배는 중국이 세계 생산량 1위 국가이고 연간 1천 5백만 톤 수준이다. 사과와 배는 우리가 수출할 수 있는 품목이 많지 않았던 시절부터 대만에서 바나나를 수입하고 그 액수만큼의

---

[118] 2000년 12월 18일 기준으로 국회의원 113명이 서명 하였으며 한·칠레 FTA 협상이 타결되더라도 비준동의를 거부하겠다는 내용이 들어간 서약서이다.

사과와 배를 수출하는 방식의 구상교역 품목이기도 했다. 우리나라 최초의 FTA인 한·칠레 FTA에서 마지막까지 쟁점이 되었던 품목이 사과와 배였다. 칠레와의 FTA 협상에 참가하기 위해 처음 칠레를 방문했을 때, 무역업계의 관계자는 한·칠레 FTA가 되면 가장 장사가 될 수 있는 품목이 사과가 될 것으로 본다고 했다. 정부의 입장을 정하는 과정에서 사과는 영남 품목이고 배는 호남 품목이라고 이야기되면서, 동일한 선상에 놓고 취급하게 되었다.

한·칠레 FTA 추진 과정에서 농산물 양허안 작성과 관련하여 청와대에서 입장 정리를 위한 회의가 있었다. 당시 경제비서관이 주재했고 각 부처 차관보들이 참석하는 회의였다. 비서관은 사과를 완전히 배제하고는 협상의 진전이 어려우니, 어떤 형태로든 농림부는 사과 수입을 검토하라는 요구를 했다. 농림부가 어렵다고 하자, 당시 회의를 주재했던 비서관은 사과가 그렇게 문제가 되면 시장에서 격리시키면 될 것 아니냐는 식으로 심하게 농림부를 압박하기도 했다. 한·칠레 FTA 협상에서 필자가 한·칠레 FTA를 담당했던 2001년 6월까지는 사과와 배가 'DDA 이후 논의' 유형에 있었으나, 그 이후 칠레가 세탁기와 냉장고를 제외하면서 우리도 사과와 배를 제외하는 것으로 합의가 이루어졌다.

칠레는 EU의 요구를 물리칠 수 없다

칠레에 대해 FTA를 통해 관세를 철폐하면, 우리 시장에서 칠레와 경쟁하던 다른 수출국이 우리와 FTA를 하게 되는 경우, 칠레와 같이 관세를 철폐해 해달라고 요구할 것인가에 대해 농림부와 외교부의 견해가 크게 달랐다. 농림부는 그럴 수 있기 때문에 칠레가 수출할 가능성이 낮은 품목이라도 관세철폐를 양허하는 데 신중해야 한다는 입장이었다. 반면 외교부는 다른 나라와 관련해서는 문제가 되지 않는다는 입장이었다. 또 그당시 칠레는 한국과 FTA에서 예외를 만들면 협상을 진행 중인 EU에도 예외를 인정해주어야 하기 때문에 우리에게 예외를 인정할 수가 없다는 주장을 하고 있었다.

　EU는 멕시코와 맺은 FTA에서 상당한 예외를 만들었던 점에 비추어, 칠레와의 협상에서도 예외를 만들 것이라는 것이 농림부의 시각이었지만, 외교부는 EU에 대해 예외를 인정하지 않겠다는 칠레의 입장에서 상황을 보고 있었다. 그렇다면 농림부는 EU가 칠레와 협상에서 예외를 만드는지 못 만드는지를 우선 지켜보고 그 다음에 협상을 하자고 했다. 당시 농림부한테는 EU가 칠레와 FTA에서 예외를 만들 것이라는 확신이 있었기 때문이다. 한·칠레 FTA를 어떻게든 진전시켜야 하는 외교부와 반드시 예외를 만들어야 하는 농림부의 입장 차이에서 비롯된 것이었다.

　EU는 칠레와 FTA에서 농산물 품목 수를 기준으로 약 6%를 예외로 했다. 그 품목에 쇠고기, 돼지고기, 낙농제품, 과일 및 채소, 설탕 등 주요 품목이 들어 있고, 관세철폐 대신 쿼터 물량을 부여하는 방식으로 합의했다. 쿼터 물량은 무관세이다. 우리가 EU보다 앞서 칠레와 협상 과정에서 합의한 것과 방식 및 내용 면에서 큰 차이는 없다. 당시 칠레는 우리에게 쿼터 물량은 무관세로 할 것을 요구했고, 우리는 국영무역에 의한 쿼터 공매를 조건으로 칠레의 요구를 수용했었다. EU와 칠레 간 FTA에서도 농산물은 FTA 발효 후 '3년 후 재검토' 규정이 들어 있었다. 이는 EU가 멕시코와 FTA를 체결하면서 넣었던 규정이다. EU와 칠레 간 FTA 협상에서 누가 협상을 주도했는가는 FTA 협상 결과가 말해 주고 있다.

협상 중단 그리고 타결

칠레는 EU와 FTA 협상을 2000년 3월부터 진행하여 한국과 협상을 동시에 추진하기에는 여력이 없는 데다, 한국과의 협상에 소극적이어서 한동안 중단되다시피 했다. 외교부는 협상을 재개시키기 위해 노력했는데, 그 일환으로 칠레 측의 입장을 타진하기 위해 2001년 3월 외교통상부 다자국장을 수석대표로 하고 농림부, 외교부, 재경부, 산자부 과장으로 구성된 대표단을 칠레에 보냈다. 농림부에서는 필자가 참석했다.

칠레는 한국이 농산물에서 예외를 만들면 자국도 가전제품을 예외로 할 수밖에 없다는 입장을 밝혔다. 우리 측 수석대표였던 당시 외교통상부 다자국장은 농산물에 예외는 일반적이지만 공산품에는 그렇지 않다는 점을 들어 반박했다. 그리고 3개월 후 필자는 제네바 대표부의 농무관으로 부임했다. 6차까지 진행된 한·칠레 FTA 공식협상에서 시작부터 4차 공식협상까지 담당하다가 제네바 대표부 농무관으로 부임하기 위해 떠났다. 필자가 제네바에 있던 기간인 2001년 11월, 중국 상해에서 개최된 APEC 한·칠레 정상회담에서 두 나라는 조기 타결의 입장을 확인했다. 그리고 2002년 2월 미국 로스앤젤레스에서 한·칠레 FTA 고위급협상이 개최되었다. 그 다음 칠레 산티아고에서 제5차 공식협상이 개최되어, 양허안에 대해 어느 정도 의견 접근이 이루어졌다. 그러나 과실류, 육류 등의 관세철폐 기간 등에 대해서는 이견을 좁히지 못했다. 이후 양국은 이견을 좁히기 위한 국장급 비공식 협의를 2002년 9월 서울에서 개최한 데 이어, 10월에는 주 제네바 한국대표부 회의실에서 개최했다. 여기서 두 나라의 상품 양허안에 상당한 의견 접근이 이루어졌다. 이때는 칠레가 먼저 타결한 EU와 FTA 협상에서 상당히 많은 품목의 예외를 인정한 이후였다.

주 제네바 한국 대표부에서 열린 비공식 협의에 이어, 같은 장소에서 연이어 제6차 공식협상이 2002년 10월 18일부터 3일간 개최되었다. 이 협상에서 마지막 쟁점은 금융 서비스 문제였다. 칠레 측은 금융 서비스 시장개방을 협정 발효일로부터 4년 뒤에 다시 논의하자고 요구했고, 우리 측은 이를 수용했다. 1998년 11월에 대외경제장관회의에서 추진하기로 결정한 우리나라 최초의 한·칠레 FTA 협상이 2002년 10월 25일 타결되었다.

연구자마다 다른 영향 분석

농산물 시장개방을 이야기할 때마다 따라 다니는 것이 이익과 피해는 무엇이며 그 규모는 얼마나 되는가 하는 수치이다. 그러나 예상했던 수치는 맞는 것보다 틀리는 경우가 훨씬 더 많다. 그럼에도 자기의 주장을 뒷받침하거나 다른 의견을 가진 사람을 설득하는 데 수치만큼 효과적인 것은 없다. FTA에 대한 논쟁이 생길 때마다 각자의 주장을 뒷받침하기 위해서도 수치 분석을 한다. 이를 위해 가장 많이 사용되는 분석방식이 일반균형 모형(CGE)에 의한 분석이다. FTA의 영향을 분석하는 데 가장 많이 사용되나, 생산액이 적은 농업의 개별품목에 대한 영향을 분석하는 데는 한계가 있다.

일반적으로 식품은 정도의 차이는 있지만 얼마간의 대체성이 다 있기 때문에 수요와 공급에 서로 관련성이 있다. 예를 들어 쌀의 수요와 공급은 쌀의 가격만이 아니라 그 대체품인 빵이나 라면의 가격이라든가, 나아가서는 전반적인 식료품 가격에 의해서도 영향을 받는다. 이와 같이 상호 간에 관련되는 모든 요인을 고려하여 이들 사이의 균형을 고찰할 경우, 이 것을 일반균형이라고 한다. 이에 비하여 어떤 특정 상품만을 대상으로 하여 다른 환경에 변화가 없다고 가정하고 분석한 것이 부분균형[119]이다. 어떤 분석이든 많은 가정을 전제로 한다. 예를 들어 FTA를 체결한다고 가정하는 경우, 원칙적으로 모든 농산물의 관세철폐를 가정할 것인가? 철폐한다면 그 기간을 얼마로 할 것인가? 등등에 따라 분석 결과는 큰 차이가 있기 마련이다. 분석을 위한 가정을 어떻게 하느냐에 따른 차이이다. 설사 가정이 같더라도 어느 모델을 사용하여 분석하느냐에 따라 그 차이 또한 크다.

한·칠레 FTA를 추진하면서 국민경제 관점에서 분석은 주로 대외경제정책연구원(KIEP)에서 일반균형 모형(CGE)으로 했다. 당시 분석 결과는 한·칠레 FTA 체결 시 우리나라의 수출 증가가 6억 6천만 달러, 수입 증가는 2억 6천만 달러, 무역수지 개선 효과는 4억 달러로 나왔다. 그리고 협상이 끝나고 2003년 12월 국회비준을 앞두고 외교통상부는 무역수지가 3억 2천만 달러가 개선된다고 얘기했다. 분석결과는 실제와 다를 수 있지만, 칠레 무역수지가 개선될 것이라고 했는데 오히려 악화되었다. [120]

---

119) 일반균형은 이론적으로는 우수하나 구체적인 결론을 얻기가 힘든 경우가 많은 반면, 부분균형은 특정 품목을 대상으로 영향을 주는 주된 요인만을 밝혀내기 때문에 보다 구체적인 결론을 얻어낼 수 있는 장점이 있지만 거시적 분석에는 한계가 있다.
120) 「한겨레」, 2011년 11월 7일, '연간 3억 2천만 달러 무역 수지 개선 된다더니'

FTA와 DDA의 보완성과 상충성

다자 무역체제를 규율하는 WTO 원칙 가운데 가장 중요한 두 가지를 들자면, 하나는 가트 제1조에 명기된 최혜국 대우(Most Favored Nation Treatment)이고, 다른 하나는 제3조에 있는 내국민 대우(National Treatment on Internal Taxation and Regulation)이다.[121]

최혜국 대우는 각 회원국이 다른 모든 회원국이나 상품을 다른 국가에 비해 불리하지 않게 대우해야 한다는 것이다. 즉 어떤 국가가 다른 한 국가에게 특혜를 줄 경우 이와 동등한 대우를 다른 모든 회원국에게도 부여하여, 모든 국가들이 최혜국이 될 수 있도록 하라는 것이다.

그런데 이 중요한 원칙에도 몇 가지의 예외가 있다. 그 중 하나가 역내 지역의 상품에만 관세특혜를 부여하는 FTA이다. FTA는 대상 국가의 상품에 대해서만 관세를 내려주거나 철폐한다. 이러한 차별을 인정하는 것은 FTA는 WTO가 궁극적으로 달성하고자 하는 교역 자유화에 긍정적으로 기여한다고 간주하기 때문이다. 그래서 FTA를 예외적으로 인정하되 그에 대한 조건으로 상당한 수준의 교역 자유화(substantially all the trade) 의무[122]를 가트 24조에서 규정하고, 그것을 충족하는 경우에는 예외로 인정하고 있는 것이다.

WTO 원칙 가운데 또 하나의 중요한 사항인 내국민 대우는 외국 상품

---

121) 제2조는 품목별 관세율 등이 명기된 양허표(Schedule of Concession)이다.
122) 일반적으로 금액을 기준으로 총 교역량의 90% 이상을 10년 내 자유화해야 요건을 충족하는 것으로 해석되고 있다. 우리의 경우 농산물 교역이 전체 교역의 5% 미만으로, 관세철폐 대상에서 상당 부분 제외하더라도 이 요건을 충족하는 데 어려움은 없으나, 상대국이 우리의 농산물의 관세철폐를 원하기 때문에 협상의 문제가 되는 것이다.

이 국내 시장에 일단 들어온 다음에는 국내 상품과 동일하게 대우하라는 것이다. 이 규정은 국내에 들어오기 전인 상품에는 적용되지 않으므로, 관세를 부과하는 것은 여기에 해당되지 않는다. 일단 국내로 들어온 동일 상품에 세금을 달리 부과하면, 이는 내국민 대우 위반이 된다.

WTO 관세와 FTA 관세

관세는 협정을 체결한 국가에만 적용하는 관세율과 모든 국가에 적용하는 관세율이 있다. 전자의 대표적인 것이 FTA 관세율이고, 후자는 WTO 관세율이다. 그렇다면 특정 국가의 동일한 품목에 대해 이 두 관세율에 세율 차이는 없는 것이 좋은가, 아니면 있는 것이 좋은가? 있어도 좋다면 얼마든지 있어도 좋은가? 아니면 적절한 기준을 가지고 현저한 차이가 나지 않도록 관리해야 하는가? FTA 체결이 확대되고 또 다자 관세율이 높은 우리나라의 농업 부문이 안고 있는 쟁점이다.

예를 들어보자. 어떤 품목의 다자 관세, 즉 WTO 관세는 900%가 넘는데 FTA 관세는 0%이다. 이것이 괜찮은가? 이는 한·칠레 FTA 협상을 시작하면서 필자가 봉착했던 의문이었고, 그때나 지금이나 생각은 같다. 즉 장기적으로 봤을 때는 '아니다'라는 답이다. 우리나라에서 가장 관세율이 높은 품목은 생산하는 농민도 없고 생산되지도 않는 원료 농산물이다. 매년 공업용이나 사료용으로 들어오는 것에 대해 할당 관세로 수요량의 거의 전부를 매우 낮은 관세로 수입하고 있다. 기본 세율도 UR 당시 양허세율 986%보다는 엄청나게 낮은 20%다. 무조건 높은 세율을 유지하고 필요에 따라 세율을 낮춰서 수입하면 된다는 생각을 이제는 버려야 한다.

  WTO 관세율과 FTA 관세율 사이에 현저한 차이가 있으면 바람직하지 않다. 예를 들면 우리와 FTA를 체결하지 않은 국가의 경우, 우리의 높은 WTO 관세를 피해 우리가 FTA를 체결한 국가를 경유하여 우회 수입을 할 수도 있다. 이를 원산지 규정만으로 막는 것도 쉽지 않다. 또 이에 따르는 행정적 비용이 발생할 수밖에 없다. WTO와 FTA관 세율에 차이가 크지 않다면 발생하지 않을 일이다.

10 한미 FTA

FTA 체결 순서

FTA를 체결하려면 먼저 대상 국가를 선정해야 한다. 개도국을 먼저 하고 선진국을 나중에 하느냐, 지리적으로 가까운 나라를 먼저 하고 먼 나라는 나중에 하느냐, 거대 경제권과는 언제 하느냐? 즉 마지막이 좋은가? 아니면 관계가 없는가? 그리고 자국의 민감한 분야가 강한 국가와 협상은 언제 하느냐 등등 여러 관점이 있을 수 있다. 어떤 선택을 하든 전적으로 옳고 전적으로 틀렸다고 할 수 있는 것은 아니다. 그 당시 정부의 통상 철학이 들어간 정책 판단의 문제일 뿐이다. 미국은 캐나다와 호주를 제외하면 FTA를 체결한 국가가 모두 개도국이다. 비교적 규모가 큰 국가와 FTA는 NAFTA를 제외하고는 한국이 처음이다. 일본도 개도국과 먼저 FTA를 시도하고, 그것도 규모가 크지 않은 국가와 한 다음에 규모가 큰 국가로 나가고 있다. 거대 경제권보다는 규모가 작은 국가와 먼저 하고 이를 점차 확대하는 방향으로 나가는 것이 일반적이었으나, 최근에는 이러한 추세도 무너지고 있는 것으로 보인다.

FTA의 완결편

2005년 9월 우리나라가 미국과 FTA 협상을 시작한다는 발표가 있었다. 그때는 필자가 통상을 담당하던 시기는 아니었다. 필자의 과거 통상 경험에서 나온 생각은 안보와 한미 동맹의 강화라는 정치적 이유도 있는 것이 아닌가 하는 것이 솔직한 느낌이었다.

시간이 흘러 정권이 바뀌고 한미 FTA가 양국 의회에서 비준되고 나서 이명박 대통령은 2011년 10월 12일 미국 방문 시 워싱턴 DC 상공회의소 주최 모임에 참석했다. 이 자리에서 한미 FTA의 미국 의회 통과는 경제동맹의 시작이고 평화, 안정, 번영을 증대하는 데 도움이 될 것이라고 얘기했다.[123] 같은 달 17일 라디오 연설에서 한미 동맹은 이제 정치, 안보 동맹에 경제 동맹이 더해져 다원적, 포괄적 동맹으로 진화했다고 말한 바[124]도 있다. 그리고 일본의 어느 학자는 타결 직후 "한미 FTA는 동아시아에서 처음으로 안보와 경제를 묶은 FTA로 볼 수 있다."라고 평가했다.[125]

분명 미국과의 FTA는 여타의 FTA와는 협상의 시작, 진행 과정 그리고 내용에서까지 다른 측면이 있었다는 것을 부인하기는 어렵다. 미국과의 FTA는 협상의 시작을 위한 스크린 쿼터 축소, 쇠고기 수입 재개, 의약품 약값 재평가 제도 철폐, 자동차 배기가스 강화기준 철폐 등 소위 4대 선결 조건이라는 것도 있었다. 또 경제적 관점만으로 접근하기 어려운 변수도 배제할 수 없었다. 미국은 정치적·경제적 영향력으로 볼 때 협상 포지션

---

123) US Inside Trade, World Trade Online, 2011년 10월 12일, 'Korean President Says FTA Passage Marks Start Of Economic Alliance.'
124) KBS1 라디오 및 교통방송, 2011년 10월 17일, 제76차 라디오 연설.
125) 후카가와유키코, 일본 와세대 교수, 2007년 4월 9일, 조선포커스.

(position)이 우리보다 우위에 있다. 또 우리가 보호해야 하는 농업 분야가 미국에게는 이익이 될 수 있는 분야이기 때문에 이를 적절히 조화시킬 수 있는 방안을 찾는 것도 쉽지 않았다. 그만큼 FTA 협상국으로서 미국은 어렵고 우리에게 미치는 영향이 큰 나라였다. 한편으로는 미국과의 FTA 협상을 마치고 나면, 항상 수세적 입장인 다자 협상 구도에서 벗어날 수 있고, 다른 국가들과 FTA를 하는 데도 수월할 수 있겠다는 생각도 들었다. 적어도 다자 협상에서는 아무리 개방의 폭과 속도가 크고 빠르다 하더라도 미국과의 FTA에는 미치지 못할 것이기 때문이다.

미국에 대해 어떤 품목의 관세철폐를 약속했는데 다른 나라에 대해서 관세를 철폐하지 않을 이유는 별로 없을 것이다. 물론 미국과의 FTA에서 예외적 조치가 가능했던 품목은 조금 다르다. 여기에는 두 가지 유형이 있다. 하나는 미국의 관심이 큰 품목이나 우리에게 매우 민감하여 장기 관세철폐를 포함한 예외적 유형으로 처리된 것이고, 다른 하나는 우리에게는 민감하나 미국의 관심 품목이 아닌 경우다. 전자의 대표적인 품목이 쌀, 쇠고기 등이고 후자는 고추, 마늘, 양파 등이 될 수 있다.

한미 FTA 추가 협상

이명박 정부 출범 이후 한미 FTA에 대한 추가 협상이 있었다. 협상의 본질적 내용에 변화가 없는 협상이면 추가 협상이고, 본질적 내용에 변화가 있다면 수정 협상이나 재협상으로 보는 것이 적절하다. 그 과정에서 우리 측의 일부 이익이 반영되는 타협이 이루어졌다. 누군가는 노무현 정부 FTA는 좋은데 이명박 정부 FTA는 나쁘다고 주장하고, 다른 누군가는 둘 사이에 무슨 차이가 있냐고 주장하기도 한다. 참여정부에서 시작되고 마무리된 협상에 대해 당시 책임질 위치에 있었던 사람들도 협정을 비판하였다. 그 이유가 협상 타결 이후에 이루어진 자동차 분야 추가 협상에서 미국의 요구를 더 들어줬기 때문이라고 말하기도 하고, 아니면 타결 당시와 시대적 여건이 바뀌었기 때문이라고도 이야기한다. 어느 협정이든 전체의 이익을 계산하는 사람이 있고, 내가 속한 분야의 이익만 계산하는 사람도 있다. 자동차 분야는 분명 이익이 되는 분야인데, 추가 협상으로 그 이익이 조금 줄어들었다고 자동차 분야의 사람들이 FTA를 하지 말라고 하지는 않을 것이다. FTA는 물론 어느 통상 협상이든 저항은 잃는 자로부터 나오지, 적게라도 얻는 자로부터 나오지 않는다. 자동차 분야의 수정으로 인한 한미 FTA의 균형은 자동차 분야 사람들이 평가하기보다는 전체를 보는 사람이 판단해야 한다.

노무현 FTA와 이명박 FTA 사이에 그리 큰 차이는 없다고 본다. 다만 서명하고 합의한 것을 어느 일방의 이익을 추가로 반영하기 위해 다시 논의하고 수정한 좋지 않은 선례가 만들어진 것은 분명하다.

25년 전 한미 FTA 이야기

미국과의 FTA는 협상을 시작한 2005년 훨씬 이전인 1988년에도 이야기가 있었다. 그때는 우리나라가 미국과의 무역에서 100억 달러 정도의 흑자를 얻고, 미국은 무역적자와 재정적자, 소위 쌍둥이 적자를 기록하는 상황이었다. 한미 간 통상 마찰이 극심하던 시절이었다. 당시 우리 정부 입장에서는 최대 수출시장인 미국과 통상 마찰을 적절히 관리할 필요성이 대두되었다. 미국과의 통상 마찰을 일거에 해소하면서 동시에 미국 시장에 접근할 수 있는 대안으로 거론된 것이 미국과의 FTA였다. 미국 내부에서도 한국 시장을 열기 위한 수단으로 싱크탱크를 중심으로 이 대안이 거론되었다.

노태우 대통령이 취임하기 직전인 1988년 2월 미국의 언론인 『월 스트리트(Wall Street)』와의 대담에서, 『월 스트리트』는 당선자에게 한미 FTA의 체결 의사를 물었고, 이에 대해 노 당선자는 반대한다는 입장을 이야기했다. 그 사유로 농산물 시장개방의 어려움을 들었다.[126] 이후 노태우 정권 마지막 해인 1993년에는 강경식 당시 국가 경영전략 연구원 이사장이 국가안보가 군사안보에서 경제안보로 수정되는 추세를 언급하며, 통상 압력 등 부당한 국제경제 압력을 극복하는 방안으로 한미 FTA 체결의 필요성을 제기하기도 했다.[127]

한미 FTA와 쇠고기 수출 자율규제

수출 자율규제(VER, Voluntary Export Restraints)는 이제 더 이상 WTO 통상법적으로 유효한 제도가 아니다.[128] 한국과 미국 두 나라는 30개월 이상 소의 미국산 쇠고기 교역을 이 방식으로 규제하고 있다. 이는 한국과 미국 두 나라의 업계 간 합의에 근거하여 과도기적으로 운영하고 있는 것

---

126) 『동아일보』, 1988년 2월 2일, '한미 FTA 盧 당선자 체결 반대, 美紙 보도', 『매일경제신문』, 1988년 2월 23일, 3면, '한미자유무역협정 체결 반대'.
127) 『매일경제신문』, 1993년 3월 9일, 3면, '한미자유무역협정,체결 시급'.
128) WTO 세이프가드 협정은 WTO 회원국이 VER을 취하는 것을 금지하고(11.1조) 비정부 조치로 민간업체에 VER을 WTO 회원국이 장려(encourage)하거나 지원(support)하는 것도 금지(11.3조)하고 있다.

이다.

이러한 수출 자율규제를 검역조치로 보기는 어렵다. 검역조치는 민간 자율규제로 할 수 있는 사안이 아니기 때문이다. 한미 쇠고기 수출 자율규제는 만들어진 과정이나 농림수산식품부 고시인 미국산 쇠고기 및 쇠고기 제품 수입위생조건[129]에 30개월 이상 쇠고기가 발견될 경우 반송 등 수입 위생규정에서 정부의 개입을 규정하고 있기 때문에 민간 주도형(commercial initiative)이라기보다는, 정부 주도형의 성격이 강하다. 한미 FTA에는 수입 및 수출 제한을 금지하는 규정(2.8)[130]의 예외로, 부속서에서 미국의 목재수출 통제, 연안 운송 제한조치, 즉 존스액트(John's Act) 등 조치를 규정하고 있다.

한미 간 쇠고기 자율규제는 이러한 예외에 해당되지 않는다. 다만 30개월 이상 쇠고기 수입의 이해 당사자가 한국과 미국 두 나라뿐이고, 미국과는 합의가 이루어진 사항이기 때문에 문제가 제기되지 않을 뿐이다.

미국과 수출 자율규제 합의의 성격을 법적인 성격으로 규정하면 충돌의 문제가 발생할 수 있다. 론 커크 당시 미국 무역대표부 대표는 FTA가 비준되면 쇠고기 협의를 요청하겠다는 2011년 5월 4일 서신을[131], FTA 비준 처리를 담당하는 보커스 상원 재무위원장에게 발송한 바 있다. 2013년 5월에 미국은 국제수역사무국(OIE)에서 분류하는 국가 등급에서 가장 높

---

129) 농림수산식품 고시 제 2008-15호(2008. 6. 26)
130) '이 협정에서 달리 규정된 경우를 제외하고는 어떠한 당사국도 1944년 가트 11조 및 그 주해에 따른 경우를 제외하고는 다른 쪽 당사자 상품의 수입 또는 다른 쪽 당사자의 영역을 목적지로 하는 상품의 수출이나 수출을 위한 판매에 대하여 어떠한 금지 또는 제한을 채택하거나 유지할 수 없다. 이러한 목적으로 1944년도 가트 11조 및 그 주해는 필요한 변경을 가하여 이 협정에 통합되어 그 일부가 된다.'라고 규정하고 있다.
131) 2011년 5월 4일 론 커크 미국 무역대표부는 보커스 상원 재무위원장에 한미 FTA가 발효되면 쇠고기 수입 위생조건 제25조에 따라 협의를 요청할 것이고, 협의를 요청하면 7일 내 개최하도록 되어 있다는 내용의 서신을 발송했다.

은 광우병 '위험을 무시할 수 있는'(negligible risk) 국가로 상향되었다. 미국은 이를 이유로 민간자율 규제의 종료를 요구할 수도 있다.

쇠고기와 돼지고기의 관세철폐 기간

쇠고기는 미국의 최대 관심 품목이고 동시에 우리의 최대 민감 품목이다. 쇠고기 시장에서 미국은 한국과의 교역에서는 절대적 우위에 있으나, 호주에 대하여는 미국도 어느 정도 수세적 위치에 있다. 미국과 호주의 FTA에서 미국에게 민감한 품목은 설탕과 쇠고기였다. 설탕은 미국이 절대적으로 취약하지만, 쇠고기는 우리와는 달리 서로 간에 이익을 주고받을 수 있는 품목이다.

미국에서 유통되는 상대적으로 낮은 등급 쇠고기[132]의 상당 부분이 호주로부터 수입되고 있다. 미국은 호주와 FTA에서 설탕은 완전 예외로 했고, 쇠고기 관세철폐 기간은 18년으로 합의했다. 처음 9년 동안은 FTA 체결 당시의 관세를 거치하고, 나머지는 9년에 걸쳐 관세를 철폐한다. 관세를 철폐하는 기간 동안에는 수입을 제한하는 '수량 제한 세이프가드' 조치는 물론, 관세를 올리는 '가격 기반 세이프가드' 조치 모두가 허용된다. 또 18년이 지나 쇠고기의 관세가 철폐되면 수량 제한 세이프가드는 폐지되지만, 가격 기반 세이프가드 조치는 항구적으로 가능하다. 여기까지는 미국이 호주와 합의한 내용이 우리가 미국과 합의한 내용보다 수입국의 입장에서 훨씬 유리하다. 그런데 미국은 호주산 쇠고기의 관세가 철폐될 때

---

132) 미국에서 수입하는 냉동 일반 쇠고기(frozen grass-fed beef)의 약 70%가 호주산이다.

까지 무관세 관세 할당 물량을 매년 늘려가도록 되어 있다. 이것이 한미 FTA에는 없다.

한편 미국의 쇠고기 다자 관세율은 우리의 40%보다 크게 낮은 23%이다. 한미 FTA에서 우리는 쇠고기의 관세를 철폐하는 동안 관세 할당 물량은 제공하지 않는 점은 미국이 호주와 맺은 FTA에 비해 유리하다. 반면 관세철폐 기간은, 한미 FTA에서 우리가 받은 기간은 15년으로, 미국이 호주로부터 받아낸 기간보다 3년이 짧다. 그리고 관세철폐 이후에는 FTA 협정상의 세이프가드 조치는 없다.

돼지고기의 경우 여타의 품목과는 달리 한·미 FTA에서는 관세철폐 일자를 확정하는 방식으로 합의했다. 한·칠레 FTA에서 돼지고기의 관세철폐 기간을 10년으로 했고, 발효가 2004년에 되었으니 2014년에 관세가 없어진다. 칠레 산 돼지고기와 경쟁해야 하는 미국의 입장에서는 같은 시점에 관세가 철폐되도록 하고 싶었을 것이다. 그런데 한미 FTA가 언제 발효될지 알 수 없으니, 기간 방식이 아닌 확정일자 방식으로 미국이 요구하여 그렇게 된 것이다. 칠레 산 돼지고기 관세가 2014년에 철폐되는 것은 한·칠레 FTA 10년 동안 우리가 칠레로부터 얻은 이익의 반대급부이다.

2010년 12월 추가 협상이 있었고, 자동차에 대한 반대급부로 우리가 얻은 품목은 돼지고기였는데, 기간 확정 방식은 그대로 두고 일부 품목에 대해서만 관세철폐 시기를 2016년으로 2년 연장했다.

한미 FTA와 쌀 - 논의의 대상인가, 아닌가?

한미 FTA 협상을 하면서 가장 강한 입장을 견지한 품목이 쌀이었다. 농업협상의 고위급 대표는 "미국이 쌀을 꺼내면 협상 테이블을 엎어버려라."라고 지시했고,[133] 장관급 협상 대표는 미국 대표가 개성공단과 관련하여 쌀 시장을 개방해야 한다고 말하자, 그러면 지금 짐 싸서 돌아가라고 했다고 한다. 쌀에 대해서는 절대로 양보가 있을 수 없고, 쌀 때문에 깨지면 고통 없는 죽음이라고까지 했다.[134]

상대국의 쌀 시장개방 요구가 협상을 깨는 것이면, FTA 협상을 시작하기 전에 쌀에 대해 미국으로부터 최소한 양해를 받고 협상을 시작했으면 좋지 않았을까 하는 생각이다. 물론 사전적으로 예외가 없다는 협상의 일반적 원칙에는 맞지 않는다고 할 수 있지만, 미국도 소위 4대 선결조건에 대해 사전 약속을 받고 FTA 협상을 시작했다. 우리도 쌀에 대해서는 최소한의 양해를 받고 시작할 수도 있지 않았을까 하는 생각은 든다. 우리에게 가장 민감하면, 상대국에게는 가장 강력한 협상 카드가 되는 것이 협상의 속성이기 때문이다. 한편에서는 쌀이 딜 브레이커(deal breaker)가 된다는 것을 인식하고 있다면 상대방도 이를 거론하기가 쉽지 않은 것도 또한 협상의 현실이다. 협상 초기부터 우리의 장관급 대표나 고위급 대표 모두 강하고 분명한 입장을 견지했다.

한미 FTA에서 쌀은 분명히 관세감축의 예외로 되어 있다. 한미 FTA에서 쌀과 관련한 협정문은 3개의 문장으로 되어 있다. 첫 번째가 쌀은 관세 관련 의무가 없다는 것이고, 두 번째는 한미 FTA가 한국이 WTO에 통보한 쌀 양허표에 영향을 미치지 않는다는 것이다. 마지막으로 세 번째 문장은 한국이 WTO에 통보한 문서에서, 2005년부터 2014년까지 최소시장 접근

---

[133] 민동석, 앞의 책, p. 69.
[134] 김현종, 『한미 FTA를 말하다』, 홍성사, pp.191-192.

물량의 증가를 약속했다(committed)고 되어 있다. 논쟁의 근원은 굳이 세 번째 문장이 왜 들어가야 하는지에 대한 의문으로부터 출발한다. 쌀에 대한 우리나라의 WTO 약속과 한미 FTA의 관계, 즉 한국이 가진 WTO 권리를 인정하면서, 2014년 이전에 관세화를 하면 최소시장 접근 물량의 증가가 중단되기 때문에 이 경우를 염두에 둔 것으로 보는 것이다.

한미 FTA 협상과정에서 쌀이 논의의 대상이었는지 아니었는지가 논쟁이 되었다. 일각에서는 쌀은 관세율이 정해져 있지 않을 뿐더러 다자적으로 승인된 사항의 변경을 초래하므로 양자 간 협정인 FTA 협상의 대상이 될 수 없다고 지적한다. 그런데 한국 통상 관료들이 이 사실을 잘못 알았고, 미국은 이것을 다른 분야 협상에 이용했다는 것이다.[135] 그러나 당시 한미 FTA 협상에 참여했던 우리 측 당사자의 이야기는 그러한 주장이 WTO 협정과 FTA를 이해하지 못한 데서 나온 말이라는 것이다. 개별 국가 간 FTA 협상에서는 양국이 협상 대상에서 제외하기로 합의하지 않는 한, 모든 품목이 협상의 대상이 된다는 것이었다.[136] 필자도 한미 FTA에서 쌀이 원천적으로 제외되었다는 말에는 동의하지 않는다. 한미 FTA 우리 측 대표는 한 언론과의 인터뷰에서, 한미 FTA 협상에서 미국으로부터 쌀에 대한 요구가 없었다고 보도됐지만, 실제 협상장에서 미국은 끝까지 요구했다고 한다.[137]

쌀의 양허관세율이 없기 때문에 FTA 대상이 될 수 없다고 이야기하는 것은 FTA가 기존 관세율을 일정 기간에 걸쳐 감축하거나 없애려는 것으

---

135) 송기호, 『프레시안』 2006년 6월 4일, '쌀은 지키겠다는 말의 허구성'.
136) 민동석, 앞의 책, p.68.
137) 김종훈, 『동아일보』, 2007년 4월 5일, '막판 美 몸 달았구나 판단…, 버티기 작전 돌입'.

로만 보면 그럴 수 있다. 그러나 쌀에 대한 WTO 체약국의 권리를 침해하지 않으면서 미국에 대해서 추가적인 교역상의 혜택이 FTA에서 부여될 수 있기 때문에, 관세율이 없다는 이유만으로 FTA 대상이 될 수 없다는 말은 타당한지는 의문이다.

우리는 2015년 1월 1일부터 쌀을 관세화해야 한다. 그러기 위해서 WTO 차원에서 미국을 포함한 여러 나라들과 관세 상당치(TE, tariff equivalent)를 포함한 여러 쟁점에 대해 협상해야 하는 문제가 남아 있다. 그러나 이는 법률적으로는 한미 FTA와는 별개의 사안이다.

FTA 보완대책

한미 FTA를 포함, 지금까지 FTA를 체결할 때마다 발생할 수 있는 농업인의 피해를 보전하고, 농업의 경쟁력 제고를 목적으로 보완대책이 수립되었다. 그 내용은 크게 세 가지로 구분된다.

하나가 농업의 경쟁력 강화와 성장 동력 확충이고, 둘째가 지속 가능한 농업환경 조성이다. 그리고 셋째가 FTA로 인해 발생하는 직접적 피해에 대한 폐업 지원과 피해보전 직접 지불(direct payment)이다. 이 중 폐업 지원은 FTA 발효 후 5년 동안 시설투자가 이루어진 품목으로 폐업하는 경우, 순수익의 3년분을 보상한다. 일단 지원받으면 향후 5년간은 해당 품목의 재배나 사육이 금지된다. 이는 WTO 농업협정상 그린박스, 즉 허용보조의 요건에 있는 농업 생산조정[138]에 해당한다. 그리고 피해보전 직불에

---

138) 농업협정 첨부 2의 9호및 10호에 있는 'Structural adjustment assistance provided through producer retirement programms'에 해당한다.

는 두 가지 형태가 있다. 하나는, 직불이 농산물 가격은 물론 생산과도 완전히 분리(decoupled)되어 허용보조 요건에 충족하는 경우이다. 이 경우는 정부 재정이나 정책적 판단의 문제가 될 뿐이지, WTO 농업협정상 지원 금액에 제약은 없다. 다른 형태의 직불은 농산물 가격이나 생산과 연계하여 지원하는 경우인데, 이것은 WTO 농업협정상 감축대상 보조에 해당되고 한도가 있다. 감축대상 보조에 해당하는 지원 프로그램의 내용이 시장가격 지지(market price support)인 경우이냐 아니냐에 따라, 감축대상 보조 총액(AMS)을 계산하는 방식이 달라진다. 시장가격 지지인 경우는 지원을 받을 수 있는 물량(eligible production amount)에 그 품목의 국내외 가격차를 곱하여 산출하도록 규정하고 있다. 반면에 직접 지불(direct payment)인 경우는 재정 지출액(budgetary outlay)으로 산출하는 것도 허용하고 있다.

여기서 지원정책의 형태가 직접지불이면 시장가격 지지 효과가 있더라도 보조 총액을 재정 지출액으로 산출하는 것이 가능한지와, 시장가격 지지 효과가 있다면 재정 지출액이 아닌 국내외 가격차에 근거하여 보조 총액을 산출해야 하는지가 쟁점이 될 수 있다. 또한 직접 지불이 특정 품목에 대한(product specific) 지원인지, 아니면 품목을 특정하지 않은(non-product specific) 지원인지도 우리의 지원 여력을 판단함에 있어서 주요한 쟁점이 될 수 있다.[139] 우리의 FTA 피해보전 직불제는 당해 연도 시장가격이 직전 5년간 최고와 최저를 제외한 3개년 평균 가격의 90% 미만인 경우를 발동 요건으로 하고 있다. 즉 프로그램이 가격과 연계되어 있고, 또한 피해보전 직불의 지원 규모도 생산 면적과 전국 평균 생산량과 연계되

---

139) 정책지원이 품목별로 특정적인 경우 그 품목 생산액의 5%(개도국 10%), 품목별로 특정할 수 없는 전반적 지원인 경우는 농업 총생산액의 5%(개도국 10%)까지는 감축 의무가 면제된다.

어 있어 생산과도 연계되어 있다고 볼 수도 있다. 실제로는 특정 품목에만 지원되고 있더라도 피해보전 프로그램이 특정 품목만을 대상으로 하는 것이 아니라는 주장도 가능은 하다. 또 피해보전 프로그램의 지원 형태가 직접 지불이면 가격지지 효과가 일부 있더라도, 보조 총액을 재정 지출액으로 산출할 수 있다는 주장도 가능하나[140] 쟁점의 소지가 전혀 없는 것은 아니다.

한미 FTA 협상 시한

모든 협상에서는 시한을 설정하고 협상을 시작한다. 그 시한은 협상의 상대가 누구냐, 수세적 협상이냐 공세적 협상이냐에 따라 다르지만, 상당한 영향을 미친다.

미국은 한국과는 달리 무역협상의 권한이 의회에 있다. 행정부는 상대국과 협상을 할 때 의회에 일일이 보고하고 지시를 받아가면서 협상하는 것이 원칙이다. 그런데 이런 식의 협상을 진행한다는 것이 현실적으로 어렵고, 상대국의 입장에서도 불편할 뿐 아니라 미국의 협상력을 떨어뜨리는 요인도 될 수 있다. 특히 다자간 협상의 경우는 아무리 미국이라도 그들만의 일정으로 움직이는 것이 가능하지도 않다. 미국의 대통령이 의회로부터 대외무역 관련 협상권을 위임받아 신속히 처리하도록 하는 조치가 필요하다. 그래서 미국 의회가 대통령에게 광범위한 통상 관련 협상권

---

140) 쇠고기 구분 판매제와 보조금 관련 패널 보고서(WT/DS 161R)의 826항에 국내외 가격차를 토대로 AMS를 산출해야 하는 이유로 'The principal form of support for beef producers used by Korea in 1997 and 1998, was price support for beef, a form of 'market price support.'로 되어 있다.

을 부여하는 제도가 있다. 과거에는 신속처리 권한(Fast Track Authority)으로 불리던 것으로 1974년 무역법(Trade Act of 1974)[141]에 의해 규정된 이후 20년간 종료와 부활을 반복하는 형태로 운영되어왔다.

미국의 대통령은 협상 개시 90일 이전에 의회에 보고해야 하고, 협정 체결 90일 이전에 의회에 체결 의사를 통보하도록 되어 있다. 통상 협상의 시작과 마지막을 의회가 통제하고 있는 것이다. 2007년 한미 FTA 통상 장관 회의에서 3월 30일이 되자, 미 행정부가 의회로부터 부여받은 무역촉진 권한의 시한이 3월 31일이냐, 아니면 4월 2일이냐에 따라 협상을 할 수 있는 날짜가 하루가 남았느냐 아니면 3일이 남았느냐가 얘기되었던 것이다. 당시 미국 행정부가 부여받은 무역협상 촉진 권한의 종료 일자는 미국 워싱턴 시간으로 2007년 6월 30일 밤 12시였다. 한미 FTA 협상 결과는 무역협상촉진권한(TPA, Trade Promotion Authority) 종료 90일 전에 미국 의회에 보고해야 하므로, 시한은 미국 워싱턴 시간으로 4월 1일 밤 12시까지였다. 한국에서 협상이 열리고 두 나라 간에는 시차가 존재하므로, 무역촉진 권한의 만료는 한국 시간으로 4월 2일 오후 1시였다.

협상을 시작하고 하나의 합의를 만들어내기까지 여러 차례의 협상을 한다. 협상 기간 내내 이루어지는 모든 협상이 중요하지만, 그 가운데 마지막 협상은 또 다른 의미가 있다. 그래서 많은 나라가 마지막 협상은 가급적 홈그라운드에서 하려고 한다. 특히 미국은 이러한 경향이 어떤 나라보다 강하다. 미국이 체결한 FTA 협상 가운데 미국이 아닌 곳에서 이루어진 협상은 한국과 싱가포르와의 FTA뿐이다. 마지막 협상에서는 마지막

---

141) 국제 무역규정을 위반하거나 정당하지 않은 차별적인 조치로 미국의 무역을 제한하는 경우 대통령에게 상대국에 무역 보복을 할 수 있는 권한을 부여했다. 301조는 이들 국가에 대한 조사와 협상을 통해 미국의 투자나 교역에 영향을 미치는 불공정한 관행을 제거하도록 하고 있다.

순간이 또 중요하다. 공세적 협상을 하든 방어적 협상을 하든 마찬가지이다. 3월 30일이 되자 언론은 FTA 협상 시한이 하루 남았다고 보도했다. 한미 FTA 협상은 4월 2일에 끝났다. TPA로 인한 미국의 법적 시한은 한국도 충분히 인지할 수 있다. 그러나 미국 행정부가 의회에 언제 통보하느냐는 미국이 결정한다. 시한이 지났다는 이유로 우리가 결렬시킬 것이 아니라면, 양국이 합의한 협상 시한과 미국의 TPA에 의한 법적 시한 사이의 기간은 미국이 어떤 결정을 하느냐에 따라 하루일 수도 있고 이틀일 수도 있다. 협상에서 시한이 설정된 것이 누구에게 유리한가는 협상을 하는 사람이나 여건에 따라 달라진다. TPA로 인한 마감일은 역으로 우리가 미국을 압박하는 데 좋은 수단이 되었다고 한다.[142]

한미 FTA 이행 방법의 차이

한미 FTA는 한국에서나 미국에서나 국제법적으로 비엔나 협약[143]에서 이야기하는 조약에 해당한다. 국제법적으로 이행에 책임을 지는 점에는 차이가 없다. 외국과 맺은 조약을 국내법으로 편입하여 효력을 발생시키는 방법에 있어 차이가 있을 뿐이지, 조약의 내용을 이행하는 데 차이가 있는 것은 아니다. 조약을 국내법으로 편입하는 방식으로 일원주의를 채택하느냐 이원주의를 채택하느냐 하는 차이가 있을 뿐이다. 일원주의는 별도의 이행법률 제정 없이 바로 국내법적 효력을 부여하는 방식이다. 이

---

142) 김현종, 앞의 책, p.186.
143) 영문의 정식 명칭은 'Vienna Convention on the Law of Treaties between States and International Organizations or between International Organizations'이다.

원주의는 조약 그 자체에는 국내법적 효력을 부여하지 않고, 그 조약을 이행하기 위한 별도의 법률을 제정하고, 그 이행법이 국내법의 효력을 갖는 경우이다.

일원주의를 채택하고 있는 우리나라에서는 국회의 비준동의 절차를 거쳐 발효된 한미 FTA 협정문은 국내법적 효력을 가진다. 반면 FTA나 WTO 협정에 대해 이원주의를 채택하고 있는 미국은 이행법에 규정된 범위에서만 국내적으로 법적인 효력이 가능하다. 그런데 미국의 이행법 102조에는 연방법이든 주법이든 관계없이 미국의 국내법이 한미 FTA 협정문에 우선하도록 규정되어 있고 한미 FTA의 위반을 이유로 제소를 허용하고 있지 않다.[144] 그래서 한·미 FTA의 국회의 비준동의 과정에서 한미 간에 평등하지 않다는 주장이 강하게 제기되었던 것이다. 국가관행을 보면 일원주의를 채택하고 있는 국가라고 해서 사인(私人)이 당해조약을 원용해서 국내법원에 소를 제기할 수 있는 직접효력을 전면적으로 인정하는 것도 아니고 반대로 이원주의를 채택하고 있는 국가라고해도 이를 전면 부인하는 것은 아니다.[145]

미국은 연방국가로서 연방(federal) 정부와 주(state) 정부 간의 권력 관계가 헌법에 명시되어 있다. 권리장전(The Bill of Rights)으로 불리는 미국의 수정헌법[146] 제10조는 헌법에 의하여 연방정부에 위임되지 아니했거나 각

---

144) 한미 FTA 협정의 어떤 규정도 미국의 연방법에 합치하지 않을 경우 효력이 없고, 동법의 어떠한 규정도 미국 법을 개정하거나 수정하는 것으로 해석되어서는 안 된다고 규정하고 있다. 주법과의 관계에서도 한미 FTA 협정에 불일치하는 이유로 무효로 선언될 수 없다고 규정하고 있다. 한미 FTA에 위반되는 사항이 발생하면 먼저 연방정부에 이 문제를 해결해달라고 요청하는 구조이다.
145) 주진열, 'GATT/WTO 협정에 위반된 지방자치단체 조례안의 효력:대법원 2005.9.9.일 선고 2004추10 판결, 「서울국제법연구」 제12권 2호(2005.12) p30
146) 1조부터 10조까지를 권리장전으로 부르며, 11조부터는 수정헌법(Amendment to the Constitution)으로 부르는 것이 정확하나, 통틀어 수정헌법이라고도 부르고 있다.

주에 의하여 금지되지 아니한 권한들은 각 주나 그 주민들이 보유한다고 되어 있다. 미국의 대통령은 헌법 제2조[147]에 의거, 상원의 권고와 동의를 얻어 조약을 체결하는 권한을 가진다고 규정하고 있다. 그런데 일반적으로는 상원의 동의를 얻지 않고 대통령이 가진 권한의 범위에서 조약을 체결하는데, 이를 행정협정이라고 한다. 체결 과정에서 차이는 있지만 이것도 비엔나 협약 제2조[148]에 의거, 조약으로서의 지위를 갖게 되고 국제법적으로 효력에 있어서도 차이가 없다.

미국의 대통령이 체결하는 조약은 자기집행적 조약(self-executing treaty)과 비 자기집행적 조약(non self-executing treaty)으로 구분된다. 미국의 대통령이 체결하는 통상 협정은 비 자기집행적 조약에 해당한다. 따라서 미국은 한미 FTA의 이행법 제102조[149]에 이 둘의 관계를 설정하는 조항을 두고 있다. 미국은 국내적으로 협정문 그 자체의 법적 효력을 인정하고 있지 않기 때문에 이행법이 제대로 합의 내용을 반영하고 있는지를 철저히 살펴야 하는 것이다. 그런데 우리가 미국의 국내법 모두를, 그것도 주법까지 모두 파악해서 한미 FTA와 상충되는 부분이 있는지를 확인하는 것은 대단히 어렵다.

미국 행정부가 국제법적으로 조약으로 합의한 FTA 협정문을 충실히 이행할 것으로 가정하고, 한미 FTA와 미국 법과의 불일치가 발생하면 연방

---

147) Article II, Section 2, clause 2에 이렇게 되어 있다. "He shall have Power, by and with the Advice and Consent, to make Treaties,.... provided two third of the Senators present concur;"
148) Vienna Convention on the Law of Treaty 제2조 1항에 조약이라 함은 '단일의 문서에 또는 둘 또는 그 이상의 관련 문서에 구현되고 있는가에 관계없이, 또한 특정의 명칭에 관계없이 서면 형식으로 국가 간에 체결되며, 또한 국제법에 의해 규율되는 국제적 합의에 의한다고 규정하고 있다.
149) 이행법의 Title I(Approval of, and General Provisions Relating to, the Agreement)의 Section 102의 제목이 'Relationship of the Agreement to United States and State Law'이다.

정부에 시정조치를 요구할 수 있다. 연방정부는 그 요구가 타당하다고 판단되면 추가적인 조치를 취해야 하고, 그 조치가 입법사항이면 입법도 해야 한다.[150]

FTA 협정의 재협상과 종료

모든 FTA 협정에는 효력의 종료 및 정지와 관련된 조항이 있고, 내용도 사실상 차이가 없다. 즉 일방적으로 어느 한 쪽이 6개월 전에 서면으로 통보하면 종료할 수 있도록 규정하고 있다. 다만 한미 FTA는 6개월이 아니라 180일로 규정하고 있는 것이 다를 뿐이다. 그러한 조항이 있다고 해서 이를 근거로 협정의 폐기를 쉽게 이야기할 수 있는 것은 아니다. 그렇기 때문에 일단 협정을 맺을 때는 신중해야 하며, 미국과의 협정이라면 더욱 그러한 것이 현실이다.

그렇더라도 협정을 체결하면서 발생할 수 있는 모든 상황을 완벽히 예견할 수는 없다. 시간이 지나면서 아무리 잘 맺은 협정이라도, 협정을 적용하기 어려운 상황이 발생할 가능성은 얼마든지 있다. 2013년 1월 15일을 기준으로 WTO에 통보된 협정 546개 중 354개만 유효(active)한 상태에 있다.[151] 어느 당사자가 협정 체결 당시 예견하지 못한 상황이 발생하여, 협정의 일부나 전부를 고치지 않고는 적용에 심각한 문제가 있다고 판단할 수 있다. 이 경우 어느 당사자는 협정의 문제를 해소하기 위해 상대국에게 재

---

150) United States-Korea Free Trade Agreement Implementation Act, Public Law 112-41-Oct. 21, 2011.
151) WTO, Annual Report 2013, p60-61, 'Regional Trade Agreement'.

협상을 제의하고, 상대가 응하면 협상을 통해 균형을 회복하고 문제를 해소하면 된다. 그러나 상대가 응하지 않으면 대응 수단으로서 협정의 종료도 이야기할 수 있으나 단순한 문제는 아니다. 더욱이 협정이 발효된 지 얼마 지나지 않았고 협정 체결 당시와 근본적으로 달라진 상황도 없다면, 종료를 생각하기는 더욱 어렵다. 종료 그 자체는 협정에 있는 내용이지만 종료를 검토하려면 그럴만한 충분한 사유가 있어야하고 그 시점에서 상황에 대한 고려도 필요하다

11. 쌀과 농업통상

예외 없는 관세화

UR에서 모든 품목에 대해 수입 수량을 관리하는 방안으로, 사용하던 관세 이외의 모든 조치를 관세로 전환하는 대원칙이 마련되었다. 관세 이외의 조치가 관세에 의한 것보다 무역을 왜곡하는 정도가 크다는 이론적 배경에서, 세계 무역시장에서 무역 왜곡을 줄이기 위한 취지에서 도입되었다. 그러나 UR이 끝난 후 일부 국가가 매긴 관세 수준이 교역이 이루어지지 않을 정도로 높아, 이를 '편법 관세화'(dirty tariffication)라고 부른 경제학자도 있다. 그러나 일단 비관세 조치를 관세로 전환하면 각국의 보호 수준이 쉽게 드러난다. 다자 무역협상을 하면서 이를 낮춰갈 수 있는 기틀이 마련된 것만으로도 상당한 의미가 있었다. UR 협상 내내 통상 협상에 참여하는 사람들이 자주 사용한 단어가 '포괄적 관세화(comprehensive tariffication)'[152], 즉 예외 없는 관세화였다. 그런데 우리나라나 일부 국가의

---

[152] 국내외 가격차를 관세로 전환하는 제도로, UR에서 농산물의 수량 제한을 관세로 전환하기 위한 원칙이었다. UR협상으로 양허관세 비율이 선진국은 78%에서 99%로, 개도국은 21%에서 73%로 높아졌다. 수산물 등 비농산물은 관세화 대상이 아니었기 때문에 아직 관세가 양허되지 않은 품목이 남아있다.

협상가들에게는 이것이 엄청난 부담으로 작용했다. 관세화는 수입 자유화이므로 예외를 만들어야 했기 때문이다. 예외는 일반적으로 협상의 마지막 순간에 만들어지는 것이다. 그럼에도 협상의 마지막 순간이 아닌 시점에서 관세화에 예외가 있느냐는 질문을 하면, 예외는 없다는 원칙적인 답이 돌아올 수밖에 없다.

미국의 무역대표부 대표였던 칼라 힐스[153]가 한국을 몇 차례 방문했다. 국회에서 3당 정책위 의장을 한자리에서 모두 만나고, 각 부처 장관을 연속적인 일정으로 줄줄이 만나고 대통령까지 예방하는 일정을 가졌다. 1989년 10월 미국의 통상 장관인 칼라 힐스 무역대표부 대표가 농림수산부 장관을 면담하기 위해 농림수산부를 방문했다. 과천 청사 2동에 있는 상공부를 방문하고, 농림수산부가 있는 1동으로 걸어왔다. 누가 내려가서 마중할 것인가가 이야기되었다. 그저 담당 사무관이 로비로 내려가서 장관실로 안내하는 것이 농림수산부의 의전이었다. 이번에는 과장이 내려가는 것이 어떻겠냐는 의견도 있었으나, 당시 사무관이던 필자가 "하던 대로 합시다." 하여 필자가 청사 1동 현관으로 내려가서 장관실로 안내했다. 다음날 신문[154]에는 "농림수산부는 국제협력과 사무관 1인만 현관에 보내 힐스 일행을 5층 장관실로 안내토록 함으로써 쇠고기 협상과 관련한 농림수산부의 불편한 심기를 간접적으로 표현했다."라는 내용의 기사가 실렸으나 그러한 의미가 있었던 것은 아니었다.

장관실에서 미팅이 시작되었다. 면담시간은 30분이었다. 칼라 힐스가 동

---

153) Carla A. Hills, 1934년생으로 변호사이고 여성이다. 포드 행정부에서 주택개발부 장관을 역임했다. 자유무역 지지자로 부시 행정부 시절 USTR로 임명되었고 NAFTA 협상 당시 미국의 주요 협상 대표였다.
154) 『경향신문』, 1989년 10월 11일, 3면, '힐스 치맛바람에 서울이 재채기'.

시통역도 아닌데 30분 가지고 무슨 이야기를 하냐고 불편한 심기를 드러냈다. 그 자리에서 농림수산부 장관은 "한국의 쌀에 관세화 예외를 인정하더라도 미국의 이익이 침해되는 상황은 아니다."라는 취지로 설득했다. 이는 한국이 쌀 시장을 개방하면 가격 면에서 중국 쌀이 한국 시장을 차지할 가능성이 크다는 의미였다. 이에 대해 칼라 힐스는 "쌀 시장을 개방하는 것은 원칙의 문제이지, 그 시장을 누가 차지하느냐는 관심 사항이 아니다."라는 싸늘한 답변을 던지고 돌아갔다.

몇 년 후 한국의 쌀 시장이 개방되자 미국은 한국의 쌀 시장에 관심이 없었던 것이 아니라 가장 관심이 큰 국가였다. 2004년 쌀 관세화 유예 연장 협상에서도 미국은 관심을 표명한 9개국 가운데 가장 중요한 이해 당사국이었다. 2014년 쌀 관세화 협상에서도 미국은 중국과 함께 가장 중요한 상대국이 될 것이다.

UR 협상의 마지막 품목

UR 협상기간 내내 쌀 시장개방 문제는 한국 사회에서 첨예한 사회적 현안이었다. 당시 유력한 대선후보였던 김영삼 후보는 대통령이 되면 대통령직을 걸고 쌀 시장개방을 막겠다고 공약했고, 대통령으로 당선되었다. 그러나 대통령의 이 공약이 온전히 지켜지기는 어려울 것으로 보는 것이 보다 객관적인 판단이었다.

UR 농업협상에서 시작부터 마지막까지 협상을 지배한 개념은 '예외 없는 관세화'였다. 관세가 아닌 허가나 승인과 같은 방식으로 수입을 제한하고 있던 모든 농산물을 관세에 의한 보호 방식으로 전환하는 것이었다.

쌀은 「양곡관리법」에 따라 농림부 장관의 허가를 받아야 수입이 가능한 품목이었다. 김영삼 정부가 출범하고 당시 농촌경제연구원장이 농림수산부장관이 되었다. 장관의 최대 임무는 UR 협상에서 쌀 시장개방 문제를 어떻게 처리하느냐는 것이었다. UR 협상의 마지막 품목은 한국의 쌀과 쇠고기였다.

농업협정 부속서 5의 A와 B

일본과 미국의 쌀 협상이 끝난 1994년 12월 초, 한국의 허신행 농림수산부 장관과 미국의 에스피 농무장관[155] 사이에 쌀 협상이 진행되었다. 한국은 미국에 대해 쌀 관세화 유예 기간을 15년으로 하고, 처음 5년간은 최소시장 접근 물량의 동결을 제시하고, 그 이후 최소시장 접근 물량으로 1-2%를 제시하면서 협상을 시작했다. 미국의 농무장관은 관세화 유예 8년에 최소시장 접근 물량으로 3-5%를 대안으로 제시했다. 우리 농림수산부 장관이 1-2%가 안 되면 장관직에서 물러나야 한다고 이야기하자, 에스피 농무 장관이 처음 5년은 1-2%, 다음 5년은 2-4%면 장관직 유지할 수 있느냐고 말했다.[156]

WTO 농업협정 부속서 5에는 두 개의 부분(section), A와 B가 있는데, 그곳에 국가의 이름은 물론 품목도 언급되어 있지 않다. 그럼에도 그 규정이 만들어진 배경으로 A는 일본의 쌀 관세화 예외를, 그리고 B는 한국 쌀의

---

155) 1953년생이며 변호사이다. 1987년부터 1993년까지 미시시피 주 하원의원을 역임했고, 클린턴 대통령에 의해 농무장관으로 임명되었다. 미국 최초의 흑인 농무장관이다.
156) 허신행, 『UR와 한국의 미래』, 범우사, 1995, pp.106-107.

관세화 예외를 규정하고 있는 것으로 이해하고 있었다. 동시에 이 조항을 만들면서 일본이나 한국이 쌀 이외의 품목에 원용하거나, 두 나라 외의 다른 나라가 이 조항을 원용하는 것을 막기 위한 여러 가지 제약 조건들도 들어 있었다. 그러나 이것만으로 다른 나라가 이 조항을 원용하는 것을 완벽히 막기는 어려웠다. 한국의 쌀 조항을 필리핀은 쌀에, 이스라엘은 일본의 쌀 조항, 즉 부속서 5의 A를 전지분유, 치즈 및 양고기에 원용하여 관세화 예외 품목으로 했던 것이다.

한국에서는 2004년 쌀 관세화 유예 협상에서 이 조항의 해석을 둘러싸고 전문가들 사이에 논쟁이 일어났다. 소위 자동관세화 논쟁이다. 농업협정 부속서 5의 B, 8항에 있는 '관세화 유예를 계속할지 여부에 관한 협상은 마지막 연도에 시작하고 완료되어야 한다.'는 규정의 해석을 둘러싼 논쟁이었다. 당초 이 조항의 문안이 만들어지는 과정에서, 초기 문구에는 관세화 유예 연장 협상을 언제 시작해야 하는지에 대한 언급이 없었고, 언제까지 완료되어야 한다고만 명시되어 있었다. 이 경우 관세화 유예 연장 협상의 개시 시기가 유예 기간 어느 때나 가능하도록 해석되어, 먼저 만들어진 일본의 쌀을 규정한 첨부 5의 A에는 협상의 개시 시기와 완료 시기가 분명하게 되었던 것과 차이가 있었다. 이러한 차이를 해소하기 위해 첨부 5의 B도 관세화 유예 기간 연장 협상은 최종 연도에 협상을 개시하고 완료해야 하는 것으로 수정되었다.[157]

한국의 쌀 협상 결과는 2004년까지 최소시장 접근 물량을 1%에서 4%로 늘리도록 되어 있는데, 이는 일본의 절반 수준에 불과할 정도로 상당

---

157) 초안에 'shall be completed'로 되어 있던 것이 'shall be initiated and completed'로 수정되었다.

히 유리한 조건이었다. 한국 쌀에 대한 협상 결과의 다자화 과정에서 당시 농업 협상 그룹 드니 의장은 한국의 쌀 조항, 즉 부속서 5의 B에 '적절한 시장 접근 기회가 다른 농산물(other agricultural products)에서 제공되었다'라는 문구를 넣어야 한다고 했다. 일부 국가의 반발을 완화하고 부속서 5의 A와 차이를 어느 정도 해소할 필요가 있다는 것이 그 이유였다.

여기서 일부 국가는 일본이었다. 한국이 그것은 정치적 자살 행위가 될 수 있음을 이유로 강하게 반대하여, 최종적으로는 '농산물'(agricultural)이라는 단어만 삭제되어 현재의 규정[158]으로 확정되었다.

이 조항은 UR 협상의 마지막 과정에서 다른 국가의 반발을 무마하기 위해 들어간 문구이고, 이로 인해 추가적으로 양허한 것은 없었다. 설사 있었다 하더라도 그 이전에 별개로 이루어진 것이다. 농업협정 하에서 '적절한 기회가 다른 품목에서 제공되었다'는 문구가 일본쌀의 관세화 예외를 규정한 부속서 5의 A에는 없고, 한국 쌀의 관세화 예외를 규정한 부속서 5의 B에만 있는 것이다.

또한 부속서 5의 A의 관세화 유예 연장, 협상을 규정한 3항에 있는 'NTC요소를 고려하여(taking into account the factors of non-trade concerns)'라는 문구가 부속서 5의 B의 같은 조항인 8항에는 없다. 일본이 한국의 쌀 협상 결과를 받아들이면서 요구하여 들어간 문구이기 때문이다.

---

158) 농업협정 Annex 5 Section B. 7(b)는 이렇게 되어 있다. 'appropriate market access opportunities have been provided for in other products under this Agreement.

15개 NTC 품목

1990년 하반기에 UR 협상이 진행되면서 관세화의 예외 품목으로 어떤 것을 선정할지에 대한 국내 논의가 있었다. UR 협상 동향을 고려할 때 관세화 예외를 위한 NTC[159] 품목으로 소수의 품목에 한정해 선정하는 것이 보다 객관적이었다. 그러나 농업계와 정치권은 농업생산의 상당 부분을 차지하는 거의 모든 품목을 NTC 품목으로 선정해야 한다는 분위기였다. 이런 상황에서 관계부처 장관회의를 개최하여, 농업 생산액 순서로 9개를 NTC 품목으로 선정했다. 우리 농업이 나가야 할 방향을 상정하고 품목별 특성을 고려하여 선정하는 것이 바람직했으나, 농업 생산액 순위대로 NTC 품목이 선정되었다. 그러나 UR 협상에서 쌀 하나만 남고 모두 관세화, 즉 수입 자유화 품목이 되어버렸기 때문에, 어떻게 선정을 했든 결과적으로는 달라질 것이 없었다.

품목 수를 아무리 많이 해도 두 자리 숫자는 지나치다는 판단으로 9개로 한 것이었다. 9개 품목은 농업 생산액 순위로 1위부터 9위까지인 쌀, 보리, 고추, 마늘, 참깨, 쇠고기, 돼지고기, 닭고기, 우유 및 유제품이었다. 이들 품목의 우리 농업 생산액 비중으로 보면 국내 농업 생산액의 80% 이상이다 보니, 대외적으로는 한국은 아무것도 개방하지 않으려 한다는 비판을 받았고, 국내적으로는 누락된 품목을 재배하는 농민이나 지역으로부터도 불만이 터져 나왔다. 제주도에서는 감귤이, 농업여건이 열악한 강원도에서는 옥수수와 감자가 NTC 품목에서 제외된 데 대해 불만을 드

---

159) Non Trade Concerns

러냈다. 국내가격이 국제가격보다 워낙 비싸서 농업 생산액이 큰 참깨를 NTC 품목으로까지 보호할 필요가 있는가에 대한 의문도 당시 통상을 담당했던 실무자들 사이에서는 있었다. 왜냐하면 그 때는 가짜 참기름이 유통되고 식당에서 사용하는 참기름에 대한 불신이 적지 않은 상황이었다.

1990년 10월 중순 축협중앙회 강당에서 당시 중앙대 김성훈 교수의 주재로 농림수산부가 주관한 공청회가 열렸다. 공청회장에는 제주도에서 농민들이 올라와 감귤을 NTC로 하자는 플래카드를 걸어놓는 등, 여러 품목별 생산자 단체가 참석하여 각자의 주장을 폈다. 9개 NTC 품목도 당시 협상 동향으로는 너무 많은데, 지역 특화 작목인 옥수수, 감자, 고구마, 감귤, 양파와 재배 농가가 상대적으로 많은 콩 등 6개 품목이 더 추가되었다. 최종적으로 15개의 NTC 품목이 확정되어, 1990년 10월 30일 가트에 제출하게 되었다.

쌀만이라도 NTC에

15개의 NTC 품목, 즉 개방 유예 품목과 국가별 수입규제 및 보조금 현황 자료를 국별 리스트(country list)에 포함하여 제출하고, 3개월도 되지 않은 1991년 1월 초, 쌀 등 극히 일부 품목을 제외하고는 모두 철회해야 한다는 이야기가 나오기 시작했다. 그러자 당시 정치권은 농민의 요구를 담아 15개 전부를 NTC 품목으로 지킬 것을 정부에 요구했다. 이런 국내 상황은 제네바에서 전개되는 UR 협상 동향과 괴리가 너무 커서 협상을 담당하는 고위 관료들이 문제를 제기하고 나서기도 했으나, 이들의 주장은 곧 묻힐 수밖에 없었다.

당시 상공부 장관은 사실이 아니라고 부인했지만, 미국을 방문하는 동안 쌀 시장개방의 필요성을 언급했다는 보도가 나왔다. 동시에 1991년 4월 재외공관장 회의 참석차 일시 귀국한 제네바 대표부 대사가 NTC 품목을 소수로 줄이고, 쌀도 최소시장 접근의 개방이 불가피하다는 이야기를 했다는 보도도 있었다.[160] 이러한 보도에 대하여 당시 농림수산부는 있을 수 없는 일이라고 반발하고, 정치적으로 문제가 되자 며칠 후 긴급 장관회의를 개최하여, 쌀 시장개방 불가 입장을 재확인하기도 했다. 당시 여당인 민자당에서도 쌀을 비롯한 기본식량 품목의 개방 압력에 대처하는 협상의지가 부족하다며, 제네바 대사를 소환해야 한다는 주장까지 했다. 당시 농업통상 관료가 협상의 동향을 몰라서도 아니고 정치권도 마찬가지였을 것이다. 국내적으로 제네바에서 전개되는 협상의 동향을 수용할 수 있는 여건이 되지 못했던 것이다.

UR 협상이 1993년 12월 15일에 타결되었다. 우리 생산자 단체 대표들은 12월 초까지 제네바에서 삭발을 하고 혈서를 쓰면서, 격렬하게 쌀 시장개방에 대해 반대시위를 했다. 쌀 시장을 개방할 수밖에 없다는 이야기를 꺼낼 수가 없었던 정치적, 사회적 상황이 합리적인 의사결정을 어렵게 한 것을 부인할 수는 없다. 그러나 이런 절박한 심정이 어느 나라보다 유리한 쌀 시장개방 조건을 얻어낼 수 있는 동력이 된 것은 사실이다.

우루과이 수도인 몬테비데오에서 150km 정도 떨어진 조그만 해안도시 푼타델 에스테(Puntadel Este)에서 1986년 9월에 시작된 UR 협상은 8년이 지나 1993년 12월 제네바에서 끝났다. 다자 협상이 끝났으니, 남은 것은

---

160) 『매일경제신문』 1991년 4월 24일, 1면, '쌀 시장 3~5% 개방', 『경향신문』, 1991년 4월 24일, 3면, '쌀 연차적 개방 불가피', 『연합뉴스』 1991년 4월 24일.

협상에서 만들어진 원칙에 따라 우리나라를 포함한 각국이 이행 계획서 (country schedule)[161]를 작성해서 가트에 제출하는 것이었다. 당시 야당은 쌀을 제외한 나머지 14개 NTC 품목도 이행 계획서에 개방 계획을 적지 않고 쌀과 마찬가지로 빈칸으로 다시 제출해야 한다고 주장하기도 했다. 농업 협상의 결과는 잘해야 본전인데, 하물며 잘하기 어려운 농업 협상이 끝났으니, 국내적으로 그 후유증을 수습하는 일만 남았다.

쌀의 정치학, 기네스 기록

필자가 농림부에서 일하는 동안 상사였던 분이 '농업경제학은 정치경제학 또는 통치경제학'이라고 종종 이야기했다. UR이 타결되기 2년 전인 1992년 우리나라 경지 면적의 63.5%에서 쌀이 생산되고, 전체 농가의 85%가 쌀을 재배하고 있었고 쌀 생산액이 국민총생산(GNP)의 3.3%를 차지하고, 농업소득의 38%를 차지하고 있었다. 최근에는 쌀을 포함한 농업 생산액 전체가 국내총생산의 2% 수준이다.[162]

UR 협상 막바지에 치러진 대선에서 모든 후보는 쌀 시장개방을 막겠다고 공약했다. 그때 그것이 가능하다고 확신했거나 할 수 있다는 자신이 있어서라기보다는, 우리 국민의 정서가 쌀 시장을 개방하지 말라는 것이니, 그렇게 하겠다는 정치적 약속이었다. 우리 국민의 농업과 농촌에 대한 정서가 어느 나라보다 강해 이것이 쌀 시장개방 반대로 나타났다. 1991

---

161) UR에서 정해진 원칙에 따라 각국이 품목별 관세인하를 포함한 시장접근, 국내 보조 감축 등을 이행하기 위한 품목별, 정책별 상세 내용을 담은 WTO 의무 이행을 위한 계획서를 말한다.
162) 2011년 기준으로 GDP에서 농업 총생산액은 2% 수준이고, 쌀은 GDP에서 0.6%, 농업 총생산액의 20%이다.

년 11월 11일부터 12월 23일까지 42일간 농협이 벌인 '쌀 개방반대 범국민 서명 운동'으로 1천 3백만 명의 서명을 받았는데, 이것은 세계에서 가장 짧은 시간에 가장 많은 인원이 서명한 것으로 기네스북에 기록되었다. 이 기록은 오늘날처럼 인터넷이 있던 시절이 아니어서 모두 오프라인으로 서명을 받은 것이었다. 서명 원부는 농협에 영구 보관되어 있다. 당시 우리나라 인구가 4천 5백만 명이었으니, 인구의 30%가 서명한 것이다. 지금 온라인으로 서명을 받아도 그렇게 짧은 시간에 그렇게 많은 인원의 서명을 받는다는 것이 어렵지 않을까 싶다.

UR 협상이 한창 진행되던 1991년 말 쌀 시장개방에 대한 국민여론을 조사한 적이 있다.[163] 그 결과는 국민의 거의 전부인 91%가 쌀 시장개방에 반대하는 것으로 나타났다. 단지 0.5%만이 쌀 가격이 내려갈 수 있다는 이유로 찬성했고, 나머지 8%만이 부분적 자유화를 지지했다. 이런 상황에서 어느 정치인이 쌀 시장 개방을 받아들일 수 있었겠는가? 그때는 대선이라는 일정을 앞두고 있었다.

쌀 협상 결과의 수용과정

우리와 미국의 쌀 협상에 앞서 일본은 미국과 쌀 협상을 타결 지었다. 내용은 관세화를 유예하는 대신 최소시장 접근 물량을 4%에서 시작하여 이행 기간 동안 8%로 늘려가는 내용이다. 당시 관세화 유예를 할 수 있느냐 없느냐라는 관점에서 보면, 일본은 쌀의 개방 유예를 성공시킨 셈이다.

---

163) 『동아일보』, 1992년 1월 6일, 7면, '국민 91% 쌀 개방 안 된다'.

협상에서 일차적 관건은 관세화의 예외를 만들 수 있느냐 하는 것이었는데, 어쨌든 예외가 만들어졌다. 우리는 이를 이용하여 훨씬 유리한 협상 결과를 만들어냈다. 관세화 유예 기간 10년, 최소시장 접근 비율 1~4%로 합의한 내용은 일본이 앞서 미국과 합의한 '관세화 유예 기간 6년, 최소시장 접근 비율 4~8%에 비해 상당히 유리한 협상 결과였다. 그럼에도 우리의 후폭풍은 어떤 나라와도 비교할 수 없을 만큼 거셌다. 김영삼 대통령은 UR 협상이 타결되자마자 국무총리와 쌀 협상의 책임자인 농림부 장관을 경질하고 UR 협상 결과를 수습하고자 했으나 그렇게 되지 못했다.

1994년 3월 말 UR 이행 계획서(country schedule) 수정 파문으로 극심한 국내외 비난을 받아야 했다. 한국은 UR 협상에서 쌀을 빼고 나머지 농산물 전체를 통틀어 평균 24%의 관세를 인하하도록 돼 있었다. 그러나 이행 계획서를 제출하기 위해 확인해보니, 2.7% 포인트 더 내린 것으로 나타났고, 정부가 이를 24%로 수정하여 GATT 사무국에 제출했다. 이는 이행 계획서를 작성하면서 개도국의 최소 의무 감축률인 24%로 만들어 제출했으나, 미국과의 양자협의 과정에서 추가적인 관세인하 약속을 이행 계획서에 반영하고, 감축률을 제시하지 않았던 14개 NTC 품목도 관세감축에 넣자 감축률이 올라간 것이었다. 당시 우리나라는 개도국으로 24%만 감축하면 되는데, 이보다 더 많이 감축한 것에 대한 비판을 의식해서 이미 제출했던 품목별 관세감축 계획을 24%로 맞추기 위해 수정했던 것이다. 품목별 최소 감축률 10%는 지키다 보니 소수의 품목만 수정해서는 24%를 맞추기가 어려웠다. 적지 않은 품목의 관세인하 계획이 달라지고 이것이 결과적으로 파문을 키우게 된 것이었다. 이 품목들의 관세인상은 경제적으로는 의미가 거의 없었다.

미국은 우리가 이행 계획서를 가트에 공식적으로 제출하기 전에 비공식 협의를 서울이 어려우면 제3국에서라도 갖자고 요청했는데, 우리가 모두 거절했다. 이것이 미국을 상당히 화나게 만들었고, 적어도 문제를 최소화할 수 있는 기회를 상실하고 제네바 차원에서 미국을 중심으로 우리의 이행 계획서에 대한 문제가 본격적으로 공론화된 계기가 되었다. 결과적으로 관세인하 계획을 수정했던 모든 품목은 원래대로 되돌려졌다. 한편 미국은 우리의 관세감축률이 개도국이 누릴 수 있는 최대한의 혜택을 누렸다고, 감축을 더해야 할 것이라는 주장도 했다.[164]

UR 협상이 진행되는 과정에서 두 차례의 이행 계획서를 작성하여 제출한 바 있었다. 1992년 4월과 1993년 12월이다. 이행 계획서에는 품목별 관세인하 계획이 들어 있었다. UR에서는 이행 계획 자료를 'D-Base'라는 프로그램을 사용해 전산 데이터로 작성해서, 1.44메가바이트 디스켓으로 제출했다. 그 디스켓을 컴퓨터에 넣고 프로그램을 구동하면 어떤 품목이 어떻게 달라졌고 제대로 작성되었는지 여부를 쉽게 확인할 수 있었다. 우리의 이행 계획서가 그 이전에 제출한 것과 많은 품목에서 달라져 있었다. 이로 인해 우리나라의 이행 계획서는 가트 사무국 주관으로 다자 검증에 앞서 미국, EU, 일본, 호주, 뉴질랜드, 태국 등 주요국과 20여 회에 걸친, 검증과 협의 과정을 가져야 했고 국내적으로도 우리 사회에 큰 파문을 일으켰다. 야당이나 재야의 이행 계획서 수정 요구에 당시 정부 여당은 한 글자 한 획도 고칠 수 없다고 하고서는, 결과적으로 정부가 상당한 수정을 한 것이 드러났기 때문이었다. 이를 수습하고자 당시 이회창 총리 주재로

---

164) 『연합뉴스』, 1994년 3월 18일, 'UR 이행 계획서에 강력한 이의 제기'.

총리공관에서 긴급회의가 소집됐고, 공산품 분야에서도 일부 수정한 사실이 드러났다. 이 총리는 1994년 4월 5일 "추후에 보완 조정한 품목은 지난해 12월 협상 타결 때 미리 포함시켜 명확하게 확정하지 못하는 등 미흡한 점이 있었다."라고 시인했다. 재협상 변경 불가 방침과 배치되는 것으로 비치게 된 것은 정부의 잘못[165]이라는 요지의 대국민 담화를 발표하고 국민에게 사과했다.

UR 협상이 끝나고 쌀 시장개방을 포함한 협상 결과가 나왔을 때, 당시 농림수산부 장관과 총리가 물러났다. 그 이후 새로 임명된 장관은 이행 계획서 파동으로 3개월 만에 물러나고 총리도 사의를 표명했다.[166] 농산물 다자 협상의 결과를 국내적으로 수용하는 과정이 아무리 정치적 과정이라 하더라도, 두 명의 농업 장관과 총리가 물러나는 나라는 한국을 제외하고는 어느 나라에서도 찾아볼 수 없는 현상이다. 한국의 특수한 정치, 사회적 상황을 잘 대변해주는 사건이었다.

세밀한 판단이 필요하다

우리가 이행 계획서를 제출하고 나서 일본 등 다른 나라가 제출한 이행 계획서를 보니, 국영무역도 있고 종량세도 들어 있었다. UR 협상 과정에서 몇 차례 이행 계획서 제출 과정이 있었음에도, 기존에 있었던 것을 제외하고는 추가해서는 안 되는 것으로 소극적으로 해석했던 것이다. 당시 언론에는 관계자의 말을 인용하여 "당연히 인정되는 것으로 언제든지 할 수

---

165) 「동아일보」, 1994년 4월 6일, 1면, 「UR 이행서」 사과'.
166) 정두언, 『최고의 총리 최악의 총리, 이회창 총리 사표 파동의 전말』, 나비의 활주로, p.178.

있는 것이기 때문에 거론하지 않았던 것"이라고 보도 되었다.167) 중간에 국영무역을 통보해도 되고 양허표 수정을 통해 종량세를 매겨도 된다. 그러나 라운드가 진행되는 동안에 있는 이행 계획서 작성 단계에서 하지 않고 나중에 새로이 추가한다는 것이 가능은 하지만 쉬운 일은 아니다. 절차도 복잡하고 보상이라는 비용도 수반될 수 있기 때문이다. 물론 그 당시 우리가 이행 계획서를 수정하지 않았다면 그러한 파문은 없었을지 모르나, 국영무역이나 종량세를 반영하는 실익을 챙기지는 못했을 것이다. 미리 대처했다면 실익도 챙기고 조용히 넘어갔을 일이 나중에서야 대처했기 때문에 발생한 통상 문제의 전형적인 유형이다.

1994년 3월 20일 농산물 이행 계획서 검증을 위한 미국과 양자 협의에서, 우리가 수정 제출한 이행 계획서에는 그 이전 이행 계획서에서 종량세를 병기한 13개 품목을 포함하여 97개로 확대했으나, 파인애플, 바나나, 키위 등 34개 품목은 제외하고 63개 품목에만 종량세를 병기하기로 조정되었다.168) 국영무역은 118개에서 97개로, 관세를 올려서 자유화한 실링바인딩은 102개에서 71개로 줄였다. 그리고 1992년에 제출했던 국별 현황자료(country list)보다 관세율을 인상한 354개 품목은 모두 원래대로 되돌렸다. 미국과 양자 검증이 먼저 끝나고 1994년 3월 25일 개최된 다자간 검증회의에서 우리나라 이행 계획서에 대한 검증이 완료되었다. 언론은 "한국이 이런 양보를 강요당한 것은 미국이 강대국이었기 때문만은 아니었다. 정부에 능력있는 협상전문가가 있고 양자 협상에 체계적으로 대응했다면 수모

---

167) 『한겨레신문』, 1994년 3월 29일, 1면, 'UR 수정, 장·차관도 몰랐다'.
168) 종량과 종가가 병기된 경우 우리는 세율이 큰 것을 적용(whichever is greater)한다고 명기했다.

를 덜 당할 수도 있었다."[169]라는 비판을 했다.

DDA 협상과 쌀

2004년 쌀 관세화 유예를 위한 재협상을 할 때 일각에서 UR 이후 시작된 다자 협상인 DDA 협상이 2004년을 넘어 진행되고 있음을 이유로, 쌀 재협상의 시한도 똑같이 연장된 것이라는 주장이 어느 통상법 전문가에 의해 제기되었다. 이는 근본적 상황의 변경[170]에 해당하며, 한국의 쌀 협상은 도하 협상의 한 부분이므로 '일괄 타결'의 원칙[171]이 적용되어야 한다. 그런데 도하 협상 결과가 나오지 않았기 때문에 한국의 쌀 협상만 먼저 타결되어야 할 이유가 없다는 것이다. 왜냐하면 우리의 상대국이 성실하게 협상에 응하지 않는 경우, 우리는 아무리 노력해도 2004년까지 협상을 완료하고 타결할 수 없다. 그래서 한국이 성실히 협상의 틀을 만들어 협상을 하고 있는 한 단지 시한, 즉 2004년 12월 31일이 경과되었다는 이유만으로 관세화가 된다는 논리는 올바른 해석이 아니라는 주장이다.[172]

당시 이러한 논쟁이 발생하자 농림부의 지시로 필자가 제네바 대표부에서 농무관으로 근무할 때 WTO 농업국 및 법률국의 관계자와 제네바 소

---

169) 『한겨레신문』, 1994년 3월 27일, 7면, 경제프리즘, '미국에 농락당한 UR 비밀 협약'.
170) 'fundamental changes in circumstance'를 말한다. 협정을 체결할 당시 존재하지 않아 예측할 수 없었던 상황이 체결된 협정에 중대한 영향을 미치는 경우, 당시 체결된 협정의 무효를 주장할 수 있는 권리이다.
171) 'single undertaking'을 번역한 말이다. UR이나 DDA 협상과 같은 다자 통상 협상에서 협상에 참여한 국가들이 협정문 및 부속 문서를 전체적으로 수락하거나 거부해야 하는 것으로, 일부 수락이나 일부 유보를 할 수 없다는 원칙을 말한다.
172) 송기호, 『WTO 시대의 농업통상법』, 개마고원, 2004, pp.112-118.

재 법률회사의 자문을 받은 바 있다. 이들의 공통된 견해는 모두 한국이 2005년 1월 1일이 지나 특별 대우가 계속되지 않는다면, 쌀은 당연히 농업협정 부속서에 규정된 계산 방식을 사용하여 관세화되어야 한다는 의견이었다. 농업협정 부속서 5의 B에 있는 9항[173]은 한국에게는 관세화 유예를 연장할 수 있는 권리를 부여함과 동시에, 상대국에게는 한국에 대해 양허를 요구할 권리를 부여하는 것이다. 여기서 상대국들의 요구 수준이 합리적이어야 할 어떠한 의무가 있는 것은 아니라는 것이다. 또한 농업협정에는 DDA 협상이 2004년까지 완료되는 것을 상정했다고 볼 어떠한 이유도 없다는 것이다. 더욱이 농업협정 20조에 의한 협상의 부분이라고 규정하여 차기 다자 협상, 즉 DDA와 연계된 것으로 볼 여지가 조금이라도 있는 먼저 만들어진 첨부 5의 A, 3항과도 다르게[174] 규정되어 있다는 것이다. 그리고 DDA 협상이 진행되고 있어 협상의 결과를 알 수 없다는 점이 설사 근본적 상황의 변경에 해당된다고 보더라도, WTO 협정의 어느 한 가지 의무만을 거부하는 근거가 될 수는 없다는 것이다.

2004년 12월 31일까지 합의가 안 되고 협상이 연장된 것으로 해석될 만한 명시적 사유가 없는 경우, 또는 관세화 의무 이행의 면제[175]와 같은 조치가 없는 한, 농업 협정상의 관세화를 규정한 4조2항이 적용되어야 한다는 의미로 해석하는 것이 내용적으로나 자구적으로 올바른 해석이다. 다

---

173) If it is agreed as a result of the negotiation referred to in paragraph 8 that a Member may continue to apply the special treatment, such Member shall confer additional and acceptable concessions as determined in that negotiation.
174) 'Any negotiation… shall be completed… as a part of the negotiation set out in Article 20 of this Agreement….'라고 되어 있는데, 이 문구의 후반부, 즉 as part of 이하가 우리의 쌀을 규정한 첨부 5의 B의 8항에는 없다.
175) 마라케쉬 협정 제4조 3항에서 각료회의는 회원국 3분의 2 찬성으로 특정 국가의 WTO 규정에서 부여하고 있는 의무의 이행을 면제할 수 있도록 되어 있다. 이를 의무면제(waiver) 조항이라고 부른다.

만 자동 관세화라는 용어 자체는 복잡한 의미를 지나치게 단순화한 표현으로, 정확한 의미를 전달하는 데는 한계가 있었다.

관세화 유예 협상의 시한

2004년에 들어서자마자 우리는 쌀 관세화 유예 협상을 시작하는 문서를 WTO에 발송했고, 연초 휴가 기간을 지나 2004년 1월 20일자로 WTO 회원국에 문서[176]가 회람되었다. 이해 당사국에 의견 제시 기간으로 부여한 90일 동안 미국, 중국, 태국, 호주, 아르헨티나, 인도, 이집트, 파키스탄, 캐나다 등 9개국이 이해 당사국으로 통보해왔다. 그때부터 이들 국가와 약 1년 반에 걸친 긴 협상이 진행되었다.

일본은 우리와 같은 품목인 쌀을 1999년 4월에, 이스라엘은 치즈, 양고기, 전지분유를 2001년 관세화로 전환했다. 대만도 WTO 가입 당시는 쌀을 관세화 유예로 갔다가 2003년 1월 1일에 관세화로 전환했다. 한국이 관세화 유예 협상을 한 2004년에 관세화 유예 국가는 한국과 필리핀 두 나라뿐이었고, 품목은 두 나라 모두 쌀이었다. 농업협정 부속서 5의 B, 8항에는 "관세화 유예를 계속할지 여부는 이행 10년차 이후에 시작되고 10년차 기간 내, 즉 2004년에 협상을 시작해서 완료되어야[177]" 한다고 명시되어 있다.

여기서 완료의 의미는 무엇인가? 협상만 끝내면 되는 것인가? 아니면 협상을 끝내고 회원국의 검증 과정까지도 끝내야 한다는 의미인가? 완료의

---

176) 본서 부록 5. '2004년 쌀 재협상 시작 통보문' 참조.
177) 'completed'를 '종료'로 번역하기도 하나 이 책에서는 '완료'로 번역하고 있다.

의미와 관련해서는 WTO 농업국의 관계자 간에도 의견이 서로 달랐다. 협상의 모든 절차가 완료되어야 한다는 의견과 협상만 끝나고 검증 절차는 다음해에 진행해도 된다는 의견이었다. 전자는 당시 농업국장의 견해이고, 후자는 당시 농업국 수석 참사관의 견해였다. 후자의 의미는 원칙적으로는 2004년 중에 끝나야 하지만, 검증 절차가 다음 해로 넘어가더라도 문제가 되지는 않을 것으로 본다는 뜻이기도 했다. 처음에 우리는 검증에 소요되는 90일간의 기간을 포함하여 2004년까지 마친다는 계획으로 진행했었다. 그러나 협상이 당초 일정보다 늦어져 2004년 12월 30일에 WTO에 협상 결과에 따른 양허표 수정안[178]을 통보했기 때문에, 검증 절차는 다음 해에 진행하는 일정이 되었다.

협상요청 문서의 전달 방식

2004년 1월 20일자로 한국은 쌀의 관세화 유예 의사를 WTO에 통보하고 이해관계가 있는 국가와 협상할 의사가 있다는 문서를 WTO 전 회원국에 회람했다.[179]

WTO에서 이해 관계자는 일반적으로 폭넓게 인정되고 있기 때문에 해당 품목을 생산하거나 수출하지 않아도 종종 이해 관계자가 되기도 한다. 이를 '제도적 이해'(systemic interest) 관계라고 부른다. 즉 쌀 자체에는 이해

---

178) 본서 부록 6. '2004년 쌀 재협상 결과 통보문' 참조.
179) 본서 부록 5. '2004년 쌀 재협상 시작 통보문' G/AG/W/62, G/L/668, 2005년 1월 20일, 'Notification of Initiating the Negotiations set out in Section B of Annex 5 of the Agreement on Agriculture. 'G'는 Goods(상품), 'AG'는 농업위원회, WTO사무국으로는 농업국 소관이 되고 'W'는 Working Paper, 'L'은 Letter를 말하며 한국대표부가 서신 형식으로 WTO에 보낸 문서라는 의미이다.

관계가 없지만 WTO 원칙인 관세화 예외의 지속 여부에 이해관계가 있다고 주장하면 이를 배척하기는 어렵다. 일반적으로 양허 재협상을 하는 경우 해당 품목의 이해 관계자는 그 나라 수입량에서 차지하는 비중이 10% 이상이 되어야 실질적 이해(substantial interest)가 있다고 할 수 있다. 그런데 한국의 쌀 관세화 유예 연장 건은 UR에서 만들어진 관세화 원칙에 대한 예외적 조치의 연장 여부를 논의하는 것으로, WTO 제도적 사항과 관련성이 있다. 이런 연유로 특히 캐나다는 쌀을 생산하고 있지 않기 때문에 품목으로는 이해관계가 있을 수 없는데도 이해관계가 있는 국가의 하나로 협상을 했다. 그러나 2014년에는 2004년의 경우와는 달리 농업협정의 원칙, 즉 관세화로 가는 것이기 때문에 관세화 시 이해 당사국으로 통보를 해도 그러한 요구를 들어주어야 할 이유가 없다.

우리는 9개국으로부터 양자협의 요청을 받았는데, 양자협의를 요청하는 서한을 우리 측에 전달하는 방식이 무척이나 다양했다. 우리가 WTO 회원국에 부여한 기간은 90일간으로 2004년 1월 20일부터 문서가 회람되었으니, 4월 20일이 시한이 된다. 가장 먼저 협상 의사를 통보한 국가는 3월 24일 호주였다. 이후 아르헨티나, 태국, 중국이 통보했다. 미국, 이집트, 인도, 캐나다, 파키스탄은 모두 시한 하루 전인 4월 19일자 서신으로 통보했다. 중국은 농업을 담당하는 1등 서기관이 제네바 대표부의 농무관이었던 필자 앞으로 서신을 발송했고, 어떤 국가는 그 나라 대사가 우리나라 대사 앞으로 서신을 발송했다. 캐나다의 경우는 우리 대표부 건물 앞에 주차돼 있던 대사 차량에 윈도우 실드(shield)를 이용하여 서신을 꽂아 놓아, 대사가 퇴근하면서 차를 타려다 발견하기도 했다. 서신에 적힌 날짜는 4월 19일로 되어 있으나, 실제로 전달한 날짜는 시한인 20일을 하루 넘겼다. 파키스탄도 서신의 날짜는 4월 19일이었으나 이틀이 경과한 21일에 접수되었다. 하루나 이틀이 지나 접수된 양자협의 요청 서신의 효력을 어떻게 처리해야 하는가 하는 문제가 생겼다. 우리로서는 양자협의 요청 국가를 최소화하는 것이 유리했다. 이들 두 나라의 양자협의 요청 서한을 접수기한 경과를 이유로 거부해버리면 어떨까 하는 생각도 했었다.

쌀 관세화 협상 절차는 전례가 없어서 우리가 이해 관계자들과 절차를 만들어가면서 진행했었다. 우리가 이들 국가와 협의를 거부하더라도 나중에 양허표 수정안이 검증이라는 과정을 반드시 거쳐야 하는데, 거기서 시비를 걸면 그것도 좋을 것이 없다는 판단도 했다. WTO 사무국의 볼터 농업국장을 만나 이 문제에 대해 의견을 들어보았다. 농업국장은 고민도 없이 한 마디로, 이 문제에 대해 한국은 관대해야 한다는 것이었다.[180]

관세화 유예 협상의 시작

우리와 양자 협상을 원한다고 통보한 9개국과 협상을 하고 모두와 합의해야 한다. 협상은 2004년 5월부터 시작되었다. 첫 번째 협상은 미국이었으며, 2004년 5월 6일에 제네바에서 있었다. 처음이다 보니 협상이라기보다는 탐색하는 정도의 협의였다. 당시 정부 입장은 관세화 유예를 10년 연장한다는 방침이었다. 협상에서 드러난 쟁점은 유예 기간이 몇 년이고, 그 대가로 최소시장 접근 물량을 얼마나 늘려줄 것인지로 모아졌다.

우선 관세화 유예 기간으로 협상 초기에는 호주를 제외하고는 거의 모

---

180) 농업국장의 말은 'You should be gentle.'이었다.

든 국가가 10년은 너무 길다는 입장이었다. 호주만 10년 후 최소시장 접근을 2004년보다 두 배의 물량으로 하고, 자국의 쌀에 대해 매년 4만 톤의 시장접근을 보장해달라고 요구했다. 이후 협상은 유예 기간과 최소시장 접근 물량이 패키지가 되어 논의되었다. 즉 관세화 유예 기간이 길면 그에 상응하여 최소시장 접근 물량도 늘어나야 한다는 식이었다. 유예 기간을 1년만 우선 연장하고 매년 연장 여부를 협의하자는 주장에서부터, 우선 5년만 연장하고 5년차에 다음 5년 추가연장 여부를 결정하자는 주장도 나왔다. 전자는 태국의 주장이었고, 후자는 미국의 주장이었다.

협상을 시작한 지 4개월이 지난 2004년 9월경에는 대체로 10년의 유예 기간에 대해서는 의견이 모아지고 있었으나, 5년차에 중간 점검이 있어야 한다는 의견이 다수국가의 입장이었다. 다만 중간 점검의 성격이 다음 5년의 유예 여부까지 결정하는 것인지와, 중간 점검을 어떤 방식으로 할 것인가에 대한 논의가 있었다. 동시에 최소시장 접근 물량을 얼마로 할 것인가도 그 즈음 본격적으로 논의되기 시작했다. 즉 2004년 9월 말부터 10월까지 협상에서 10년의 관세화 유예 기간 동안 그 대가로, 최소시장 접근 물량을 2004년의 두 배 수준인 수요량의 8%로 늘릴 것을 거의 모든 국가가 요구했다. 다만 중국이 7.96%로 입장을 제시하자 미국을 비롯한 나머지 국가도 이를 수용하여, 10년 관세화 유예 기간에 최소시장 접근 물량 7.96%로 협상 시한이 채 한 달도 남지 않은 시점에서 정해졌다.

기간과 물량이 정해졌다고 이것으로 협상의 모든 것이 끝난 것이 아니다. 그때부터가 시작일 뿐이었다. 각국은 자국의 이익을 최대한 반영하는 안을 제각각 들고 나왔다. 그들의 요구를 어느 수준에서 어떻게 수용해야 하는지와 같은 더 어려운 문제가 남게 되었다. 미국은 처음부터 시장 점유율 보장을 최우선 순위로 두고 있었다. 이 부분에 대한 한국 정부의 확실한 약속이 없이는 합의가 불가하다는 입장을 일관되게 견지했다. 태국은 속칭 안남미라고 하는 장립종에서 경쟁력이 있었다. 그런 연유로 수입량의 1/3 이상을 장립종으로 할 것을 요구했다. 호주는 계절적으로 생산 시기가 다르다는 이유로 우리가 먹고 있는 쌀과 유사한 중단립종의 입찰 시기를 5월 이전으로 할 것을 요청했다. 중국은 과거 자국의 시장 점유율이 높았기 때문에 단립종 및 장립종 수입 비율이 계속 유지되어야 한다는 주장을 했다. 미국은 기존의 최소시장 접근 물량에서 미국의 시장 점유율을 보장하고, 더 나아가 유예 기간 동안 미국 쌀의 시장 점유율을 2014년을 기준으로 31%는 되어야 한다는 요구도 했다. 이는 2005년 28%였기 때문에 점유율이 매년 0.3%씩 늘어난다는 의미였다.

  이러한 논의 과정에서 2004년까지의 최소시장 접근 물량은 당시까지의 시장 점유율을 기준으로 양허표에 국별 쿼터(CSQ, Country Specific Quota)로 명기했다. 그리고 2005년부터 2014년까지 늘어나는 최소시장 접근 물량은 글로벌 쿼터로 명기하는 방식으로 합의가 이루어졌다. 미국은 글로벌 쿼터에 대한 시장 점유율을 한국 정부가 보장하라는 요구를 했다. 처음에는 이를 서면으로 보장해줄 것을 요구했으나, 우리가 거부했다. 미국에 대해 '지금까지 실적을 볼 때 한국 시장에서 미국 쌀의 시장 점유율이 크게 줄어들 이유가 확신은 아니지만 없을 것'으로 본다는 정도의 문구를 외교 채널을 통해 미국에 구두로 전달하는 선에서 마무리되었다.[181] 주요국들

---

181) 농림부, 2007년 4월, 『쌀 협상백서』, p.82, 'We take note of your request. We will make a good faith effort to implement your request. It falls short of an assurance. However, there is no reason to believe that in view of the recent US performance, the US market share will substantially decrease during the implementation period.'

과 합의가 되자 남은 나라는 쌀과 관련하여 이집트와 인도, 그리고 쌀이 아닌 문제와 관련하여 아르헨티나, 캐나다가 남아 있었다. 쌀 문제에서는 합의가 되었지만, 검역 문제와 관련해서 중국과의 협상이 진행되었다.

쌀 협상의 부가 합의와 국회 청문회

쌀 관세화 유예 협상이 끝나자 국회 청문회가 시작되었다. 이 과정도 UR 협상이 끝나고 나타난 현상과 크게 다르지 않았다. 당시 농림부 장관은 정치적 책임을 지고 물러났다. 협상을 잘했느냐 못 했느냐에 따른 것이 아니고, 커다란 농업협상이 끝난 후 뒤따르기 마련인 사회적 현안을 정리해 나가는 정치적 과정이었다.

한국의 쌀에 대해 여러 나라가 자국의 이익을 챙기려는 것은 어찌 보면 너무나 당연하다. 한국한테 쌀이 민감한 품목이라는 것을 WTO 회원국이면 모두가 알고 있다. 또 한국의 교역 규모가 적은 것도 아니다. 뭔가 챙길 것이 있다는 생각을 하는 것은 당연하다. 캐나다는 오랜 숙원이었던 유채유와 사료용 보리의 관세율 인하를 들고 나왔고, 이집트는 자국의 쌀을 원조용으로 구입할 것을 요구했다. 중국은 쌀 이외에 사과, 배 등 식물검역 현안과 조정관세[182]의 세율 인하와 품목 축소를 요구했다. 아르헨티나도 동물과 식물의 검역 문제의 해결을 위한 합의를 요구해옴에 따라 양국 검

---

[182] 조정관세는 WTO에 양허한 세율 범위에서 현행의 세율을 인상하는 것을 말한다. 대부분 중국산 농산물이나 임산물이 대상이 되었으며, 중국은 여러 경로로 축소나 폐지를 요구해왔다. 종종 민어, 도미 같은 활어 등 일본으로부터 주로 들어오는 수산물에도 조정관세를 부과한 적이 있으나, 일본도 불만을 표시한 적이 있다.

역 당국 간 별도의 합의[183]가 있었다. 쌀 재협상 결과인 관세화 유예를 발표하면서 신속히 수입 위험 평가를 진행하기로 중국과 합의한 '양벚, 사과, 배, 여지, 롱간' 5개 품목을 줄여서 '양벚 등'으로 발표했다. 이것이 의도적으로 사과와 배 등 민감한 것을 축소한 것이라는 언론의 비판을 받아야 했다. 그리고 쌀 관세화 유예 협상 과정에서 이른바 이면합의가 있었는지를 밝히기 위한 국회 청문회가 열렸다. 부가 합의의 성격에 대한 논쟁이 있었다.

쌀 관세화 유예 협상의 마지막 국가

쌀 협상을 진행하는 과정에서 내용을 결정하는 중요한 상대국은 미국과 중국이었으나 마지막은 인도였다. 필자는 2004년 12월 30일 목요일 아침, 제네바 대표부에서 쌀 관세화 유예를 위한 양허표 수정안을 WTO에 통보하기 위한 마지막 준비를 하고 있었다. 그날 오전 11시경 제네바 인도 대표부의 농무관이 전화를 걸어왔다. 그는 한국이 그날 양허표 수정안을 WTO에 통보할 것인지를 문의했다. 오늘 중 WTO에 통보 예정이라고 대답하자, 인도는 한국의 양허표 수정안에 이의가 있다는 사실을 WTO에 통보하겠다는 것이었다. 2004년이 끝나기 전에 인도가 이의가 있다는 사실을 WTO에 통보하지 않으면 자국의 권리를 확보하는 데 문제가 있다는 것이었다. 인도 농무관에게 한국이 양허표 수정을 통보한 이후에도 90일간의 검증 기간이 있으니, 문제가 있으면 그 기간을 활용할 것을 요청했다.

---

[183] 아르헨티나 동식물 검역 당국과 당시 우리나라 국립식물검역소와 수의과학검역원장 간 서명한 합의문으로 위험평가 절차를 진행하겠다는 내용이다.

쌀 재협상 결과에 대한 WTO 통보 시한이 임박한 2004년 12월 30일에 인도가 문제를 제기하면 한국의 쌀 협상은 농업협정에 따라 2004년까지 완료되어야 하는데 끝나지 않았다는 의미가 된다. 농업협정에서 정한 협상 완료 시한을 지키지 못하게 되는 것이다. 그래서 다시 전화로 인도 농무관에게 검증 기간에 이의를 제기해도 충분하니, 이의 신청을 하지 말 것을 재차 요청했으나, 본국의 지시를 받았기 때문에 어쩔 수 없다는 답변이었다. 그러면서 나중에 인도와 합의가 되면 법률적으로 문제가 없도록 방안을 강구하겠다고 했다. 이 방안은 2005년 초 한국과 인도가 합의하는 시점에 인도가 WTO 사무국에 2004년 12월 31일에 비공개(restricted)로 발송한 문서를 철회하여, 법적으로 2004년에 합의한 것으로 한다는 것이었다. 그러한 상황을 피하고 싶었지만 어쩔 수 없이 인도의 의도대로 전개되었다.

그때부터 서울, 제네바, 뉴델리가 연계되어 돌아가는 상황이 되었다. 그런데 그때가 연말연시 휴가 기간이었다. 통상교섭 본부장은 서울 시간 2004년 12월 31일 오후 1시경, 인도 시간으로는 아침 8시경 인도의 통상 장관에게 전화를 했다. 앞으로 있게 되는 3개월의 검증 기간 동안 언제든지 가능하니, 이의 통보를 자제해줄 것을 요청하는 전화였다. 양국 통상 장관은 내년, 즉 2005년 1월 3일에 다시 전화 통화를 갖기로 합의하고, 그때까지는 한국의 WTO 통보안에 이의를 제기하지 않기로 했다는 것이다.

2004년 12월 31일 아침에 제네바 대표부에 출근하니 한국과 인도 통상 장관 간 전화 통화 내용을 알려주는 문서가 전문으로 전달되어 있었다. 그런데 제네바의 상황은 서울에서 내려온 전문의 내용과 달랐다. 제네바 인도 대표부의 농무관은 본국으로부터 그러한 지시를 받은 바 없다는 것이었다. 그리고 인도 농무관 이야기는 조금 후 뉴델리에 있는 한국대사관 측과 인도 통상부 간 협의가 시작될 예정이며, 그 결과에 따라 본국으로부터 내려올 지시를 기다리고 있다는 것이었다. 그때 인도 농무관의 얘기처럼 인도에 있는 한국 대사와 인도 WTO 담당 차관보 간 협의가 시작되고 있었다.

주 제네바 인도 대표부의 농무관은 그날 오후 2시경 필자에게 전화로, 본국으로부터 지시를 받았다고 하며 한국과 합의되지 않았다는 내용의 서신을 곧 WTO에 제출할 것이라고 알려왔다. 인도는 2004년 12월 31일 '한국의 쌀 협상 결과 통보문에 이의가 있다'는 요지의 서신을 비공개 문서로 WTO에 통보했다. 우리의 쌀 양허표 수정안은 이보다 하루 빠른 12월 30일에 WTO 사무국에 이미 전달되었다.

2004년 초는 WTO 사무국이 휴가 기간이라서 사전에 12월 31일까지 접수만 되면 2004년 중 통보한 것이 되고, 문서는 2005년 1월 초에 회람이 된다는 사실을 확인해둔 바 있었다. 2015년 1월에 인도와 협의를 시작하여 제네바와 뉴델리에서 수차례 협의를 거쳐, 2005년 3월 29일에 합의가 이루어졌다. 이 과정에서 인도는 1차 협상에서 25만 톤의 쌀 구매를 요구했고, 우리는 2만 톤의 구매를 제안했다. 그러자 인도는 12만 5천 톤으로 낮추어 요구하기는 했으나, 여전히 받아들일 수 없는 많은 양이었다. 그러면서 한국이 이를 받아들이지 않으면 2차 회의를 거부하고, 한국의 쌀 관세화 유예 연장의 양허표 수정안에 대해 시장접근위원회 회의에서 문제를 제기할 것이라고 하면서 한국을 압박해왔다.

인도와 우리가 매년 9천 톤의 쌀을 구매하기로 하고, 그 외에 향미(香味)인 바스마티 쌀 3천 톤을 추가로 구매하는 내용으로 합의를 했다. 얼마

후 인도는 WTO 사무국에 2004년 12월 31일 제출했던 한국의 쌀 관세화 내용에 대한 유보를 공식적으로 철회했다. 그리고 얼마 되지 않아 WTO 사무총장은 2005년 4월 13일자로 양허표 수정 확인서를 발부했다.

2015년 1월 1일 관세화

2005년부터 관세화 유예를 연장하여 2014년까지 갈 수 있는데, 2014년 이전에 관세화하는 것을 '중도 관세화'라고 한다. 중도 관세화가 유리한지, 유리하다면 언제가 좋은지에 대한 선택의 문제가 2009년부터 본격적으로 거론되기 시작했다. 실제로 중도 관세화를 추진하기에는 농민 단체와의 합의가 성숙되지 못했고 또한 한미 FTA 비준에 미치는 영향 등 여러 가지 이유로 중단되었다.

2004년 관세화 유예를 하고 몇 년이 지나자 쌀의 국제가격이 올라가, 관세화를 하더라도 수입될 가능성은 적었다. 관세화 유예를 지속하면 그 기간 동안 최소시장 접근 물량이 매년 2만 톤씩 늘어나고, 한번 늘어난 최소시장 접근 물량은 계속 유지된다. 그래서 관세화를 통해 의무적으로 수입해야 하는 시장접근 물량을 조금이라도 줄이는 것이 옳다는 주장이 나왔다. 한편 DDA 협상의 윤곽이 드러나지 않은 상황에서 만약 협상 결과 관세 상한이 설정될 경우, 쌀에 매우 불리한 상황이 될 수 있다는 우려도 동시에 제기되었다.

지금부터 5~6년 전 거론되었던 쌀의 중도 관세화는 이제 의미가 없어졌고, 2015년 1월 1일자로 관세화만 남았다. 누군가는 관세화 유예를 다시 하지 못한다는 규정이 없기 때문에 협상하면 가능하다고 주장할 수도 있다. 물론 WTO 규정에 하지 말라는 것이 없으면 할 수 있고, 하지 말라는 규정이 있더라도 그 규정을 협상에 의해 고치면 할 수는 있다. 그러나 한국의 쌀을 두고 할 수 있는 이야기는 아니다.

현재의 WTO 농업협정에서 쌀은 관세화 유예를 받았던 10년차에 협상을 시작하고 종료되어야 한다고 규정되어 있다. 여기서 10년차는 2004년 뿐이다. 특별 대우는 한 번의 협상과 한 번의 양허를 제공하는 것으로 해석하는 것이 옳다. 그렇지 않다면 2004년에 만들어진 양허의 내용이 지속되는 것을 보장할 수 없게 되고, 또한 관세화 예외를 항구적으로 가져가는 것도 가능하다는 의미가 될 수도 있다. 그런데 한국은 UR이 타결되는 시점에서 관세화의 원칙을 받아들였다.[184] 그렇기 때문에 적어도 법률적으로는 관세화 예외를 항구적으로 가져갈 수 있는 식으로 해석되는 것은 타당성이 없다.[185]

2015년부터 관세화하지 않으면 위법 상태가 되는 것은 분명하나, 우리가 관세화하지 않으면 쌀이 관세화될 수는 없다. 왜냐하면 관세화하기 위해서는 관세율을 설정해야 하는데, 우리가 해야 하는 것이지, 다른 국가나 WTO 사무국이 해줄 수는 없기 때문이다. 우리가 관세화하지 않으면 관세화는 될 수 없으며, 우리의 교역 상대국은 적절한 절차를 거쳐 합법적인 보복 조치를 우리에게 취할 수 있을 뿐이다.

2004년 관세화 유예 협상에서 미국은 자국 쌀의 구매를 보장 받는 수단으로 국별 쿼터(country specific quota)를 설정하고, 이를 다자화 방식으

---

[184] MTN.TNC/40/ST/16, 1994년 1월 20일, Korea's acceptance of the principle of comprehensive tariffication in agricultural trade… of this Round.
[185] Sidely Austin Brown & Wood LLP, Geneva, 2004년 1월 20일.

로 양허표에 명기했다. 쌀 관세화 시 국별 쿼터는 글로벌 쿼터로 전환하도록 되어 있다. 미국은 국별 쿼터가 유지되는 것이 그들에게 유리하다고 판단할 가능성이 크다. 2004년 국별 쿼터에 대한 협상 과정에서 미국은 글로벌 쿼터로 전환해야 하는 강제성을 낮추자는 주장을 한 바도 있다.[186]

관세화 시 우리에게 가장 중요한 것은 관세율 수준, 즉 관세 상당치(tariff equivalent)이다. 우리는 농업협정 부속서 5의 첨부[187]가 정한 바에 따라, 산출할 권리를 가지고 있고, 동시에 회원국에는 검증할 권리가 부여되어 있다.

일본은 관세화를 하면서 상당히 높은 수준의 관세율, 정확히는 관세 상당치를 부과했다. 관세상당치를 종량세로 342엔이었다. 이를 종가세로 환산하면 1256%이고, 여기서 15%를[188] 감축하면 1067%이다.[189] 미국은 일본이 WTO에 통보한 관세 상당치에 대해 검증 과정에서 어떠한 시비도 걸지 않았다. 일본이 WTO 통보에 앞서 미국과 합의가 있었기 때문이라는 관측은 있었으나 공식적으로 확인된 것은 없다. 일본의 양허표에는 우리와 달리 국별 쿼터가 없었다.

또 필리핀은 최근 농업협정에 의한 관세 유예 연장을 재차 추진하다가, 법적 근거가 미약하다는 이유로 주요국이 이견을 표명하자 이를 포기하고 다른 방안으로 추진하고 있다. 이는 농업협정 부속서 5에 의한 관세화 유

---

186) 미국은 현재의 문구인 'shall be converted'에서 'shall'을 'should'로 할 것을 주장한 바 있다.
187) Guidelines for the Calculation of Tariff Equivalents for the Specific Purpose specified in Paragraph 6 and 10 of this Agreement.
188) 'shadow reduction'으로 부른다. 산출된 관세 상당치에서 선진국은 15%, 개도국은 10%를 감축하고 남은 것이 관세 상당치가 된다. 15%와 10%는 UR에서 품목별로 적용해야 하는 최소 관세 감축률이다.
189) 일본은 국내 가격으로 기준 연도인 1986년부터 1988년까지 쌀 평균 가격으로 국내 가격은 1Kg당 402엔, 수입 가격은 태국산 쌀 수입 가격을 기준으로 1kg당 32엔을 적용했다.

예 협상은 규정적으로는 2004년에 이루어진, 한 번만 가능하다는 의미가 분명해진 것이기도 하다. 그래서 필리핀은 2012년 3월부터 WTO 각료회의에서 향후 5년간 관세화 의무를 면제받는 방안을 회원국들과 협의를 통해 추진하고 있다.[190] 2012년 11월에는 그동안의 주요국과 협의 결과를 반영하여, 다시 문서를 회람한 바 있다.[191] WTO 각료회의는 특정 회원국에 부과된 의무를 회원국 4분의 3 이상의 찬성으로 면제할 수 있다.

필리핀은 당초 2013년 12월 인도네시아 발리에서 개최된 제9차 WTO 각료회의에서 의무면제 획득을 추진했으나 논의안건으로 상정되지도 못했다. 매2년마다 열리는 각료회의 중간기간에는 일반이사회가 각료회의 기능을 수행한다. 필리핀이 의무면제 획득을 포기할지 아니면 계속 추진할지를 결정해야 한다.

필리핀은 연간 100만~200만톤의 쌀을 수입하고 있다. 필리핀은 의무면제 요청서[192]에서 자국의 양허 관세율이 회원국 평균의 절반 수준이고, 국내 보조나 수출 보조도 없다는 점도 적시하고 있다. 또 쌀을 재배하는 농민이 필리핀 노동자의 34%라는 점도 의무 면제가 필요한 사유로 적고 있다. 필리핀은 최소시장접근 물량을 35만톤에서 80만톤 수준까지 늘리는 안을 제시했음에도 미국, 호주, 캐나다 등은 다른 분야에서 추가적인 대가를 요구하며 유보적 입장을 취하고 있다. 의무 면제는 우리에게 규정

---

[190] G/C/W/665(2012.3.20.), 'Request for Waiver on Special Treatment for Rice of the Philippines'에서 2012년부터 최소시장 접근 물량을 5년간 X% 증대하고, 이 기간 동안의 국별 쿼터를 한꺼번에 부여하는 내용이었다. 수치는 공란이다.

[191] G/C/W/665/Rev.1(2012.11.16.)에서 달라진 내용은 2012년부터 최소시장 접근 물량을 매년 증대하는 것으로 규정하고 국별 쿼터를 매년 부여하는 식으로 조정되었다. 아직 구체적 수치는 공란(X)으로 되어 있다. 수정 통보문 서문에 당초 있었던 "필리핀 쌀에 대한 특별 대우 기간이 끝나기 전에 DDA 협상이 완료될 것이라는 것을 예상(envisage)했다는 문구와 DDA 결과가 쌀에 대한 특별 대우의 대안을 제공할 것이라는 이해로 7년 연장에 동의했다"는 문구가 삭제되었다.

[192] G/C/W/665(2012.3.20) 및 G/C/W/665/Rev.1(2012.11.16.).

적으로 불가능한 것은 아니지만, 타당성 측면에서 대안이 될 수 없다. 우리나라는 2015년 1월 1일 쌀을 관세화해야 한다.

관세화를 함에 있어서 가장 중요한 과제인, 관세 상당치는 원칙적으로는 협상의 대상이 아니고 단지 계산의 결과로 나오는 수치일 뿐이다. 그러나 우리가 제시하는 수치에 대해 상대국은 검증 과정에서 이의를 제기할 수 있는 권리가 있다. 그래서 관세 상당치 설정을 사실상 협상의 과정으로 생각하고 대처해 나가야 한다.

정권 출범 시기와 쌀

WTO 차원의 쌀에 대한 통상 현안은 정권의 출범 시기와 종종 맞물려 돌아간다. UR 협상이 1993년 말 타결되었고, 쌀 관세화 유예나 관세화 문제가 10년 단위로 전개되다 보니, 5년 단위의 정권 초기와 건너뛰며 맞물리는 형국이 되는 것이다.

김영삼 정부는 1993년 출범했고, 그해 말 UR이 끝나고 쌀 시장이 개방되었다. 김대중 정부 시절에는 쌀의 통상 문제에서 비교적 자유로웠다. 우리나라 최초의 FTA인 칠레와의 협상에서 초기에 쌀을 제외하는 합의가 이루어졌고, 칠레는 쌀을 수출하는 국가도 아니었다. 2003년 출범한 노무현 정부 초기인 2004년 1월부터 쌀 관세화 유예 연장을 위한 협상이 시작되었다. 1년여에 걸친 협상이 끝나고, 2005년 6월에는 쌀 재협상 결과에 대해 국회 청문회가 개최되었다. WTO 차원의 문제는 아니었지만, 노무현 정권 말기에 시작하고 끝난 한미 FTA에서 쌀은 관세 철폐의 예외로 합의됐다. 이명박 정부에서는 국제 쌀 가격이 올라가는 상황에서 우리의 필요나 판단에 따라 쌀의 관세화를 앞당겨야 한다는 주장이 나왔고, 이를 둘러싼 논쟁도 있었다. 물론 관세화를 추진했다면 현안이 될 수 있었으나, 이명박 정부에서도 쌀은 통상 현안이 되지 않았다.

박근혜 정부에서는 2015년 1월 1일자로 쌀을 관세화해야 한다. 이 과정이 국내적으로 순탄치만은 않을 것이고, 상당한 통상 현안으로 대두될 전망이다. 지금까지 우리나라에 쌀을 수출하던 국가들은 기존의 이익을 지키거나 더 많은 이익을 챙기려는 시도를 할 것이다. 이들 국가는 우선적으로는 WTO 차원에서 자국의 이익을 확보하려는 시도를 하겠지만, 양자 현안으로 제기할 수도 있다. 그리고 2014년까지 DDA 협상은 타결될 가능성이 높지 않다. 2004년 관세화 유예 협상 당시 DDA 협상이 타결되지 않아 제기되었던 쟁점들이 2015년 관세화 과정에서 다시 거론되는 상황이 될 수 있다. 2015년 쌀 관세화 의무 이행을 위해 개정이 필요한 법령이 있으면, 늦어도 2014년 가을 국회에서 이를 먼저 개정할 필요가 있다. 일단 쌀의 관세화를 WTO에 통보하면 검증이라는 과정을 거쳐야 확정되는데, 이 절차가 공식적으로 끝나기까지는 긴 시간이 걸릴 것이다. 박근혜 정부 임기 내내 쌀은 다자적으로나 양자적으로 진행형인 현안이 될 가능성이 크다.

한국은 일본, 대만과 다르다

일본이 쌀 관세화를 할 때 양허표는 현재 우리의 양허표와는 달리 단순했다. 관세 할당 물량이 글로벌 쿼터로 명기되어 있어 이를 수정할 필요도 없었다.

단지 관세율, 정확히는 관세 상당치만 설정해서 WTO에 통보하고, 회원국이 이의를 제기하지 않으면 모든 것이 끝나는 상황이었다. 그럼에도 일본이 1998년 12월 관세화를 통보하자 EU, 우루과이, 호주, 아르헨티나 등 네 나라가 문제를 제기했다. 일본은 해당 국가를 방문하여 설명도 하고, 때로는 일본의 우월적 지위를 이용하여 양자적으로 해결하기도 했다.

그리고 2년 정도가 지나 일본은 WTO에 통보한 양허표 수정안을 통보한 그대로 2000년 11월 27일자로 WTO 사무총장 명의의 확인서를 받아 확정했다. 훗날 일본 농림수산성의 관계자의 이야기에 의하면, 일단 미국과 합의하여 WTO에 통보한다는 것이었다고 한다. 그 이후 검증 과정에서 다른 나라들과 합의가 안 되면 관세화를 이행하면서, 일본의 협상력으로 시간을 가지고 한 나라씩 해결해 나가는 전략이었다고 한다. EU와는 양자적 협의를 통해 설득했고, 호주에 대해서는 일본이 밀 최대 수입국이라는 우세한 지위도 이용하여 해결했다.

2002년에 있은 대만의 쌀 관세화 통보에 대하여는 미국, 호주, 태국이 문제를 제기했다. 대만은 1990년부터 1992년까지 가격으로 관세상당치를 산정했다. 농업협정상 기준년도는 1986년부터 1988년까지 가격을 사용하도록 되어있으나 WTO가입협상에서 1990년부터 1992년까지 평균가격으로 합의한 바 있었기 때문이다.

이들이 제기한 문제에는 관세 상당치 수준은 물론 국영무역제도와 쌀의 사용 용도에 관한 것도 있었다. 여기서 주목할 것은 일본에 대해 미국은 어떠한 이의도 제기하지 않았는데, 대만에는 문제를 제기했다는 것이다. 중국은 대만에 대해서는 문제를 제기하지 않았다. 일본이 관세화를 통보할 당시에 중국은 WTO 회원국이 아니었다. 대만의 경우는 중국이 정치적인 이유로 문제를 제기하지 않았다.

대만의 경우는 2002년 10월 관세화 양허표를 WTO에 통보하고, 국내 법령의 개정과 국회비준 동의 절차를 거쳐, 이듬해인 2003년 1월부터 국내적으로 쌀의 관세화를 시행했다.

관세 상당치를 킬로그램 당 45 NT 달러로 산출했다. 국내 기준가격으로 킬로그램 당 61 NT 달러를, 외부 가격으로 킬로그램 당 8 NT 달러를 사용했다. 두 가격 차이인 53 NT 달러에서 농업협정에서 정한 15%를 감축하여[193] 45 NT 달러로 관세 상당치를 산출하여 WTO에 통보했다. 이를 종가세로 환산하면 563% 수준이다. 종량세로 하고 국영무역 유지 및 특별 긴급관세(SSG, Special Safe Guard)[194] 도입 등의 내용을 담아 WTO에 통보한 것이다.

대만이 WTO 통보 이후 가장 강하게 문제를 제기한 국가가 미국이었다. 미국과 협의를 완료하여 이를 토대로 WTO에 통보한 양허표를 수정하여 다시 통보할 때까지 걸린 시간이 4년 6개월로, 지난 2007년 3월이었다. 이로부터 3개월이 지난 2007년 6월 WTO로부터 양허표 수정에 대한 최종 확인서를 받아 다자화 절차가 마무리되었다. 마무리될 때까지 대만은 5년 가까운 시일이 소요되었다. 처음 통보했던 내용을 미국과 합의 내용을 반영하여 거의 재작성하다시피 수정했다. 사전에 주요국과 협의하고 통보한

---

[193] 농업협정 부속서 5의 A 6항의 두 번째 문장은 이렇다. "Such products shall be subject to ordinary customs duties, which shall be bound in the Schedule of the Member concerned and applied, from the beginning of the year in which special treatment cease and thereafter, at such rates as would have been applicable had a reduction of at least 15% percent been implemented over the implementation period in equal annual installment."

[194] 관세화에 따른 보완장치의 일환으로 관세 상당치(TE)를 감축하는 과정에서 수입이 급증하거나 세계 시장가격의 급격한 하락 등이 발생할 때, 별도의 절차를 거치지 않고 관세를 인상할 수 있는 긴급 구제조치로, 기존의 GATT 19조 세이프가드 조항과는 무관하다. 발동 요건은 수입 물량과 수입 가격 기준 두 가지가 있다.

일본과는 달리, 사전 협의 없이 통보한 데 기인하는 것이기도 했다. 대만은 관세 상당치는 통보한 대로 확정되었지만, 나머지 사항은 상대국의 요구를 들어주어야 했다. 미국, 호주, 태국, 이집트에 국별 쿼터를 부여하고 시장접근 물량을 국영무역과 민간 부문에 각각 65%와 35%를 배분하고, 관세 할당 물량의 운용 등에 대한 요건 등이 추가되었다.

필리핀은 2005년 7월 관세화 유예 협상을 시작했고, 유예 기간이 한국과는 달리 2012년까지 7년이었다. 그리고 호주, 중국, 태국에 대해 국별 쿼터를 부여했으며, 중국이 이해 당사자로 등장했다. 필리핀의 쌀 재협상 결과는 우리와는 다르다. 필리핀의 양허표에는 추가적인 양허의 이익을 제공하지 않으면 쌀을 관세화해야 한다는 규정이 들어가 있다. 이는 양자적 협의에서 상대국들이 이행을 담보하기 위해 들어간 것으로 생각된다. 필리핀의 쌀 재협상 시 이해 당사국으로는 미국을 포함하여 9개국이 통보했는데, 이는 2004년 한국의 쌀 재협상에서 이해 당사국으로 통보한 국가와 동일하다.

쌀 관세화시 국내외 가격차를 관세율로 계산하는 데 국내 가격으로 어떤 것을 쓰고 국제 가격으로 어느 것을 쓰느냐에 따라 관세 수준에 상당한 차이가 나게 된다. 관세 상당치의 계산방식에 대해서는 농업협정 부속서에 자세하게 규정되어 있다. 1986년부터 1988년까지의 가격 자료에 근거해야 하고 대표적인 도매가격을 사용하고 품질에 차이가 있는 경우 조정계수를 사용하고 수입은 실제수입가격을 사용하도록 되어있다. 실제 수입가격이 없는 경우 인접국의 수입가격을 사용 하는 것도 가능하다.

그 자료를 토대로 산정한 관세 상당치가 얼마가 될 것인가 하는 것은 우리 농업에 중대한 영향을 미치게 된다. 우리는 가급적 높은 수치가 나오도록 하려 할 것이고, 우리의 교역 상대국들은 그 반대일 것이다.

한국이 관세화 협상을 해야 하는 2014년에는 2004년과 마찬가지로 중국과 미국이 모두 이해 당사자로 등장할 것이다. 이들 두 나라 간, 그리고 이들 두 나라와 나머지 이해 당사국 간의 이해관계가 서로 상충될 수도 있다. 우리의 이익과 상대국의 이해가 상충되고, 상대국의 이해관계도 국가별로 서로 다르고 한미 FTA라는 외생변수도 있다. 일본이나 대만보다 복잡한 과정이 될 것은 분명해 보인다.

국제협력 관세와 할당관세

「관세법」에는 법정 세율인 기본 세율이 있고, 행정부가 법정 세율의 일정 비율 범위 내에서 올리고 내릴 수 있도록 재량을 부여한 관세가 있다. 국제협력 관세와 할당 관세가 후자에 해당한다. 「관세법」 제71조는 물자의 수급을 위해 기본 관세율에서 100분의 40 범위의 율 범위 안에서 빼고 관세를 부과할 수 있는 요건을 세 가지로 정하고 있다. 첫째는 원활한 물자수급 또는 산업의 경쟁력 강화를 위해 특정 물품의 수입을 촉진할 필요가 있는 경우이고, 둘째는 수입 가격이 급등한 물품 또는 이를 원재료로 한 제품의 국내 가격을 안정시키기 위해 필요한 경우, 셋째는 유사 물품 간의 세율이 현저히 불균형하여 이를 시정할 필요가 있는 경우이다. 국제협력 관세를 규정하고 있는 「관세법」 제73조에서 대외무역의 증진을 위하여, 필요하다고 인정될 때에는 특정 국가 또는 국제기구와 관세에 관한 협상을 할 수 있도록 규정하고 있다. 다만 특정 국가와 협상을 할 때는 기본 관세율의 100분의 50 범위를 초과하여, 양허할 수 없도록 규정하고 있다.

 2004년 쌀 재협상에서 캐나다와 유채유의 관세에서 정제유(refined oil)의 경우는 30%에서 10%로, 조유(crude oil)는 10%에서 8%로 쌀 관세화 유예 기간 동안 관세를 인하하기로 합의했다. 유채유의 관세를 내리기로 한 것이 쌀 관세화 유예 연장 협상에서 캐나다의 동의를 이끌어내기 위한, 즉 통상 협상의 결과라고 보면 「관세법」에서 정한 국제협력 관세에 해당한다고 보는 것이 적절하다. 반면에 유채유의 관세 인하가 대체관계에 있는 대두유와 현저한 관세율의 불균형을 시정하기 위한 것이거나 수입을 촉진하기 위한 것이라면 「관세법」의 할당 관세에 해당된다.

 쌀 관세화 유예 협상에서 우리는 캐나다와 유채유의 관세를 쌀 관세화 유예 기간 동안 30%에서 10%로 내리기로 합의했다. 이를 이행함에 있어서 국제협력 관세로 하면 행정부 재량으로는 유채유의 관세율을 10%로 내릴 수가 없다. 왜냐하면 유채유의 기본 관세율이 30%이므로 그것의 절반인 15%까지만 내릴 수 있기 때문이다. 반면, 할당 관세로 하면 기본 관세율 30% 그 자체에서 최대 40% 포인트를 세율에서 뺄 수 있으므로 무세로 하는 것까지 가능하다는 점에 차이가 있다.

12. 한·EU FTA와 한미 패리티(parity)

기억에 남아 있는 논쟁

우리가 FTA를 체결하여 어떤 품목의 관세를 내려주면, 그 나라와 우리 시장에서 경쟁하는 다른 국가도 우리나라와 FTA를 체결할 때 그 품목에 대해 동일한 관세를 요구할 것인가? 이는 한·칠레 FTA 협상을 위한 관세양허안을 놓고 논쟁할 때 농림부와 외교부 간 쟁점의 하나였다. 최초의 FTA인 한·칠레 FTA에서는 물론이고, EFTA, ASEAN [195] 등과 FTA에서 상당히 많은 품목이 관세 철폐의 예외가 되었다. 어떤 FTA는 우리가 원하는 만큼 예외로 한 경우도 있다. 그래서 미국과 FTA 협상에서 미국이 이들 국가와 FTA에서 합의한 대로 관세인하를 요구할 것은 거의 없었다.

이제 우리가 FTA를 체결할 국가 중 거대 경제권인 중국을 포함하여 호주, 뉴질랜드, 캐나다와 협상이 진행되고 있다. 중국과는 민감 품목을 선정하는 모델리티를 먼저 합의하고 품목을 논의하는 방식으로 진행되

---

[195] European Free Trade Agreement로 서유럽 국가중 EU에 참여하지 않는 스위스, 노르웨이, 아이슬란드, 리히텐슈타인 4개국으로 구성되어 있다.

고 있다. 모델리티가 어떻게 합의될지 모르나 완전한 자기 선정 방식(self selection)이 아니라, 어떤 형태로든 협상이 개재될 가능성도 적지 않다. 그러면 중국도 자국의 이해가 큰 품목에 대해 미국이나 EU보다는 크게 불리하게 해서는 안 된다는 입장을 주장할 가능성이 적지 않다. 또 호주, 뉴질랜드, 캐나다는 대표적 수출 품목인 쇠고기에 대해 미국에 대한 양허와 같은 수준으로 해줄 것을 요구하고 있다. 2013년 12월 3일부터 4일까지 WTO 발리각료회의를 계기로 한·호주 FTA 7차 협상을 개최하여 타결했다. 쇠고기는 15년 관세철폐와 농산물 세이프가드 도입 등 한미 FTA와 같은 내용으로 합의되었다.

EU, 미국과 패리티를 요구하다

미국과 FTA 이후 우리는 EU와 협상을 시작했다. 한·EU FTA 협상을 진행하는 과정에서 많이 나온 말이 한미 동등원칙, 즉 한미 패리티(parity)였다. "미국에게는 이렇게 했는데 왜 우리에게는 다르게 하느냐?" EU는 자국의 관심 품목에 대해 미국과 동일한 조건으로 해줄 것을 요구했다. 어느 나라가 한국한테 그러한 조건을 받아냈다면, 자신들도 그와 유사한 조건을 받아내야 하는 압박감을 통상 협상을 하는 관료는 갖게 마련이다. 통상 협상의 무대는 실용적 접근이 지배하는 세계이기도 하다. 명분은 내가 얻고자 하는 실리를 얻기 위한 수단일 뿐이지, 그 자체가 목적이 되지는 않는다. 지금까지 우리가 맺은 FTA 중 관세철폐 비율이 가장 높은 협정이 한미 FTA이다.

첫 FTA인 칠레와의 협상에서 협상 타결을 위해 칠레의 관심 품목이 아니면서 관세구조가 복잡하고 높은 품목은 다자 관세체계가 새로이 만들어질 DDA 협상 이후 논의 유형으로 처리했다. 아울러 관심 품목이라도 우리에게 민감하고 다른 나라와 FTA 협상에서 쟁점이 될 가능성이 큰 품목은 관세할당 제공 등으로 타협하고, 관세철폐 계획은 DDA 이후로 미뤘던 것이다. 한미 FTA와 한EU FTA 이전까지는 이런 형태로 합의가 되었다. 이제 상대국의 입장에서 한국이 맺은 FTA를 인용하는 경우 미국이나 EU와 맺은 FTA 내용이 될 것이다. 우리의 시장을 열어야 하는 상대국의 입장에서 개방의 폭도 크고 가장 최근에 맺은 FTA라는 점에서 명분도 있기 때문이다.

2부

WTO와 농업
GATT/WTO 각료회의
WTO 협상을 주도하는 그룹들
농산물 관세와 보조금 감축
TPP와 RCEP
과학과 농업통상
농산물 수출
우리나라 농산물 관세구조
정부조직과 통상
통상 협상에서 이해의 조정
양자협상과 다자협상
식량안보를 보는 시각

13
WTO와 농업

가트규범과 농업의 예외

    WTO의 전신은 가트(GATT, General Agreement on Tariff & Trade)였다. 가트는 다양한 성격을 가진 조직이라고 할 수 있었다. 여기에는 국제통상규범, 통상교섭의 장, 국제 통상기구라는 세 측면을 가지고 있다. 첫째 규범으로서 가트는 회원국이 준수해야 할 의무와 권리를 규정하고 좁은 의미에서 가트라고 이야기할 때는 국제 통상규범으로서 가트를 말하는 것이다. 둘째는 통상교섭의 장으로서 가트이다. 1947년 가트가 창설되고 1993년 끝난 UR까지 8번의 라운드를 진행하였다. 셋째는 국제통상기구로서 가트이다. 이 세 가지 측면이 별개로 움직이는 것은 아니고 상호 밀접하게 관련되어 움직여 왔다.

    WTO체제하에서 첫 번째 다자협상인 DDA협상이 2001년 11월부터 시작되어 2013년까지도 진행되고 있다. 가트에서 WTO로 넘어와 국제통상기구로서 위상이 강화되었음에도 협상은 오히려 지지부진하고 무역자유화를 위한 기구로서 역할에 회의적 시각이 대두되고 있다.

필자가 제네바 대표부에서 근무하는 동안 WTO사무국의 관계자로부터 자주들은 말이 WTO는 매우 실용적인 기구라는 거였다. 현실적으로 원칙만으로 움직이는 것이 아니라는 이야기이다. 이러한 실용주의적 성격이 가트체제가 오랫동안 존속해온 원천이었다는 말이 될 수 있고 교역자유화라는 목표를 추구하면서도 각국이 국내적으로 가지고 있는 현실의 한계를 적절히 고려해왔다는 의미이기도 하다.

WTO체제로 넘어오기 전까지 자유무역을 지향하는 가트체제에서 농업은 특수한 위치를 점해왔다. 수량제한을 일반적으로 금지하고 원칙적으로 관세에 의한 수입을 규율하는 관세주의를 추구하면서도 농산물에는 공산품과는 다른 접근방식을 취해왔다. 농업은 UR 협상이 끝나기 전까지는 가트(GATT)체제의 밖에 있었다고 종종 이야기한다. 이 말은 농업이 가진 식량안보와 같은 특수성이 여타의 분야와 같이 다루어 질 수 없다는 것과 정치사회적인 민감성으로 농업은 보호되어야 한다는 것이 그 이유였다. 가트규정에서 중요한 수량제한과 보조금 규정에서도 농산물을 위한 많은 예외가 있었다. 가트는 상품의 수입이나 수출의 제한을 원칙적으로 금지하고 있다. 그럼에도 국제수지를 이유로 수입제한이 가능하고, 1955년 보조금 규정을 개정하여 수출 보조금을 금지하면서도 농산품(primary products)은 예외로 했다.[196] 이러한 규범은 농업이 갖는 특수성을 근거로 하고 있지만 구체적으로 미국의 이해를 주축으로 하고 EC의 이해를 부축으로 하여 만들어지고 운영되어 왔다.[197]

---

196) 가트 규정 제 16조 Section B Paragraph 4는 1955년 1월 1일자로 보조금을 1957년 12월 31일 까지 동결(stand still)하고 1958년부터 수출보조금의 지급을 금지하면서도, 일차산품(primary products)은 예외로 했다.
197) 佐伯尙美(Naomi Saeki), '가트와 농업' 박진도 역, p155, 1990년, 비봉출판사

가트체제가 만들어지던 때 미국은 주요한 농산물 수출국이었다. 미국은 1933년에 제정된 「농업조정법」에 따라 가트가 창설되기 전부터 농산물에 수출 보조금을 주고 있었고 농산물 수입 제한도 할 수 있도록 되어 있었다. 이러한 내용이 가트 규정에 반영된 것이기도 하다. 반면 EC(European Community)의 경우는 미국의 경우와는 조금 달랐다. EC의 공동 농업정책을 시행할 당시에는 가트가 이미 출범한 이후였기 때문이다.

농업이 UR을 거치면서 다자무역 체제에 통합되었다. 1986년 출범한 UR협상이 1988년 캐나다 몬트리올에서 개최된 중간평가(Mid-term Review)때까지 미국과 EC입장이 대립하여 타협점을 찾지 못하고 있었다. 미국과 EC는 농업지원 및 보호조치를 감축하는 방법으로 상당한 수준으로 점진적 감축(substantial progressive reduction)을 합의했다. 이러한 합의는 미국의 완전 철폐 주장과 EC의 점진적 감축이라는 주장의 중간적 절충안이었다. 즉 감축의 폭은 미국의 주장을, 감축의 방식은 EC의 주장이 들어간 것이라는 해석이 가능했다.

농업은 '땅을 이용하여 유용한 식물을 재배하거나 유용한 동물을 기르는 산업 또는 그런 직업으로, 넓은 뜻으로 농산물 가공이나 임업도 포함'하는 것이다. 또, 통상은 '외국과 서로 교통하여 상업행위를 영위하는 것'으로 각각 정의하고 있다. [198) 이 두 가지의 개념을 묶어보면 농업통상은 '국가 간 농산물을 사고파는 행위'라고 단순하게 정의할 수 있다. 그럼에도 복잡한 규정이 존재하고, 그 규정을 고치는데 10년이 넘는 시간이 걸리

---

198) 민중국어사전

기도 하고 때로는 국가 간 심각한 분쟁도 야기하고 있다.

한국은 1967년에 가트에 가입했다. 그 때는 1인당 국민소득이 200불도 채 되지 않은, 그야말로 세계에서 가장 가난한 국가의 하나였다. 1960년대 초 우리는 아프리카의 탄자니아 보다 못살았고, 무역규모는 카메룬의 절반 수준에 불과했다. 그래서 한국의 경제발전 속도에 세계는 경의를 보내고 있다. 동시에 경제대국으로 성장한 한국이 자국의 시장개방에는 매우 소극적이라는 비판을 받았다. 그리고 그 일차적 이유가 농산물 시장개방이 적다는 것이었다.

하바나에서 마라케시까지[199]

가트 체제가 1947년에 창설되어 가트라는 이름으로 47년을 보냈고, 1995년부터 WTO로 바뀌고서도 18년이 되었다. 65년의 역사에서 가트와 WTO의 많은 일들이 시작은 어디에서 되었든, 그 대부분은 스위스 제네바에서 이루어져왔고 지금도 이루어지고 있다.

1929년 대공황을 계기로 미국과 유럽을 중심으로 세계 경제는 보호무역을 강화했다. 각국의 경제는 더 침체되어갔고, 급기야 제2차 세계대전으로까지 비화되었다. 미국을 중심으로 세계 경제 질서를 회복하기 위한 수단으로 국제기구의 설립이 추진되었다. 그 일환으로 1945년에 브레튼 우즈

---

[199] 하바나(Habana)는 쿠바에, 마라케시(Marakesh)는 모로코에 있는 도시 이름이다.

(Bretton Woods)[200] 협정이 체결되었다. 그 협정에 따라 창설된 국제통화기금(IMF)과 세계은행(World Bank)이 세계 무역을 다루기 위한 기구로 ITO[201]를 1947년 11월 21일 쿠바에서 개최된 무역과 고용에 관한 UN 총회[202]에서 UN 특별 기구로 창설하기로 했다.

그리고 ITO 창설을 위한 헌장을 작성하기 위해 런던 준비회의에 참석한 23개국[203]이 ITO 헌장의 완성을 기다리지 않고, 관세 인하와 무역장벽 완화를 위한 실제 협상을 개시하는 데 합의했다. 이것이 첫 번째 다자 라운드이다. 이들 국가들은 무역 규범으로 가트를 만들고, ITO가 만들어진다면 가트의 협정을 거의 그대로 ITO의 규범으로 가져가는 것으로 구상했다. 그래서 가트는 ITO가 만들어지기 전이라도, 그 자체로 독립적으로 존재할 수 있는 형태가 되었던 것이다. 가트가 서명된 후 ITO 창설을 위한 하나바 헌장은 1948년 3월 합의되었다.

ITO가 성공적으로 만들어졌다면 가트는 ITO의 규범으로 통합되었을 것이다. 물론 일부 국가의 비준도 이루어지지 않았지만 가장 심각한 문제는 미국 의회의 강한 반대로 미국이 비준을 받지 못한 것이었다. ITO를 창설하기 위한 노력은 무산되었다. 가트는 규범이지만 다자 무역기구로서의 WTO가 마라케시에서 만들어질 때까지 그 역할을 해온 것이다. 다자 무

---

200) 1944년 미국 뉴햄프셔 주에 있는 브레튼우즈에서 44개 연합국 대표가 참여한 가운데 체결한 협정으로, 정식 명칭은 연합국 통화금융회의에서 채택된 국제통화기금 협정과 국제부흥개발은행 협정을 말한다. 이 두 개의 협정에 의거, 국제통화기금(IMF)과 국제부흥개발은행(IBRD, 세계은행)이 설립되었다. 35개국의 비준을 얻어 1945년 12월 27일 정식 발효되었고, 국제통화기금은 1947년 3월 1일, 국제부흥개발은행(IBRD)은 1946년 6월 25일부터 업무를 개시했다.
201) International Trade Organization.
202) UN Conference on Trade and Employment.
203) 호주, 벨기에, 브라질, 버마, 캐나다, 실론, 칠레, 중국(ROC), 쿠바, 체코, 프랑스, 인도, 레바논, 룩셈부르크, 네덜란드, 뉴질랜드, 노르웨이, 파키스탄, 남 로데지아, 시리아, 남아공, 영국, 미국 등 23개국이었다.

역체제의 역사는 이렇게 하바나에서 시작해 UR을 거쳐 현재 WTO 규정의 이름인 마라케시 협정까지 지나왔다.

1947년 가트가 창설된 이후 지금의 WTO까지 65년 동안 관세를 낮추고 자유화를 통한 세계 무역을 증진하는 데 크게 기여했다. 특히 우리나라는 6.25 전쟁 이후 1960년대 말까지 연평균 8%로 교역이 확대되었는데, 가트 체제가 우리나라 경제개발 초기 단계에 상당한 기여를 했다는 것은 부인할 수 없다. 적지 않은 사람들이 가트 체제에서 가장 수혜를 받은 국가가 한국이라고 언급하지만, 우리가 가트 체제를 잘 활용했다는 게 보다 정확한 말이다.

앞으로 WTO를 통하든 FTA에 의하든, 세계의 교역제도는 더 자유화로 나가고 있다. 한편 2001년 시작한 DDA 다자 무역협상은 아직도 그 끝을 가늠하기 어렵다. 이처럼 다자 체제가 지지부진한 것이 역으로 더 빠른 시장개방을 초래하는 계기가 될 수 있다.

14
WTO 각료회의

WTO는 회원국들에 의해 운영되는 기구이다. 사무국은 의사를 결정할 권한이 없고, 회원국들에 의한 운영을 지원하는 기능을 수행한다. WTO 의사결정 방식은 원칙적으로 컨센서스(consensus)이다. WTO 회원국이 150여 국가나 되다 보니, 컨센서스에 의한 의사 결정이 쉽지 않은 면이 있으나, 일단 결정되면 모든 회원국에게 수용되기는 상대적으로 수월한 장점도 있다. 그러나 컨센서스는 동의했다는 의미이나, 많은 경우 흔쾌히 했다기보다는 마지못해 동의했다는 의미나 반대하지 않았다는 의미가 적합한 경우가 오히려 더 많다.

WTO 협상은 회원국으로 구성된 다양한 형태의 협의체를 만들어 단계별로 합의를 형성해 간다. 이 과정에서 어떤 경우에는 다자 체제를 거부하지 않는 한 동의할 수밖에 없는 정치적 압박을 받기도 한다. 협의체는 같은 주제에 참가자의 급(level)을 달리하거나 참가자의 급은 같지만 논의의 대상 분야를 달리하여 구성되기도 한다. 그 중에서 가장 상위의 의사결정 기구가 각료회의이고, 그 다음으로 일반 이사회이다.[204] 각료회의는 매 2년마다 개최하도록 되어 있고, 각료회의가 열리지 않는 시기에는 일반 이사회가 그 임무를 대행한다. 1995년까지 WTO 체제가 출범하고 2012년까지 8번의 회의가 있었다. 9번째 각료회의는 2013년 12월 3일부터 7일까지 인도네시아 발리에서 개최되었다.

싱가포르(1996.12)부터 시애틀(1999.12)까지

싱가포르 각료회의(1996. 12. 9-12. 13)는 WTO 출범 후 첫 번째 각료회의였다. 투자, 경쟁 정책, 정부조달 투명성, 무역 원활화에 대한 논의가 시작되었다. 이들 의제는 논의는 진행하되 미래의 어느 시점에 협상이 시작된다는 것을 예단하지 않는 것을 전제로 했다. 무역과 투자, 무역과 경쟁 정책의 상호 관련성에 대한 논의를 통해 향후 WTO의 구조를 발전시켜보자는 취지가 그 배경이었다. 정부조달 투명성은 상품이사회로 하여금 정부조달에 투명성을 제고하고, 무역 원활화(trade facilitation)는 다자 무역기구 창설 50주년의 역사적 의미를 위한 의제로 시작되었다. 그러나 일부 개도국들이 이들 의제를 논의하는 데 있어서 부정적 입장이 해소되지 않은 상태였기 때문에, 협상의 시작을 예단하지 않는다는 전제가 따라 붙었던 것이다. 두 번째 각료회의는 1998년 5월 18일부터 20일까지 스위스 제네바에서 개최되었다. 전자 상거래와 관련한 모든 무역 관련 이슈의 논의를 위해 전자 상거래에 관한 선언이 채택되었다. 세 번째 각료회의는 미국 시애틀에서 1999년 11월 30일부터 12월 3일까지 개최되었다. 당시 각료회

---

204) 부록 4. WTO 조직도 참조.

의 의장은 개최국인 미국의 통상 장관인 무역대표부의 바세프스키 대표였다.[205] 각료회의 준비 과정에서 1년 동안 700개가 넘는 제안서가 나올 만큼 회원국의 참여도가 높았다. 각국에서 몰려온 비정부 기구(NGO) 시위대로 인해, 반 WTO를 외치는 상황에서 의장인 바세프스키 미국 무역대표부 대표가 유감을 표명하는 것으로 회의를 시작했다.

농업 분야는 싱가포르의 통상 장관이 작업반 의장(facilitator)을 맡아서 논의를 진행했다. 농산물 수출국들은 다른 분야와 마찬가지로, 농업도 완전히 다자 무역체계에 통합(equal footing)[206]되어야 한다고 주장한 반면, 한국이 속한 NTC 그룹은 농업이 가지고 있는 다원적 기능(multifunctionality)을 고려해야 한다고 주장하여 양측의 주장이 대립했다. 회의 마지막 날 전체 회의에서 의장인 바세프스키 미국 무역대표부 대표는 "시간이 지나가고 있음에도 신속히 극복될 수 없는 견해차가 존재한다는 사실을 확인했다."고 말하고 결렬을 선언했다.

사전적으로 예외는 없다 - 'with no *a priori* exclusion'

시애틀 각료회의 기간 중 첨예한 쟁점의 하나가 2004년까지 관세화 예외로 되어 있는 한국의 쌀이 그 이전에 시작되는 다자 협상의 대상이 되느냐 안 되느냐 하는 것이었다. 당시 농산물의 협상 대상을 정함에 있어서 들어갔던 말이 'with no *a priori* exclusion'이었다. 여기에 있는 *a priori*

---

205) Charlene Barshefsky. 1950년생으로 여성이며 변호사이다. 1993년부터 1997년까지 USTR 부대표였으며, 클린턴 정부 시절 승진, 임명되어, 1997년부터 2001년까지 USTR 대표를 지냈다.
206) 다자 협상에서 농산물도 공산품과 똑같이 다루어져야 한다는 의미이다. 농업에 대한 특별한 배려가 필요하다는 주장에 대응하는 반대 주장을 할 때 종종 사용된다.

는 '사전적(事前的)으로'라는 의미의 라틴어로, 이 문장은 '사전적으로는 예외가 없다'라는 말이 된다. 그러면 농업협정 부속서 5에 의거, 2004년까지 관세화 예외로 되어 있는 한국의 쌀이 논의의 대상이 될 수 있다는 말이 된다. 협상을 시작하는 일반적 원칙인 이 말이 쌀 문제와 관련되다 보니, 우리 대표단은 민감하게 받아들이고 대응할 수밖에 없었다.

한국의 통상 장관이 당시 각료회의 의장이었던 미국의 바세프스키 무역대표부 대표와 협의하고 농림부 국장은 WTO의 사무차장과 협의하여, 한국의 쌀을 차기 다자 협상의 대상에서 제외시키는 방안을 강구하기도 했다. 여기서 검토한 대안이 'with no *a priori*, non-rule based, exclusion'이라는, 즉 '규범에 근거하지 않은 사전적 예외는 없는'이라는 문구가 검토되었다. 그러나 일각에서 이는 농업협정 부속서 5에 의거, 2004년까지는 예외가 되어 있는 한국의 쌀뿐 아니라, 가트 19조의 세이프가드 조치에 의해 수입이 제한되는 품목도 대상이 될 수 있는 것 아니냐는 문제를 제기했다. 우리의 강한 문제 제기에 아예 'with no *a priori* exclusion'이라는 문구 자체를 빼는 방안이 검토되기도 했으나, 결론을 내지 못하고 시애틀 각료회의는 결렬되고 말았다.

그 이후에도 이와 유사한 논쟁이 있었다. 2002년 12월 DDA 농업특별회의 의장의 협상보고서(overview paper)[207]의 첨부에 관세감축 대상 품목의 범위를 확정함에 있어서 'with no *a priori* exclusion'이라는 문구[208]가 있었다. 시애틀 각료회의 사례도 있고 해서, WTO 농업국 및 법률국 관계자를 만나 그것의 의미를 확인한 바 있었다. 그들은 전문가로서 농업협정이

---

207) WTO, 2002년 12월 18일, TN/AG/6, 'NEGOTIATIONS ON AGRICULTURE OVERVIEW'.
208) 문구는 'Product coverage to be comprehensive with no *a priori* exclusion'이었다.

나 협상 관련 문구나 규정의 해석에 대해 어느 누구보다도 잘 알고 있기는 하나, 공식적으로 규정을 해석할 어떤 법적 권한은 없다. 그래서 그들은 회원국의 이런 유형의 질의에 항상 개인적 견해를 전제로 답변하고 있다. 그들의 견해는 이 문구는 '사전적으로는 예외가 없다'는 말이며 '사후적으로는 예외가 있을 수 있다'(with a posteriori exclusion)는 의미가 될 수 있다는 것이었다. 그러면서 그 표현이 그렇게 우려되면 같은 문서 같은 페이지에 기준 관세(base rates)에는 '회원국의 양허표에 적혀 있는 양허세율에서 감축한다.'는 문구[209]가 있는데, 한국의 쌀은 양허표에 양허세율 없다고 주장하면 되지 않겠느냐는 답변이었다. 한국이 지나치게 걱정한다는 의미였다.

관세인하 대상에 예외 품목이 없어야 한다는 주장과 일부 개도국을 중심으로 개도국 우대에 입각하여 예외가 있어야 한다는 상황에서 나온 문구가 'with no a priori exclusion'이다. 따라서 이 문구에는 예외를 없애기 위한 것과 동시에 예외를 만들기 위한 것, 두 가지 의미가 모두 내포되어 있다. 즉 모든 것은 협상에서 결정된다는 의미이고, 협상에서 예외는 일반적으로 마지막 순간에 만들어져왔다. 한국과 일본의 쌀에 대한 관세화 예외가 UR 마지막 순간에 만들어지기 전까지는 예외 없는 관세화였다.

DDA 출범, 도하 각료회의

🌐 왜, 어젠다(Agenda)?

다자협상의 명칭은 각료회의가 개최된 지역이나 각료회의 출범에 크게

---

[209] All agricultural tariff lines to be reduced from the final bound rates specified in Section I of Members' Schedules of concession.

기여한 사람의 이름에서 많이 따왔고, 라운드로 명명되어 왔다. WTO 체제의 출범 후 첫 다자 라운드의 작명을 놓고 회원국들 사이에 의견이 분분했다. 개최국인 카타르에서는 하던 대로 개최 도시의 이름을 따 '도하 라운드'라는 이름을 이야기했고, 또 다른 나라는 21세기 무역 규범을 만든다는 의미에서 '밀레니엄 라운드'로 하자고 했다. 또 개도국의 입장을 반영한 '뉴 디벨롭먼트 어젠다'(New Development Agenda)로 하자는 등 다양한 명칭이 제시되었다.

새로운 라운드 작명을 둘러싼 논쟁은 지금까지 진행된 라운드가 개도국의 발전에 기여하지 못했다는 반성과 함께, 그 이전의 라운드와는 달리 개도국들이 그만큼 자신의 목소리를 내고 있다는 의미이기도 했다. 결국 라운드 명칭은 '도하'라는 각료회의가 열린 장소의 지명과 개도국의 입장을 반영하여, '개발'이라는 단어를 합쳐 'Doha Development Agenda, DDA'로 불리게 되었다.

🌐 방독면을 휴대하다

911 테러 사건[210] 이후 제네바에 있는 미국 대표부는 경비가 삼엄해졌다. WTO 건물 앞에 위치하고 있던 일부 사무실은 보안상 대표부 본관 건물로 이전하고, 출입에 더욱 엄격한 통제가 이뤄졌다. 과연 도하 각료회의가 제대로 열릴지에 대한 우려도 생기기 시작했다. 적지 않은 사람들이 걱정하고는 있었지만, 어느 누구도 겉으로 드러내놓고 WTO 각료회의 연기를 언급하거나 예정대로 되어야 한다는 얘기는 자제하고 있었다. 뉴라

---

210) 2001년 9월 11일 항공기 납치 동시다발 자살 테러로 미국 뉴욕의 World Trade Center의 쌍둥이 빌딩이 무너지고, 워싱턴 DC에 있는 펜타곤(국방부)이 공격을 받아 수천 명이 사망한 대 참사가 발생한 사건이다.

운드 협상을 출범시키지 못하면 WTO의 위상이 크게 흔들릴 수밖에 없고, 세계 무역체제도 심각한 위기에 빠질 것이라는 경고가 있었으나, 일부 WTO 회원국은 개최지 변경을 조심스럽게 언급하기도 했다. 한편에서는 개최지를 변경하면 테러 세력에 굴복하는 것이 될 수 있으므로, 오히려 도하 개최를 분명하게 재확인하여 테러의 위협을 극복해야 한다는 의견도 나왔다.

실제로 부시 대통령이 2001년 10월 중국 상해에서 개최된 APEC 회의에서 WTO 각료회의 장소는 도하임을 특별히 강조하기도 했고,[211] 반테러 선언(Statement on Counter-Terrorism)도 있었다. 일부 국가는 대표단의 규모를 축소하고, 어떤 나라 대표부는 이번 회의에 여직원을 참석시키지 않기로 결정하기도 했으며, 또 다른 나라는 참석을 원치 않는 사람에 대해서는 대표단에서 제외하는 등, 조금은 어수선한 분위기였다. 우리 정부도 생화학 테러에 대비하는 차원에서 탄저병[212] 항생제인 '시프로[213]'를 비치하고, 회의 참석자 전원에게 방독면이 지급되었다. 도하에는 자동 소총과 방탄조끼 등으로 완전 무장한 2인 1조의 군 병력이 경계 태세를 펴고 있었다. 각료회의가 열리는 쉐라톤 호텔 주변은 각국의 수석대표 차량 등 극히 제한된 차량만 출입을 허용하고, 나머지는 1.5km 떨어진 곳에서 하차하여 도보로 회의장까지 가야 하는 불편을 겪었다. 이런 가운데 2001년 11월 9일부터 14일까지 5일간의 당초 일정대로 제5차 WTO 각료회의가 중동에 있는 카타르(Qatar) 도하에서 개최되었다.

---

211) 『연합뉴스』, 2001년 10월 22일.
212) 탄저병은 Bacillus anthracis라는 균에 의한 감염이며, 공기를 통해 포자를 흡입하는 경우 병에 걸릴 수 있고, 균 포자가 전쟁과 테러를 위한 생물학적 무기로 이용되기도 한다.
213) 독일 바이엘(Bayer)에서 개발한 미국식품의약국(FDA)이 인정한 탄저병 치료제이다.

🌐 WTO 가입의 정치학

WTO는 회원국이 될 수 있는 요건을 대외 통상 관계 또는 통상 현안 문제를 자주적으로 해결할 수 있는 국가나 독립된 관세 영역[214]으로 명시하고 있다. 국가는 물론 홍콩이나 EU와 같은 비 국가조직도 회원이 될 수 있다. 회원국은 조약이 발효된 당시부터 회원국이었던 원 회원국과 발효 이후에 가입한 신규 회원국으로 나눠지지만, 일단 가입하고 나면 협정상 그 권리와 의무 면제에는 아무런 차이가 없다.

WTO에 가입하는 방법으로는 세 가지가 있다. 우선 WTO 마라케시 협정 제11조 또는 14조[215]에 의해 원 회원국의 지위로 가입하는 방법과 제12조에 의해 일반 회원국, 즉 신규 회원국으로 가입하는 방법이 있다. 회원국은 원 회원국 I, II, 그리고 일반 회원국 I, II가 있다. 원 회원국은 가트 체약국으로서 WTO 협정의 준수를 언제 수락했느냐에 따라 구분된다. 1995년 1월 1일까지 수락한 국가, 즉 원 회원국 I과 1997년 1월 1일까지로 수락한 국가, 즉 원 회원국 II로 나눠진다. 그러다 보니 1995년 1월 1일 이전에 가트 회원국의 자격을 획득하려는 가입 신청이 쇄도하기도 했다. 이때 20여 개국의 WTO 가입 작업반[216]이 설치되었고, 중국, 대만, 러시아 작업반도 있었다. 원 회원국 II는 WTO 출범 이후에 회원국이 되지만, 가입 작업

---

214) 일반적으로는 국가나 WTO 규정 하에서 다른 관세 영역과의 무역을 하고, 고유의 관세 제도를 가지고 있으면 반드시 주권국가일 필요는 없다. 관세 영역은 대만, 홍콩, 마카오 등이 국가가 아닌 관세 영역의 자격으로 WTO 회원국이 된 것이다. EU는 개별 국가가 WTO 회원국인 동시에 관세 영역인 EU도 WTO 회원국이다.
215) 1995년 1월 1일 이전 가트 회원국이면서 1995년 1월 1일 이전에 WTO 설립 협정을 수락한 75개국 및 EU가 11조에 의한 가입국이고, 설립 협정을 그 이후 1997년 1월 1일까지 수락한 국가가 14조에 의한 원 회원국이다.
216) Working Party on the Accession to WTO를 줄인 말이다. 특정 국가가 WTO 가입 신청을 하면 구성되는 기존 회원국 협의체이다. 가입 국가의 관련 제도나 법령이 WTO 규정과 합치되는지를 심사한다. 동시에 가입국과 회원국 간 양자 및 다자 협상을 총괄 조정하고, 가입 신청국에 가입과 관련된 자문도 한다.

반 설치나 별도의 양허 협상은 일반 회원국과는 달리 하지 않아도 되나, WTO 협정상 의무는 소급해서 부담해야 했다. 신규 회원국은 가트 회원국으로서 1997년 1월 1일 이후에 가입한 국가와 가트 비 회원국으로서 1995년 1월 1일 이후에 가입한 국가를 말한다. 이들 신규 회원국에 대해서는 가입 작업반이 설치되어, 별도의 가입 협상을 진행하고, 각료회의에서 3분의 2 이상의 지지를 획득해야 한다.

중국은 가트가 출범한 1947년 5월 원 회원국으로 가입했다. 그러다가 1949년 중국의 국민당 정부가 대만으로 옮기면서 1950년 5월 가트를 탈퇴했다. 이후 대만은 1964년부터 옵저버(observer) 자격을 얻었고, 중국은 1986년 7월 가트 복귀를 위한 가입 신청을 했다. 이듬해인 1987년 중국의 가트 가입을 위한 작업반이 설치되어 미국, EU를 비롯한 국가들과 오랫동안 가입 협상을 했다. 중국은 미국과의 현저한 입장 차이로 인해 가트 체제 하에서 원 회원국으로의 복귀는 이루어지지 못했고, WTO가 출범한 1995년 다시 시도하여 4년여에 걸친 미국과의 협상을 1999년 말 마무리했다. 그 이후 EU와도 합의가 되면서 WTO 가입이 사실상 기정사실화되었다. 대만이 가트를 탈퇴한 것에 대해 중국은 대만 정부의 행위로 원인 무효라고 주장했으나 받아들여지지 않았다. 1972년 중국이 UN에 가입하기 전까지 중국 정부의 정당성은 대만에 귀속되어 있었으므로, 대만 정부의 가트 탈퇴 결정은 하자가 없다는 것이었다.

중국은 사회주의 시장경제라는 제도적 특이성 때문에 중국을 시장경제로 볼 것인가 아니면 비 시장경제로 볼 것인가라는 문제가 제기되었다. 비 시장경제로 분류되면 기존 WTO 회원국들은 중국에 대해 최혜국 대우 (MFN) 원칙의 적용을 일시 유보하거나, 중국에 대해 한시적으로 세이프가드 조치를 적용할 수 있다. 결국 중국은 비 시장경제로 분류되어 WTO 회원국들은 가입 후 최장 15년간 일정한 조건 아래 중국에 대해 MFN 원칙의 적용을 유보하거나 세이프가드 조치를 취할 수 있게 되었다.[217]

미국은 2000년 5월 중국에 대한 '항구적 정상무역관계'(Permanent Normal Trade Relation)[218]를 통과시켰다. 중국은 낮은 1인당 GDP로 개도국이란 지위를 자체 선언만으로도 획득이 가능해야 하나, 주요 회원국들과 협상하는 과정에서 세계 교역에서 차지하는 비중이 상당하여, 이로 인해 통상 질서를 교란할 수 있다는 이유로 일부 국가가 반대하여 어려움이 있었다. 중국은 개도국 지위를 얻는 대신 비 시장경제 국가로의 분류를 받아들인 것이다. 대만은 중국보다 3년 정도 늦은 1990년에 가트 가입을 신청했다. 중국과 대만의 WTO 가입은 2001년 11월 개최된 도하 각료회의에서 승인되었다. 가입 날짜는 중국은 10일, 대만은 중국보다 하루 늦은 11일에 가입이 승인되었다. 이는 대만보다 먼저 가입하기를 강하게 주장해 온 중국의 입장을 수용하면서, 실질적으로는 동시 승인이라는 점에서 대만도 배려한 정치적 결정이었다.

WTO 칸쿤 각료회의

멕시코 치안 당국은 WTO 각료회의가 열리는 컨벤션 센터 입구까지 4

---

217) 중국의 WTO 가입의정서 16항 'Transitional Specific Safeguard Mechanism'에 명기되어 있다.
218) 미국이 다른 나라와의 정상적 무역관계(NTR)를 영구적으로 맺는 것이다. 특정 국가 사이의 무역관계를 매년 심사하지 않고, 한 번 정상적인 무역관계를 결정하고 나면 이후 자동적으로 정상 무역관계가 적용되는 것을 말한다. NTR, PNTR 모두 국제통상 용어는 아니며, 미국 의회의 용어일 뿐이다.

단계의 방어벽을 설치하고, 과격 시위에도 대비했다. 약 83개국에서 2000여 명의 NGO 회원들이 참가하고 있었고, 우리나라에서는 농협, 무역협회, 전국농어민총연맹, 한국농업인경영연합회, 여성농민회, WTO 반대 국민연대 등에서 200여 명이 참석했다. 회의가 열리고 대표단들이 묵는 호텔들이 즐비하게 늘어선 해변은 중간에 폭이 10km나 되는 '니춥테' 호수를 사이에 두고 총 16km 길이의 긴 직사각형 모양의 섬으로 되어 있었다. 배를 타고 호수를 건너가거나 다리 하나를 통해서만 컨벤션 센터로 접근할 수 있었다. 그곳에서 2003년 9월 11일 WTO 칸쿤 각료회의가 개막되었다. 폭스 멕시코 대통령이 참석한 가운데 개막회의가 각료회의 의장인 데르베즈 멕시코 외무장관 주재로 시작되었다. 한국에서는 통상교섭본부장과 농림부 장관이 함께 참석했다. 통상교섭본부장은 개막연설에서 농업의 지속적인 개혁을 지지하지만, 비 교역적 관심 사안(NTC)을 고려하여 점진적으로 진행되어야 한다고 강조했다. 그러면서 싱가포르 이슈에 대해 협상을 조속히 시작할 것을 주장했다.

공식 의제의 하나로 서부 아프리카의 부르키나파소, 베냉, 차드, 말리 등 4개국이 제안한 면화에 대한 분야별 자유화를 논의했으며, 다수의 아프리카 국가, 캐나다, 인도 등이 지지발언을 했다. 미국이나 유럽은 모두 별다른 반응을 보이지 않고 듣고 있는 정도였다. WTO 각료회의에 참석 중이던 농림부 장관은 농업 분야 작업반 의장(facilitator)이었던 싱가포르 통상 장관을 만나 우리 입장을 전달했다. 이 자리에서 우리 측은 WTO가 각국 농업의 공존을 위한 장이지, 환경이 불리한 국가에서 농업의 존재를 부정하는 것은 아니라는 점을 강조하고, 동시에 농산물에 관세 상한이 설정되어서는 안 된다는 분명한 입장을 전달했다. 그리고 인도네시아 주관으로 특별 품목(SP, Special Products)[219] 그룹 각료회의를 개최하여, SP와 SSM(Special Safeguard Mechanism)[220]에 대한 공동제안을 만들어 일반 이사회 의장에게 공동명의로 서신을 발송했다. 한국은 이 공동제안 서신의 발송 국가로는 참여하지 않고, 농림부 장관 명의의 개별 서신을 발송했다. 공동 제안국가들이 우리에 비해 경제발전 수준이 현저히 낮은 국가들임을 고려해, 이들 국가와 함께 제안하는 것보다는 개별적으로 전달하는 것이 바람직하다는 현지의 판단이었다. 그리고 한국에 가장 문제가 되는 관세 상한은 우리를 제외한 나머지 특별 품목 지지 국가들에게는 우려 사항이 아니기 때문이었다.

싱가포르 이슈가 각료회의의 주요 쟁점으로 등장하면서 투자, 경쟁 정책, 무역 원활화, 정부조달 투명성 제고 등 4개 과제 모두의 협상 개시를 주장하는 측과, 어떠한 과제도 협상 개시를 반대하는 측이 대립했다. 한국은 4가지 이슈 모두가 동일하게 처리되어야 한다는 입장을 취하는 한편, 분리하여 처리하는 경우 추후 협상 개시가 명백히 보장되어야 한다는 강한 입장을 견지하고 있었다. 개도국들은 싱가포르 이슈 4개를 모두 반대하고 있었지만, 무역 원활화와 정부조달 투명성에 대한 반대가 나머지 2개, 즉 투자와 경쟁 정책보다는 약했다.

칸쿤 각료회의는 농업 분야에 특별한 진전이 없는 상황에서 싱가포르 이슈에 대해서도 여전히 입장이 대립하고 있었다. 2003년 9월 14일 칸쿤

---

[219] WTO 협상 그룹 중 우리나라가 소속된 G33이 개도국의 농업 보호를 위해 주장하는 개념으로, 관세감축이나 TRQ 물량 제공 등에 있어서 특별대우를 요구하고 있고 자기 선정(self-selection) 원칙을 주장하고 있다.

[220] UR에서 관세화로 이행한 품목은 Special Safeguard를 발동할 수 있었으나, 개도국의 경우 여기에 해당하는 품목이 상대적으로 적어, 관세화로 이행하지 않은 품목이라도 수입이 늘어날 경우 국내 농업이나 농민 보호를 위한 세이프가드 장치로 G33 그룹이 주장하고 있다.

각료회의 마지막 날 3차 초안이 배포되었고, 농업 분야는 주요 그룹의 핵심 요구사항이 부분적으로 반영되어 있었다. 한국이 가장 강하게 주장한 농산물의 관세 상한 제외는 NTC에 근거하여 '제한된 숫자'(limited number)의 품목에 대해 추가적인 신축성을 부여할 수 있다는 협상의 여지를 남겨둔 모호한 문구로 정리되었다. 또 싱가포르 이슈는 무역 원활화와 정부조달 투명성에 대해서는 협상을 시작하고, 나머지 분야는 추가적인 논의를 하는 것으로 되어 있었다.

농민 운동가의 죽음

"이제 진실을 말하라."

"누구를 위하여 협상을 하고 있는가, 국민인가 너희들 자신인가?"

"이제 허구적 논리와 외교적 수사로 가득한 WTO 농업협상을 중단하라."

"농업을 WTO 체제에서 제외시켜라."

2003년 3월 전북 장수에 살던 한국 농민 이경해 씨가 WTO 정문에서 13일의 단식을 포함하여 38일간의 투쟁을 종료하면서, 당시 수퍼차이 WTO 사무총장에게 전달한 서신에 있는 내용이다.

이경해 씨를 처음 만난 것은 1982년 새마을운동중앙본부 새마을 청소년국에 필자가 파견 근무할 때였다. 당시 새마을 청소년중앙연합회[221] 회원과 일본 및 대만의 4-H 회원들 교류 프로그램[222]을 필자가 담당하고 있

---

[221] 우리나라에서 4-H의 명칭은 1947년 처음 들어와서 마을에서 활동한 4-H를 '4-H 구락부'로 불렀다. 새마을운동이 전개되면서 1972년부터 '새마을 4-H 구락부'로 변경되었고, 1979년에는 '새마을 청소년연합회'로 변경되었다. 1988년 이후 다시 4-H란 이름을 사용하고 있다.
[222] International Youth Exchange Program으로 당시 한국, 일본, 대만의 4-H 회원들의 교류를 위한 프로그램이다. 줄여서 IFYE라고 불렀다.

었다. 1982년 우리 4-H회원을 선발하여 보낼 때, 인솔자의 한 사람이 이경해 씨였다.

 그 이후 농민 운동가로서 활동하고 있다는 것을 언론에서 가끔 접하는 정도였는데, 어느 날 WTO 건물 입구에서 그를 만났다. 여기에 어떻게 왔느냐고 하자 명확한 대답은 하지 않고, WTO 시설에 대해 이것저것 물었다. 다음날 보니 WTO 정문 옆에 텐트를 치고 시위를 시작한 것이었다. 스위스 경찰이 이경해 씨를 데려가서 조사도 했다고 한다. 입국에 하자가 없고 본인이 지내는 데 필요한 적당한 돈도 가지고 있는 데다, 범죄를 저지를 가능성도 없었기 때문에 문제가 되지 않았다. 스위스에서는 규정에 어긋나는 시위에 대하여는 매우 엄격하지만, 시위는 보장된다. 시간이 경과하면서 이경해 씨 건강이 걱정되어 제네바 대표부 농무관으로 근무하던 필자는 근무가 끝나면 들러 확인하곤 했다. 시위를 시작한 지 보름 정도 지나서 이경해 씨가 단식을 시작했다. 이경해 씨가 WTO 정문에서 'No Eat, O Days'라고 쓰인 표식을 달고 시위를 한 지 10여 일이 지나자, 수퍼차이 WTO 사무총장이 출근하면서 보고, 사무국의 NGO 담당 국장에게 이경해 씨를 만나보라고 지시했다.

 담당국장이 이경해 씨를 만나기로 한 자리에 필자도 동석하고자 그곳으로 갔다. 도착하니 WTO 사무국에서 근무하던 한국인 직원이 있었는데, 담당국장과 이경해 씨와의 면담을 도와주기 위해서 왔다고 했다. 필자가 도착하자 직원은 그 자리를 떴고, 이경해 씨가 NGO 담당국장에게 요구했다. 지금 WTO가 농민을 죽이고 있으니 WTO 사무총장을 만나 한국 농민의 어려움을 얘기할 수 있게 해줄 것을 요구했다. WTO 국장은 "분명히 믿어야 할 것은 WTO 협상이 특정국의 농민을 죽이는 것이 목표가 될 수 없으며, 또 그것은 가능하지도 않다."라는 답변이었다. WTO 국장이 이경해 씨에게 사무총장에게 할 이야기를 적어주면 이를 사무총장에게 전달하겠다고 하자, 이경해 씨는 WTO 홈페이지에 게재해줄 것을 요구했다. WTO 국장은 한국의 NGO로부터 공식적인 요청과 같은 절차를 밟아주면 WTO 홈페이지에 게재하겠다고 약속했다.[223]

이경해 씨는 본인이 하고 싶은 이야기와 WTO 사무총장에게 보내는 서신을 작성했다. 편지의 번역은 제네바에 계신 어느 분의 딸이 도움을 주었다고 하고, 다른 하나는 당시 농협에서 국제협동조합연맹(ICA)에 파견 나왔던 분이 번역을 했다. 당시 이경해 씨 시위는 제네바 지역신문에도 보도되었다. 그리고 며칠 후 이경해 씨는 제네바를 방문했던 한농연 후배들과 함께 한국으로 돌아갔다.

그리고 몇 달 후 제5차 WTO 각료회의가 멕시코 칸쿤에서 개최되었다. 칸쿤은 중남미 유카탄 반도 북동부의 카리브 해에 접해 있는, 멕시코가 자랑하는 대규모 휴양지다. 유카탄 반도는 지금부터 100년 전 '애니깽'[224] 농장에서 우리의 멕시코 이민 역사가 시작된 곳이다. 각국 정부 대표단은 물론 전 세계에서 많은 농민 단체 대표들이 도착하고, 한국의 농민 운동가 이경해 씨도 왔다. 각료회의가 시작되고 얼마 지나지 않아 사고가 났다는 소식이 들려왔다. 이경해 씨가 자결했다는 것이다.

---

223) WTO 홈페이지에는 NGO 섹션이 있는데, 그곳에 자료를 게재하기 위해서는 회원국 NGO의 공식 요청이 있어야 한다는 것이 당시 WTO NGO 담당국장의 설명이었다.
224) 멕시코에 자생하는 가시 많은 선인장의 일종으로 밧줄을 만드는 원료로 사용된다.

🌐 잘사는 나라와 못 사는 나라의 싸움

이 싸움에서 누가 이길까? 당시 칸쿤 각료회의는 중반이 지나면서 결렬 분위기로 흐르고 있었다. 다자 협상이 결렬되는 국면으로 흐르면 그 책임을 누군가에게 돌리기 위해 희생양을 찾는다. 세계에서 가장 가난한 나라 베냉, 부르키나파소, 차드, 말리 등 서부 아프리카 국가는 면화 수출이 그들의 경제에서 차지하는 비중이 매우 높은 나라들이다. 이들 나라는 면화에 지급되는 보조금을 없애라고 주장하고 있었다.

아프리카의 가난한 4개국의 주장에 대해 직접적이지는 않지만 명시적으로 반대하는 나라는 사실상 미국뿐이었다. 결국 미국과 서부아프리카 국가가 싸우는 양상이었다. 농업의 개혁을 논의하는 협상의 장에서 면화에 대한 보조금을 없애라는 서부 아프리카 국가들의 주장을 적어도 명분에 있어서는 거부하기 어려운 상황이 전개되었다. 또한 브라질이 미국의 면화 보조금을 제소하여 WTO 분쟁으로 넘어가 있는 상황이었고, 미국의 패소가 예상되는 상황이었다. 면화의 보조금에 소극적인 입장을 취할 수밖에 없는 미국에게는 곤혹스러운 상황이 초래되었고, 회의가 진행되면 될수록 상황은 더 어려워져갔다.

일반 이사회에서는 선진국과 개도국 간 의견이 대립하는 남북 이슈인 싱가포르 의제[225]가 논의되고 있었다. 싱가포르 이슈에 대하여 아프리카와 카리브 해, 그리고 태평양 78개국 모임인 ACP 국가들은 투자, 무역 원활화, 경쟁 정책, 정부조달 투명성 등 4개 의제 중 무역 원활화와 정부

---

[225] WTO 출범 후 첫 각료회의가 싱가포르에서 개최되었는데, 여기서 투자, 무역 원활화, 경쟁 정책, 정부조달 투명성의 4개 의제를 논의해 나가기로 결정되었다. 그래서 이들 4개 의제를 싱가포르 이슈라고 부르고 있고, 선진국과 개도국 간 대립이 심한 의제로서, 선진국들은 협상에 적극적인 반면 개도국은 소극적이고 투자와 경쟁 정책은 강하게 반대하고 있다.

조달 투명성을 협상 의제에 올리기로 한 선언문 초안에 강하게 반대하고 있었다.

EU는 한국, 일본과 함께 싱가포르 네 가지 이슈 모두의 협상개시를 주장하는 입장이었다. 그런데 칸쿤에서 같은 입장을 취했던 한국 등과 사전 협의도 없이 네 가지 모두 협상을 개시해야 한다는 입장에서 투자와 경쟁정책은 제외할 수 있다는 입장으로 전환했다. 미국도 이런 EU의 입장에 동조하고 있었다. 각료회의 마지막 날인 2003년 9월 14일 데르베즈 의장은 9개국 회의를 가진 직후 30여개국이 참여하는 그린룸 회의를 소집했다. 의장은 싱가포르 이슈에 개도국의 반대가 강한 분위기임을 감안 이견이 덜한 무역원활화와 정부조달은 협상을 개시하고 나머지 투자와 경쟁정책은 의제에서 제외하자는 의견을 제시했다. EU는 이러한 의장의 제안에 동의를 했고 미국은 반대하지 않는 정도의 입장이었다. 인도는 개도국들과 추가적인 협의는 필요하지만 두 분야, 즉 무역원활화와 정부조달 투명성은 협상을 개시할 수 있다는 입장이었다. 이런 상황에서 의장은 국가들이 서로 협의를 할 수 있도록 정회를 했다.

이 시간에 ACP 60여 개 국가와 LDC 국가들은 싱가포르 이슈 타협안에 반대하는 입장을 결정했다. 그린룸[226)]이 재개되었을 때 이들 국가는 타협의 의사가 없다는 입장을 표명했는데 한국과 일본은 투자와 경쟁정책은 제외하는 것은 받아들일 수 없고 네 가지 모두 협상 시작을 주장하자 싱가포르 이슈의 타협이 불가능하다고 보고 의장은 회의를 종료했다.

그리고 같은 날 오후, 각국 수석대표 회의를 개최하여 의장은 공식적으로

---

226) WTO 사무총장실 옆에 약 20여 명이 모여서 회의를 할 정도의 방이 있는데, 과거 이 방에 깔려 있던 카펫의 색깔이 초록색이어서 그린 룸으로 불리게 됐다고 한다. 사무총장이 중요한 의사결정을 하기 위해 소집하는 주요국 회의의 대명사가 되었다.

칸쿤 각료회의의 결렬을 선언했다.

각료회의가 결렬되고 그 배경에 대해 다양한 의견과 평가가 나왔다. WTO 사무총장을 역임하고 칸쿤 각료회의 당시 EU의 통상 담당 집행위원이었던 파스칼 라미 집행위원은 각료회의의 실패 요인을 여러 가지로 이야기한 바 있다.[227] 그 중 하나가 한국이 농산물을 보호하기 위해 싱가포르 이슈에서 강하게 주장하여 결렬시켰다는 것이다. 또 다른 요인은 NGO들이 아프리카 국가들에게 면화를 강하게 들고 나오도록 해서 결렬을 유도했다는 것이었다. 또 브라질이 주도하는 농산물 수출 개도국 모임인 G20[228]은 타결을 희망하는 엄마인 농업(Agricultural Mom)과 정치인 아버지(Political Dad)사이에 태어났는데, 아버지 주장이 엄마의 주장보다 강했기 때문이라는 식으로 G20에 결렬의 탓을 돌리는 의견도 있었다.

파스칼 라미 EU 대외 담당 집행위원이 결렬 직후 비록 한국을 회의 결렬의 원인으로 지목했지만, 당시 그 어느 누구도 한국이 칸쿤 각료회의를 결렬시킨 것으로 보는 사람은 없었다. 다만 선진국과 개도국간 입장차이가 크고 개도국이 강하게 반대하고 있는 상황에서 의장 제안보다 강한 입장을 이야기 하며 결렬의 타이밍을 만들어주고 말았다는 시각도 있을 수 있다. 다음 각료회의를 언제 갖자는 합의도 하지 못하고 제네바에서 조만간 수석대표 회의를 개최하여 논의한다는 정도의 결정만 하고 끝이 났다.

칸쿤 회의가 결렬되자, 최대의 승리자는 NGO라는 평가가 나왔다. 일부 개도국은 각료회의의 타결보다는 자국의 정치적 영향력을 극대화하려는 시도를 했다는 비판도 있었다. 그런 연유로 WTO 체제를 개편해야 한다

---

227) 유럽정책센터(European Policy Center) 초청 강연, 2003년 9월 29일.
228) WTO 개도국 협상 그룹의 하나로 농산물 수출 개도국들의 모임이다. 브라질이 이끌고 있다.

는 이야기까지 나왔다. 각료회의가 결렬되고 얼마 후, 미국의 졸릭 무역대표부 대표는 WTO 각료회의가 무역 협상의 장이 아니라 정치 포럼으로 변질되었다고 비판했다. 반면 브라질의 아모림 외무장관은 미국의 농업 보조 프로그램을 정당화시키기보다는, 합의하지 않는 것이 더 낫다고 주장했다.[229] 다자 무역체제의 위기는 이때부터 시작된 것일 수도 있다. 그러나 다자 무역체제가 무너지면 그 피해자는 선진국보다는 개도국이 될 것이라는 데에는 이의가 없다.

WTO 홍콩 각료회의

6차 WTO 각료회의는 2005년 12월 13일부터 18일까지 홍콩에서 개최되었다. 2005년 11월 26일 라미 WTO 사무총장은 각료선언문 1차 초안에 이어 농업, 비 농산물(NAMA, Non-Agricultural Market Access) 서비스, 규범, 무역 원활화, 개발 등 6개 분야로 나눠서 협상 그룹별로 추가적인 논의를 거쳐 12월 7일, 일반이사회에서 제3차 회의에서 채택한 선언문 초안을 각료회의로 넘겼다. 그 이전에 합의된 통가(Tonga)의 WTO 가입, 지적재산권(TRIPs, Trad Related Intellectual Properties)와 공중보건 관련 사항 등을 추가하여 각료회의 기간 중이었던 12월 17일에 4차 초안이 발표되고, 12월 18일에 각료회의 최종안이 발표되었다.

홍콩 각료회의 기간 동안에는 최빈 개도국에 대한 지원 문제를 논의하는 개발(development) 이슈가, 농업에서는 수출 보조금 철폐 시한 등이 주

---

229) 김태곤, 농촌경제연구원, 'DDA 농업협상, 칸쿤 각료회의 결렬이후 동향'.

요 현안이었다. 그리고 비 농산물 분야 시장 접근을 위한 관세감축 방식과 관세가 내려감에 따라 개도국이 받고 있던 관세 특혜의 잠식 문제[230]가 주요 의제였다. 홍콩 각료회의에서 처음부터 완전한 세부원칙에 합의하기는 무리였고, 각국의 입장 차이가 얼마나 좁혀질 수 있느냐 하는 정도가 관심 사항이었다. 2년 전에 있었던 칸쿤 각료회의에 이어 또 다시 결렬될 경우, WTO를 중심으로 한 다자무역 체제에 대한 위기의식이 부각되면서 일부 의제에 대한 합의를 끌어내는 데는 성공했으나 전체적으로 역부족이었다. 홍콩 각료회의에서도 브라질, 인도 등 개도국의 목소리가 과거에 비해 높아졌고 미국, EU와 함께 브라질과 인도가 주요국으로 등장하는 변화가 있었다.

WTO 발리 각료회의

🌐 각료회의 개최 전 동향

2013년 12월 3일부터 6일까지 인도네시아 발리에서 개최된 제9차 WTO 각료회의에서 합의를 만들지 못하면 다자무역체제가 위기에 봉착할 것이라는 공감대가 있었다. 동시에 제네바 논의에서 합의되지 못한 쟁점들이 각료회의로 넘겨진 상태로 과연 합의를 이룰 수 있을지에 대한 회의적인 시각도 있었다.

2001년 시작된 DDA 협상이 지지부진하면서 양자 및 지역 간 FTA가 늘어나고, 이번 각료회의는 WTO가 교역 자유화를 위한 추진체로서 그 역

---

230) 영어로는 tariff preference erosion이며, 다자 협상에서 관세가 내려감에 따라 개도국들이 받던 관세 특혜의 폭이 줄어드는 문제이다.

할을 회복할지를 판단하는 시험대가 될 수 있었다. 그래서 각료회의에서 무리한 합의를 시도하기 보다는 협상그룹별로 최소한의 이익 균형을 유지하면서 무역 원활화(trade facilitation)[231], 농업, 개발(development)을 묶은 소위 「발리 패키지」를 만들어 타결을 시도했다.

🌐 마지막 쟁점, 인도의 식량안보와 쿠바의 경제제재

각료회의가 전체회의를 연기하면서까지 논의한 마지막 쟁점은 인도의 식량안보(food security) 문제와 무역원활화와 관련한 쿠바에 대한 경제제재를 해제하는 내용이 포함되지 않았다는 이유로 쿠바와 쿠바의 입장을 지지한 베네수엘라, 볼리비아, 니카라과 등의 반대였다.

인도 농민으로부터 식량을 관리가격(administered price)으로 수매하고 이를 다시 도시와 농촌의 가난한 사람들을 위해 낮은 가격으로 판매하는 제도를 운영하고 있다. 현행 WTO 농업협정 부속서 2의 공공비축제도는 시장가격으로 수매하고 시장가격으로 방출하는 것을 조건으로 하고 있다.[232] 이 경우 허용보조에 해당하고 WTO 농업협정상 한도가 없다. 이 부속서의 예외로 개도국의 경우는 식량안보를 목적으로 관리가격으로 수매하고 판매하는 것도 허용되나 정부의 수매가격과 국제가격과의 차액에 자격물량(eligible production)을 곱하여 산출되는 보조금이 최소허용보조(de minimis)를 초과하는 경우 감축대상보조(Total AMS)에 포함되어야 한

---

231) DDA출범 후 1996년 12월 싱가포르에서 개최된 첫 번째 각료회의에서 시작된 소위 4개 의제의 하나로 무역원활화는 정부조달 투명성과 함께 나머지 두 분야, 투자와 경쟁정책에 비해 반대가 상대적으로 적은 분야이다.
232) 우리나라 공공비축제도를 시장가격으로 수매하고 시장가격으로 방출하는 방식으로 운영하고 있다.

다. 인도는 UR에서 감축대상보조는 없는 것으로 통보했다. 공공비축 제도를 농업협정에서 규정한 최소허용보조 범위 내에서 운영하지 않으면 AMS를 초과하여 농업협정을 위배하는 문제가 발생한다.[233] 이를 해결하는 방안으로 인도는 농업협정이 개정될 때까지 개도국의 식량안보를 위한 조치가 AMS한도를 초과하더라도 제소의 대상이 되지 않도록 평화조항(peace clause)을[234] 시한을 정하지 말고 연장할 것을 주장했다.

미국 등 일부 국가는 농업보조의 한도를 정하고 있는 WTO 약속 기반을 훼손한다는 이유로 4년간만 연장하자는 입장이었다. 2015년 말 개최되는 제10차 WTO각료회의에서 평가를 하고 2017년 말 개최되는 제11차 WTO각료회의까지 농업협정에 반영여부를 결정할 때까지만 연장하자는 것이었다. 이러한 입장은 농업협정을 개정하여 항구적인 해결을 전제로 평화조항을 무기한 연장하자는 인도의 주장과는 괴리가 있었다. WTO 사무총장은 인도와 미국과 연쇄 접촉을 통해 타협에 이르렀다. 미국과 인도 입장의 차이를 협상의 합의문 작성과정에서 종종 활용되는 건설적 모호성(constructive ambiguity)으로 해결한 것으로 보인다. 합의의 요지는 항구적 해결방안을 위한 권고안을 만들기 위한 농업위원회에서 작업계획(work programme)을, 4년 후 열리는 제11차 각료회의 이전까지 결론을 내는 일정으로 마련하고, 그 보다 앞서 열리는 제10차 각료회의에서는 그 동안의 진

---

[233] 농업협정 7.2(b) 조항은 Total AMS가 없는 국가는 최소허용보조(de minimis)를 초과하지 않아야 한다고 규정하고 있다.

[234] WTO 농업협정에 따라 지급되는 국내보조와 수출보조에 대해서는 UR 협정 이행 기간(선진국의 경우 6년이나 평화조항과 관련한 이행기간은 9년) 동안 보조금 협정에 따른 제소를 당하지 않도록 한 조항이다. 농업협정 제13조에 규정되어 있으며 보조금상계조치 협정의 대상에서 예외로 되어있다. 현재 평화조항의 기간은 만료된 상태다.

전사항을 일반이사회가 보고토록 한다는 것이다. [235]

인도는 자국의 입장이 반영된 것이라는 주장이 가능하고 미국 입장에서도 시한이 설정된 의미라는 주장이 가능한 문구로 생각된다. 평화조항의 연장시한에 관한 명확한 결론은 일단 제11차 각료회의까지 미뤄진 형태로 볼 수 있다. 인도와 미국의 이러한 합의에 대해 파키스탄은 보조금을 받은 인도의 농산물과 제3국 시장에서 경쟁에서 불리할 수 있다는 이유로 반대했다. 식량안보를 위한 보조가 무역을 왜곡하지 않아야 한다는 당초 안에 다른 회원국의 식량안보에 부정적 영향을 미쳐서는 안 된다는 문구를 추가하는 형태로 파키스탄의 우려를 반영하였다. 마지막 쟁점이었던 쿠바에 대한 경제제재에 대하여는 무역원활화 합의와 관련하여 가트 5조[236]의 차별금지 원칙이 유효함을 재확인 했다는 문구를 삽입하여 쿠바의 동의를 이끌어냈다. 쿠바 등 일부 국가는 무역원활화 논의가 국가안정보장 등을 이유로 가트 5조의 예외를 만들려는 것이 아니냐는 우려를 가지고 있었다.

🌐 발리 각료회의 평가와 전망

UR과는 달리 칸쿤 각료회의 이후 협상그룹이 많아지다 보니 뚜렷한 주도 세력이 없어 의사결정을 어렵게 하고 있다. 협상그룹이 이해를 중심으로 결성되기 보다는 정치적 영향력을 극대화하는 차원에서 국가수가 많아졌다. 이로인해 국가별 이해도 복잡하게 얽힘에 따라 그룹 내 의사결정

---

235) WTO, WT/MIN(13)/W/10, 2013년 12월 6일
236) Freedom of Transit을 말하며 체약국은 국제운송을 위해 가장 편리한 경로로 체약국의 영역을 경유할 수 있도록 규정하고 있다. 체약국은 국가별 차별을 해서는 안 된다고 규정하고 있다.

도 어려워지는 상황이 계속되고 있다.

이번 각료회의에서 WTO가 어느 정도 성과를 만들었지만 다자무역기구로서 WTO역할에 완전한 신뢰를 주기에는 아직 부족한 상태이다. 발리각료회의에서 최대 쟁점이었던 식량안보 문제는 구체적인 결정을 뒤로 미루는 형태의 타협안이다. 협상의 중간단계에서는 이런 방식의 합의가 가능하나 마지막 단계로 가면 가능하지 않을 것이다. 이번 각료회의의 타결로 제네바 차원에서 후속작업을 해나갈 명분과 동력은 확보되었다.

DDA협상의 타결을 위해서는 발리 패키지에 들어있는 것은 물론 나머지도 합의해야 한다. 제네바 차원의 논의만으로는 합의의 형성이 어려울 수 있다는 평가가 나올 수 있다. 이에 대한 해결방안으로 제네바 차원의 프로세스와 병행하여 20~30개국 정도로 본부의 고위급이 참여하는 비공식 협의체의 구성 필요성이 대두될 수도 있다.

DDA협상과는 별도로 지역 간 FTA가 급속하게 진전되면서 궁극적으로는 세계 경제 블록이 미국이 주도하는 TPP, 미국과 EU간 TTIP, 중국의 RCEP으로 정리되면서[237] 장기적으로는 다자무역체제의 의사결정 구조에도 변화를 가져오는 계기가 될 수도 있다.

---

237) 본서 246페이지 17. TPP와 RCEP 참조

15. WTO 협상을 주도하는 그룹들

개도국이 새로운 세력으로 등장하다

　UR 협상에서는 미국과 EU가 어떤 입장을 정리하느냐, 그리고 이 두 나라가 합의를 하느냐 마느냐가 협상 타결을 결정짓는 절대적 변수였다. 그래서 협상의 진전 여부를 예측하는 데 이들 두 나라가 당면한 정치, 경제적인 변수가 무엇인지가 통상을 하는 사람들에게는 주요 관심 사안이기도 했다. 미국의 행정부가 바뀌면 새로운 협상 팀이 등장할 때까지 다자 협상의 무대인 제네바에서는 협상이 진행되지 않았고, 또 미국과 EU의 정치적 일정이 협상의 일정에도 영향을 미쳤다.

　UR에서 협상이 고착되고 있던 1992년 11월, 미국과 EU가 합의하면서 UR 협상이 급속하게 진전된 사건이 있었다. 미국과 EU가 백악관 앞에 있는 블레어하우스(Blair House)[238]에서 합의를 한 소위 블레어하우스 합의

---

[238] 미국의 영빈관으로서 백악관 맞은편에 있다. 미국을 방문했던 많은 국빈이 이곳에서 묵으며, 종종 국제적인 회의도 열리곤 했다.

239)이다. 당시 고착 상태를 가져온 농업협상, 특히 국내 보조와 수출 보조금의 감축 방식과 내용에 관한 합의였다. 두 나라 간 쟁점이 타결되자 UR 협상 타결의 전망이 고조되었으나, 공산품 분야에서 합의에 실패하여 1993년 7월 28일 무역협상위원회(TNC)에서 UR 타결 시한을 1993년 12월 15일로 설정했다. 1994년 3월까지 각 나라의 양허표를 최종 확정하고, 1994년 4월 12일부터 15일까지 모로코 마라케쉬에서 개최된 각료회의에 각국 대표가 참석하여 UR 협상 결과에 서명하는 일정이 정해졌다.

UR에서는 미국과 EU가 합의하면 협상의 타결 여부에 지대한 영향을 미쳐온 것이 사실이다. 그래서 수입국은 EU를 통해서 자국의 입장을 반영하려 하며, 또 수출국은 미국을 통해 자국의 입장을 반영시키려 했다. 그런데 DDA 협상을 시작하면서 이러한 구도가 서서히 무너지고 있었다. 개도국은 개별 국가의 무역 규모로는 적지만 국가 수가 많은데, 이들이 하나의 그룹을 만들어 하나의 목소리를 내기 시작한 것이다. 개도국이 다자 협상에서 주요한 협상 세력으로 등장하기 시작했다. 이는 WTO의 민주화에 기여하는 측면은 분명 있지만, 무역기구로서 의사 결정을 지연시키는 요인이 되는 측면도 있다.

---

239) Blair House Accord로 부르며, 주요 내용은 수출 보조금 감축 물량을 24%에서 21%로 낮추고, 국내 보조금에 대해 생산통제 하의 직접보조 허용, 국내 보조금에 대한 농업보호지표(AMS)를 산정할 때 품목의 감축 융통성 인정 등이다. 여기서 농업협정에 있는 블루박스가 만들어졌다. 프랑스가 반대하여 수출 보조의 재고 곡물을 UR 협정이 발효되는 시점에 수출 보조금 삭감 대상에서 제외하고, 수출 보조금 삭감 기준 연도를 당초 1986~1990년에서 1991~1992년으로 전환하도록 하는 일부의 수정이 있었다.

WTO 농업협상그룹

　WTO 협상그룹은 UR때부터 있었던 그룹도 있고 DDA협상을 계기로 만들어진 그룹도 있다. 농산물 수출국들로 구성된 케언즈(cairns)[240] 그룹과 EC를 포함한 한국, 일본, 스위스, 노르웨이, 모리셔스로 구성되어 활동했던 NTC 그룹이 전자의 경우다. NTC 그룹은 DDA 협상과정을 거치면서 농업의 다원적 기능을 주장하는 국가라는 의미에서 MF6로 불리기도 했다. 이후 EC가 빠지고 스위스 주도로 이스라엘, 불가리아, 아이슬란드, 리히텐슈타인, 대만이 참여한 G10이 만들어졌다.

　UR에서는 소위 주요 4개국, 쿼드(Quad)라고 불리는 미국, EU, 일본, 캐나다 네 나라가 참여하는 협의체가 있었다. UR협상에서 주요한 의사결정 그룹이었다. 이는 UR에서는 협상의 주요 사항을 결정하는 그룹에 개도국은 없었다는 의미이다. DDA 협상과정에서 이러한 선진국 중심의 구도에 변화가 생긴 것이다. 일본이나 캐나다 대신 개도국인 브라질과 인도가 들어갔다. 소위 G4라고 부르기도 하고 뉴 쿼드(new quad)로 불리기도 한다.

　브라질은 G20을 이끄는 국가이고 인도는 G33의 창설을 주도한 국가였다. 칸쿤 각료회의를 수개월 앞두고 제네바 인도 대표부의 대사가 한국을 포함한 몇 개국의 개도국 농무관들을 제네바 호숫가에 있는 식당으로 초청했다. 여기서 논의를 통해 G33이라는 개도국 협상그룹이 탄생했다. 인도가 인도네시아와 함께 G33을 이끌어가다가 인도가 G4에 들어가면서 인도네시아가 G33을 이끌게 되었다.

---

240) 농산물수출국 그룹으로 호주의 케언즈에서 UR을 계기로 만들어졌고 호주가 이끌고 있다. 회원국은 1호주, 아르헨티나, 볼리비아, 브라질, 캐나다, 칠레, 콜롬비아, 코스타리카, 과테말라, 인도네시아, 말레이시아, 뉴질랜드, 필리핀, 태국, 피지 등 18개국이다.

이제는 WTO무대에서 주요 4개국은 미국, EU, 브라질, 인도이다. 여기에 어느 나라가 더 들어가느냐에 따라 G5, G6, G7 등으로 불리게 되었다. 호주는 케언즈 그룹을 이끄는 대표로서 G4에 추가되어 2004년 3월경 소위 G5가 형성되었다. 이는 NG5(Non-Group 5) 또는 FIPs(Five Interest Parties)로 불리기도 했다. 이해관계를 중심으로 만들어진 그룹은 아니라는 의미이다.

일본은 다자협상 무대에서 전통적인 쿼드국가의 하나였다는 명분과 G10의 일원으로 참여를 주장하여 2004년 7월경 형성된 그룹이 G6이다. 중국은 최근 가입국(Recently Acceded Member to WTO)으로서 지위는 물론 국가규모면에서 명분 등을 가지고 주요 국가그룹에 들어가서 형성된 그룹이 G7이다. 이후 미국, EU, 인도, 브라질 로 구성된 G4외에는 경우에 따라 호주, 일본, 중국 중 어느 나라가 들어가기도 하고 빠지기도 한다. 그래서 G5나 G6을 이야기할 때는 종종 달라지기도 한다.

적지 않은 개도국들이 어느 한 그룹에만 들어가는 것이 아니라 여러 그룹에 동시에 들어가기 때문에 그룹의 입장을 정하는데 이들 국가의 영향력이 커질 수밖에 없다. 협상그룹의 성격을 구분하자면 한국, 일본, 스위스 등이 포함된 G10은 선진 농산물 수입국으로서 농업에 방어적인 국가이고 G33은 농업에 방어적인 개도국 협상그룹이다. 반면 G20은 농업에서 공세적인 개도국 협상그룹이다. 그런데 인도, 중국, 인도네시아, 필리핀, 페루 등 이 두 그룹에 모두 가입하고 특히, 인도네시아, 파기스탄, 필리핀, 페루 등은 케언즈 그룹에도 가입해 있다. 그 만큼 각 그룹의 입장을 정함에 있어서 회원국의 이해의 조정이 어렵고 다수의 이해관계를 반영하면 스펙트럼이 넓어진다는 의미이다. 협상그룹은 다양한 배경으로 만들어지는데 이슈를 중심으로 협상 그룹을 이야기하면 농업 분야가 절대적으로 많다.

한국과 개도국

국가의 발전 정도를 구분하는 기준에는 여러 가지가 있다. 그 중 가장 많이 사용되는 기준이 선진국과 개도국이다. WTO 규정에는 이 두 가지 기준에 더하여 최빈 개도국(LDC, Least Developed Country)이 있다. WTO 규정이 국가의 발전 정도에 따라 의무 이행에 차이를 두고 있기 때문이다.

WTO 회원국 중 선진국은 EU를 한나라로 간주하면 20개국이 채 되지 않는다. 그리고 UN 경제사회개발이사회(UNCTAD)에서 최빈 개도국(Lease Developed Countries)으로 등재되어 있는 49개 국가가 있고 이중 발리 WTO 각료회의에서 가입한 예멘을 포함하여 31개국이 WTO회원국이다. 여기에는 라오스, 미얀마, 방글라데시 등이 속한다. WTO 농업협정은 최빈개도국들에게는 보조금과 관세 감축 의무를 부과하지 않는다. 개도국은 그 수도 많고 국가별로 경제발전의 수준에도 상당한 차이가 있다. 이런 이유로 국가별 발전의 차이를 무시하고 똑같이 취급하는 것은 적절치 못하다는 주장이 지속적으로 제기되고 있다. EU, 미국 등이 대표적 국가이다. 개도국을 발전 정도에 따라 세분화하자는 논의는 경제협력개발기구(OECD)에서 먼저 시작되었다. 한국은 개도국을 세분화하려는 시도에 대해 논의 자체를 봉쇄하는 전략으로 대응해 오고 있다. 개도국 지위를 받지 못하면 농업 부문에서 부담이 늘어나는 것은 물론 이는 국내적으로 큰 정치적 이슈가 될 것이기 때문이다. 우리나라는 선진국들이 주로 참여한 농산물 수입국 협상 그룹인 G10[241]과 개도국 그룹인 G33 그룹 모두에

---

241) 농산물 수입 선진국이 주로 가입하고 있는 그룹으로 농업 보호적 입장을 취하는 국가의 모임이다. 한국, 스위스, 일본, 노르웨이, 아이슬란드, 대만, 모리셔스, 이스라엘, 리히텐슈타인.

가입하고 있으나, 종종 미묘한 입장에 처하는 일이 발생하기도 한다. 예를 들면 필자가 제네바 대표부에서 농무관으로 근무하던 시절, G33 그룹의 입장을 담은 초안에 '관세 상한은 모든 개도국에 적용되지 않아야 한다'는 문구에 대해 서울에서 훈령이 내려왔다. '모든' 이라는 단어가 개도국을 세분화하는 의미가 될 수 있으므로 빼라는 것이었다.

WTO에서 개도국의 개념에 대한 정의는 없다. 내가 개도국이라고 선언하면 개도국인 자기선언 원칙(self-declaration)이 있을 뿐이다. 그런데 어떤 분야는 개도국이고, 어떤 분야는 선진국이라는 식은 성립되지 않는다. 즉 농업은 개도국이고 공업은 선진국이라고 할 수는 없는 것이다. 자기 선언 원칙이지만 선언만 한다고 인정되는 것은 아니고, 나머지 회원국이 어떤 나라의 자기 선언에 이의를 제기하지 않아야 한다. 한국의 개도국 지위에 대해 적지 않은 나라가 인정할 수 없다는 입장을 보이고 있고, 앞으로 그런 국가는 더 많아질 것이다. 이들 국가 가운데는 우리와 같은 협상 그룹에서 농업 보호를 주장하며 활동하는 국가도 있다.

농산물 수입국 모임이면서 대부분이 선진국인 G10 국가들 가운데서 한국과 나머지 국가들, 특히 일본, 스위스, 노르웨이 등과 미묘한 간극이 있었다. 2003년 3월 스위스가 주관한 G10의 공동 발표문을 위한 문안 협의 과정에서 개도국 입장과 조화되지 않는 부분이 있다고 우리가 참여하지 않은 일이 있었다. 앞으로 우리 입장은 개도국 지위를 둘러싸고 더 어려워지고 미묘해지는 일이 벌어질 것이다. DDA 협상이 끝나면 개도국 기준에 따라 농업분야 이행 계획서를 작성해서 제출하면, 그 이후는 WTO 회원국의 검증 과정이 있게 되는데, 이 과정에서 한국의 개도국 지위가 현안으로 대두될 것이다. 국민소득이 2만 달러가 넘고 세계 10대 교역 대국인 한국을 이제는 더 이상 개도국으로 볼 수 없다고 이야기하는 국가들이 지금보다 많아질 것이다. 이번 DDA 협상에서 한국이 개도국 지위를 성공적으로 유지하더라도 이것이 개도국 지위를 갖는 마지막 다자 라운드가 될 것이다.

16 농산물 관세와 보조금 감축

농산물 관세감축 방식

다자 협상에서 나오는 관세감축 방식에는 차이가 있으나 공통적으로 다루는 두 가지 요소가 있다. 하나는 관세감축을 얼마만큼 내릴 수 있는가 하는 것이고, 다른 하나는 각 국가별로 차이가 있는 관세 수준의 격차를 얼마나 빨리 줄일 수 있는가 하는 것이다. 전자보다는 후자가 쟁점이 된다. 여기서 각 나라의 관세 수준의 격차를 해소하는 관세감축 방식을 통틀어 조화(harmonization) 방식이라고 하는데, 조화의 정도는 관세감축 방식이 무엇이냐에 따라 달라진다.

가트가 창설되고 1963년 이전까지 농산물 관세감축 방식은 어느 나라가 요청(request)하고, 요청을 받은 국가는 그 요청을 검토하여 제안(offer)하는 R/O(Request and Offer) 방식이었다. 이 방식은 국가별로, 품목별로 협상이 진행되면서, 이해관계가 큰 국가와 품목을 대상으로 관세감축 협상이 이루어지는 것이 일반적이었다. 따라서 영향력이 큰 나라가 절대적으로 유리한 방식이다. 1963년부터 시작하여 1967년에 끝난 케네디 라운드에서는 공산품의 관세인하 방식으로 일률적으로 50%를 감축하는 방식이 채택되기도 했다.

1980년에 시작된 도쿄 라운드에서는 단순 평균으로 약 38%, 가중 평균으로는 약 33%의 관세인하가 있었다. 다자 협상에서 관세 감축률은 양허세율을 기준으로 계산한다. UR 협상에서 수량적 수입 제한을 모두 관세로 전환한 것은 매우 획기적인 방안이었다. 만약 여기에 조화의 정도가 강한 관세감축 방식까지 들고 나왔다면 협상에서 합의가 훨씬 어려웠을 것이다. UR 협상에서는 수입 제한 품목을 관세로 전환[242]하고 모든 품목의 관세를 양허했다는 성과에 만족해야 했다. DDA 협상에서 나온 거의 모든 관세감축 방식은 관세율이 높으면 더 많이 감축하는 조화 방식을 내포하고 있으나, 실제적인 방식에 따라 그 차이는 상당히 다르다. 관세율을 구간으로 나누고 구간별로 감축률을 달리 적용하고, 관세율이 높은 구간에는 더 높은 감축률을 적용하는 방식이기 때문이다. 구간을 어떻게 나누느냐에 따라 결과는 달라질 수밖에 없다. 이러한 세부 내용의 차이에 따라 이름을 달리 붙였다. 동시에 자국에 민감한 품목의 세율 구간에는 조금이라도 낮은 감축률이 적용되도록 구간을 나누기도 했다.

스위스 감축 방식[243]은 지금까지 나온 그 어떤 감축 방식보다 조화가 강한 감축 방식이었다. 이 방식에는 관세 상한도 있다. 설정하고자 하는 관세 상한을 정하고 공식에 이 수치를 적용하면, 관세율이 얼마든 설정한

---

242) 국내외 가격차를 어떻게 계산하느냐에 따라 관세 상당치(TE)의 수준이 달라지게 된다. 수입국은 국내 가격은 높은 가격을, 수입 가격은 가급적 낮은 가격을 사용하여, 실제 가격차보다 TE가 상당히 높게 산출된 경우가 많았다. 일부 학자들은 이를 'dirty tariffication'이라고 부르기도 한다.
243) T'(new tariff)=A*T(old tariff)/{A+T(old tariff)}로 여기서 T가 어떠한 값이라도 상수 A 이상의 숫자는 나올 수가 없다.

수치 이하로 나오도록 되어 있다. 예를 들면, 관세 상한을 25%로 하려면 공식의 상수에 25를 적용하면 그 이상의 수치는 나올 수 없다. 반면 우루과이 라운드 방식은 최소 관세 감축률과 평균 감축률을 정하고, 이를 모든 품목에 획일적으로 적용하는 선형 감축 방식이다. 조화의 강도가 상대적으로 약한 관세감축 방식이다.

스위스 감축 방식이 조화의 강도가 강하고 관세 상한도 있지만, 우루과이 라운드 방식보다 감축 효과가 항상 큰 것은 아니다. 관세가 낮은 국가의 경우 UR 감축 방식보다 관세감축의 폭이 오히려 줄어든다. 대체로 스위스 감축 방식의 상수를 25로 하고 UR 감축 방식의 평균 감축률을 36%로 가정하면, 관세율이 14%보다 낮은 국가의 경우는 스위스 감축 방식이 UR 감축 방식보다 관세감축이 적다. 또 14%에서 20%인 국가는 두 감축 방식에 큰 차이가 없었으나, 20% 이상인 국가는 스위스 감축 방식이 더 많이 감축하게 되고, 세율이 높으면 높을수록 그 차이는 엄청나게 커진다. 그래서 스위스 감축 방식은 농산물의 평균 관세율이 6%로 낮은 미국이 지지한 방식이었다. 농산물의 평균 관세율이 63%인 한국이나 높은 관세를 유지하고 있는 스위스, 일본을 포함한 G10 그룹은 절대적으로 반대했다. 예를 들면 관세율이 70%인 품목에 상수가 25인 스위스 감축 방식을 적용하면 세율이 18%가 되고, 평균 감축률 36%인 UR 방식을 적용하면 45%가 된다.

스위스 방식과 우루과이 방식을 섞은 것이 혼합(Blended) 감축 방식이다. 미국이 제안한 방식으로 일부 품목의 관세감축은 UR 방식으로, 또 일부 품목은 스위스 방식으로 감축하는 것이다. 각국이 민감 품목을 유리한 방식으로 적용할 것이므로 실질적인 시장접근이 안 될 수도 있다는 문제 제기가 있었다. 그러나 미국은 양자 협상을 통해 충분히 해결 가능하다는 자신감과 일부 품목에만 높은 관세를 유지하고 있는 국가에게는 유리하다는 점을 부각시켜, 지지 국가 확대를 염두에 두고 이 방식을 주장했다.

DDA 농업협상에서 가장 먼저 나온 방식이 관세를 세율을 기준으로 구간을 나누고 구간별로 감축률을 달리 적용하는 방식이었다. 당시 농업협상 회의 의장이었던 하빈슨 의장[244]의 이름을 따서 하빈슨 방식이라고 불렀다. 이와 유사한 방식으로서, 농산물 수출국이면서 개도국 그룹인 G20 그룹이 구간별(tiered) 감축 방식도 있었다. 하빈슨 감축 방식과 형식 면에서는 별 차이가 없으나, 구간을 달리하고 비교적 조화 요소가 상대적으로 많이 내재된 점에서 차이가 있다.

농업협정에 있는 3개의 상자-앰버, 블루, 그린

WTO 농업위원회에서 제기되는 현안을 내용별로 분류하면 국내 보조와 관련된 현안이 전체 현안의 77.7%를 차지하고 있다.[245] 그만큼 이 분야는 다툼이 많이 발생하고 있는 분야이다. 무역 왜곡 효과가 큰 회원국의 국내 정책을 무역을 덜 왜곡하거나 왜곡하지 않는 정책으로 전환해 나가도록 하는 것이다. 즉 정책을 3가지로 구분하고 무역 왜곡을 야기하는 정

---

[244] DDA협상 초기 제네바 홍콩 대표부 대사로서 초대 농업특별회의 의장이었다. 그의 이름을 따서 하빈슨 감축 방식으로 불렸다. 이후 홍콩대사에서 WTO 수퍼차이 사무총장의 비서실장이 되었다. WTO는 회원국에 의해 운영되는 기구로 농업특별회의 의장이 회원국 인사로 바뀌어야 하나 당시가 농업협상이 중요한 시점이어서 회원국들의 동의하에 WTO직원으로서 남은 임기동안 농업특별회의 의장 역할을 수행한 바 있다.
[245] WTO, Annual Report 2013, p 41

책들을 없애거나 줄여 나가도록 유도하는 것이다. 이러한 정책들을 그 내용과 유형에 따라 무역 왜곡 정도를 반영하여 앰버, 블루, 그린의 교통 신호등 색깔로 구분하여 표시하고 있다.

앰버박스는 생산과 무역을 왜곡하는 것으로 간주되는 모든 국내 보조가 여기에 해당하고 감축 대상 보조액(AMS)[246]으로 계산된다. 농산물 가격을 지지하거나 농업 생산과 직접적으로 연계된 형태의 보조를 말한다. UR에서 WTO에 통보된 한도(ceiling) 금액은 EU가 672억 달러, 미국이 191억 달러, 일본이 330억 달러이고, 우리는 1조 7천억 원으로 20억 달러가 되지 않는다. UR 협상 결과의 이행을 시작한 1995년을 기준으로, 감축 대상 보조 한도액이 각 나라의 농업 총생산액에서 차지하는 비율로 보면, EU는 39.1%, 일본은 45.9%, 미국은 12.1%이고, 한국은 8.2%에 불과했다. 우리의 AMS 한도를 이들 나라와 비교할 때, 우리 농업의 상대적인 규모에 비해 지나치게 적다. 그래서 감축 대상 보조 한도액의 소진율도 평균적으로 EU는 60%, 일본은 30%, 미국은 54%, 한국은 90%를 넘고 있다. 우리나라는 UR 협상 과정에서 AMS 한도를 계산하는 데 자격물량의 개념을 너무 소극적으로 해석하여 AMS가 낮게 계산되었던 것이다.

정책의 지원방식이나 내용이 AMS에 해당하더라도 품목 불특정적인 경우, 국내 농업 생산액에서 차지하는 비율이 선진국은 5%, 개도국은 10% 미만인 경우는 최소허용 보조(de minimis)에 해당한다. 품목 특정적인 경우 해당 품목 생산액의 선진국 5%, 개도국 10%까지는 최소허용 보조로 AMS 총액에 포함되지 않는다. 최소허용 보조를 초과하는 보조는 그 보

---

[246] Aggregate Measurement Support.

조 총액 전부가 AMS 총액에 포함된다. 우리나라의 AMS 총액은 UR 이행 첫 해인 1995년 1조 7천억 원에서 매년 감축하여 2004년 1조 4천억 원이다. 이 액수가 직접적으로 지급될 수 있는 돈의 개념은 아니다. 시장가격지지가 있는 정책이 시행되는 경우, 그 보조 총액은 정부가 개입하는 가격과 그 품목의 국제 가격과의 차이에 정부의 지원을 받을 수 있는 자격물량(eligible amount)을 곱하여 산출한 총액에서 그 정책에 소요된 행정 비용 등을 빼는 방식으로 산출한다. 따라서 정부의 재정이 전혀 투입되지 않더라도, 정부가 가격지지 등 형태로 시장에 개입하고 국내외 가격차가 존재하는 경우 AMS는 존재하게 된다.

우리나라는 AMS의 90% 이상을 쌀이 차지하고 있고, UR 당시 정부 수매량이 생산량의 약 20% 수준이었다. 정부 수매물량이 아닌 쌀의 생산량을 자격물량으로 계산하면 AMS 총액은 개략적으로 우리가 WTO에 통보한 금액의 5배 수준인 8조 5천억 원 수준이 된다. 앞으로 농정의 중심은 품목별 가격하락에 대응하는 제도가 농정의 중심이 될 수밖에 없다. 이 경우 보조의 여력은 우리 지원정책의 한도를 결정짓는 매우 중요한 요소이다.

블루박스, 한마디로 조건이 있는 앰버박스이다. 정책의 성격이나 내용은 감축대상 보조, 즉 앰버박스에 해당하는데, 생산자에게 생산을 제한하는 조건을 부과한 경우는 블루박스로 구분하여 농업협정상 보조금 감축 대상에서 제외하고 있다. 따라서 국내 농업정책이 여기에 해당하면, 그 정책을 통한 지원에는 현재의 농업협정 하에서는 한도가 없다. DDA 협상에서는 생산제한을 요구하지 않는 새로운 형태의 블루박스, 소위 뉴(New) 블루박스를 만드는 것까지도 합의가 이루어졌다. 미국의 경기상쇄 직불

(CCP)247)을 다자 규정에 합치시키기 위해 맞춤형으로 만들어지고 있는 규정이다. 동시에 블루박스도 무역 왜곡보조 효과가 있기 때문에 한도가 없는 현재의 농업협정과는 달리 DDA 협상에서는 한도를 설정하는 것으로 진행되고 있다. 즉 선진국은 농업 생산액의 2.5%, 개도국은 5%이다. 미국의 경우 경기상쇄 직불로 지급하는 보조금의 규모가 미국 농업 생산액의 2.5%에 훨씬 미치지 못하므로 미국은 보조금 한도액으로 인한 문제는 해소된다고 볼 수 있다. 한편 블루박스도 무역을 왜곡하는 보조이므로 연도별 상한을 설정하자는 주장도 나오고 있다.

그린박스는 지원 규모에 한도가 없다. 왜냐하면 무역을 왜곡하지 않기 때문이다. 그래서 까다로운 요건이 WTO 농업협정 부속서 2에 규정되어 있다. 크게 두 가지 요건이다. 하나는 공통 요건이고 다른 하나는 정책 유형별로 세부 요건이 있는데 정책별로 요건이 다르다. 공통 조건은 '무역을 왜곡하지 않거나 최소한으로 무역을 왜곡하는248) 보조'이어야 한다고 규정하고 있다. 또 허용보조 요건에 해당하기 위해서는 가격을 지지하지 않아야 하고, 그 지원액이 소비자에게 가격으로 전가되어서도 안 되고 품목의 목표 가격도 없어야 한다. 다만 생산자에 대한 소득 직접 지불은 요건에

---

247) Counter Cyclical Payment를 줄인 말이다. 2002년도 농업법(Farm Bill)에 의거, 농산물의 가격변동에 따라 지급하는 미국의 농업 보조금이다. 미국은 이 보조를 농업협정상의 허용보조로 WTO에 통보했으나, 브라질과의 면화 분쟁에서 허용보조로 인정받지 못했다. 191억 달러의 AMS로는 CCP를 수용하기 어려워지고 허용보조 요건을 충족할 수도 없는 상황에서, 미국은 DDA 협상에서 자국의 CCP 제도에 맞춤형으로 새로운 블루박스를 신설하면 CCP 제도의 안정적 운영이 될 수 있다고 판단하고 있다.

248) '…no or minimally trade distorting…'으로 표현되어 있다. 농업협정에는 그린박스 요건을 두 부분으로 규정하고 있다. 위의 문장은 첫 부분에 있는 규정으로, 부속서 2에는 그린박스의 정책 형태별 요건을 규정하고 있는데, 어느 한 부분도 충족하지 않는 경우 규정 위반이 된다. 여기서 대부분 어떤 지원정책도 정도의 차이는 있지만 무역 왜곡 효과가 전혀 없다고 보기는 어려운데, 그러면 그 정책이 과연 '최소 무역 왜곡'(minimally trade distorting)의 요건을 충족하느냐가 쟁점이 되고 있다.

위배되지 않지만, 이 경우에도 시장가격이나 생산량 수준과는 연계되지 않아야 한다. DDA 협상에서 일부 국가는 적지 않은 정책을 WTO에 그린박스로 통보하고 있으나, 무역을 왜곡하지 않아야 한다는 본질적 요건을 충족하지 못하는 경우가 많다. 그래서 현재의 그린박스 요건을 더 강화해야 한다는 주장도 나온다. 반면 일부 국가는 농업의 NTC 기능을 고려하여 그린박스 요건을 완화해야 한다는 얘기도 하고 있다.

DDA 협상이 끝나면 농업보조는 크게 두 가지로 구분된다. 즉 무역왜곡보조 총액(OTDS)[249]과 무역을 왜곡하지 않는 그린박스 보조이다. 다만 무역왜곡보조 총액(OTDS)에는 감축대상 보조(AMS), 최소허용 보조(deminimis), 블루박스가 포함된다. 여기서 감축대상 보조는 UR 협상과정에서 이미 산출되어 통보되어 있는 수준이고, 농업 생산액의 선진국은 2.5%, 개도국은 5%가 된다. 품목별 블루박스 상한을 기준기간, 즉 선진국은 1995년부터 2000년까지, 개도국은 1995년부터 2000년까지 또는 2004년까지의 지급실적을 상한으로 논의가 진행되고 있다.

국내 보조 총액과 관련하여 중요한 것은 보조의 수준이나 감축률이라기보다는 감축하고 남는 무역 왜곡보조의 규모이다. 앞으로 이것이 우리가 강구할 수 있는 허용보조가 아닌 정책지원의 WTO 한도가 되기 때문이다.

---

[249] Overall Trade Distorting Support를 줄인 말이다. UR에서는 블루박스, deminimis도 무역 왜곡 보조이나, 정도가 약하거나 규모가 작다는 이유로 감축 대상에서 제외되었다. 그러나 DDA에서는 이들 보조를 AMS와 함께 각각 감축하고, 동시에 총액으로도 감축하기 위해 설정된 무역 왜곡보조의 총액이다.

17
TPP와 RCEP [250]

APEC 보고르(Bogor) 목표와 WTO 협상의 부진

TPP나 RCEP 모두 아시아 및 태평양 지역에 속하는 국가들의 무역과 투자를 자유화하는 경제협정이다. TPP나 RCEP 어디에 속하든 모두 APEC 회원국들이다. 일부 국가는 두 군데 모두에 속해 있다. APEC 내에서 무역과 투자를 자유화하자는 움직임은 일찍이 미국의 주도로 있었다. 1994년 11월 인도네시아 보고르에서 개최된 APEC 정상회의에서 선진국은 2010년까지, 개도국은 2020년까지 무역과 투자의 자유화를 합의한 바 있다. 그러나 그러한 시도가 APEC 국가의 다양성을 고려할 때, 목표가 지나치게 높아 추진 동력을 상실하고, 그 일환으로 추진하던 분야별 조기 자유화(EVSL)[251]도 실패하고 말았다. 그렇다고 보고르 목표가 완전히 없어진 것

---

250) 환태평양경제동반자협정(TPP, Trans-Pacific Partnership Agreement)과 역내포괄적경제동반자협정(RCEP, Regional Comprehensive Economic Partnership Agreement)을 말한다. 전자는 2013년에 협상을 마무리한다는 일정이고, 후자는 2013년에 시작하여 2015년에 마무리하는 일정이다.
251) Early Voluntary Sectoral Liberalization.

은 아니고, 목표 달성이 늦어지고 있다는 것이 현재의 정확한 개념이다.

2001년 시작한 DDA 다자 협상이 10년이 지나도 타결의 실마리가 보이지 않고 있다. 150여 개국 이상이 참여하는 다자 무역협상이 UR 때와는 달리, 협상 주도 세력이 다양해지면서 합의가 어려워지고 있다. 이런 배경 하에서 소수의 국가가 지역을 중심으로 무역과 투자를 자유화하는 움직임이 나타난 것이다. TPP나 RCEP 모두 APEC에서 추진되던 무역과 투자의 자유화가 다른 형태로 다시 추진되는 것으로도 볼 수 있다.

아태지역 경제의 통합과 우리의 선택

세계 1위의 경제대국이 오래지 않아 바뀔 수 있다는[252] 것은 미국 중심의 아태지역의 경제에서 또 다른 축이 생겼다는 의미이기도 하다. 2012년을 기준으로 중국의 무역 규모[253]는 미국과 같은 수준이고, 2013년에는 미국을 추월할 전망이다. 구매력 지수(PPP)[254]를 기준으로 중국의 구매력이 2016년이면 미국을 앞설 것이라는 이야기도 있다.[255] 여기에 개도국의 목소리가 경제무대에서 그 어느 때보다 커지고 있다. 이런 관점에서 아시아 태평양 지역에서 진행되는 두 개의 거대 FTA 중 하나는 현재 세계 1위 경

---

[252] 골드만 삭스는 2027년이면 중국의 GDP가 미국을 추월하기 시작할 것으로 예상하고 있다.
[253] WTO, World Trade Report 2013, 전 세계 교역량은 금액을 기준으로 36조 달러(수출 17조 8천억 달러, 수입 18조 2천억 달러)이고, 미국이 3조 9천억 달러, 중국도 3조 9천억 달러로 같다. 수출액수는 중국이 2조 달러, 미국이 1조 5천억 달러이고, 수입은 미국이 3조 2천억 달러, 중국이 1조 8천억 달러이다. 수입 증가율의 속도가 중국이 미국보다 빠르다.
[254] Purchasing Power Parity의 약어이다. 구매력 지수를 기준으로 산출한 국민소득으로 물가와 환율 등이 같다고 가정할 때 상품을 구매할 수 있는 능력을 나타내는 지표로, '빅맥 지수(Big Mac index)'와 유사한 개념이다. 일반적으로 개도국들이 선진국들에 비해 상품 가격이 낮기 때문에 구매력 지수를 기준으로 국민소득을 평가하면 높게 나타나는 경향이 있다.
[255] 「아시아경제」, 2013년 3월 24일, '중국경제, 3년 뒤면 미국 따라 잡을 것-OECD'.

제대국이고 다른 하나는 수년 후 1위가 될 나라가 사실상 이끌어가고 있다. 전자는 TPP의 미국이고, 후자는 RCEP의 중국이다.

두 나라를 제외한 국가들은 어디에 들어가는 것이 좋은가? 둘 다 개방형이라 두 군데 모두 들어가는 것도 가능하다. 우리나라 최대의 교역국이 과거에는 미국이고, 최근에는 중국이다. 아태지역에는 우리보다 국민소득이 높은 국가도 있지만, 우리보다 낮은 국가가 더 많다. 두 지역 협정의 목표는 크게 보면 무역과 투자의 자유화로서 같다. 다만 TPP의 자유화 목표가 RCEP보다 더 개방적이고 속도가 빠를 뿐이다.

미국은 또 EU와 TTIP(환대서양경제동반자협정)[256]를 추진하고 있다. 한국은 이미 미국이나 EU와 FTA가 발효 중에 있다. 한국은 아직 TTP에 참여하지 않고, 일본은 TPP에는 참여하고 있으나 미국이나 EU와 FTA가 없다. 한국, 일본, 중국 모두 아세안 국가들과 이미 FTA를 체결하고 있어서 특별히 새로운 것은 없지만, 미국에게는 TPP로 아세안 국가의 시장이 더 개방되는 효과가 생긴다.

TPP나 RCEP 같은 협상도 참가국 수에서, 다자간 협상보다는 적지만 양자 간 협상보다는 많아 이해관계를 둘러싸고 타협해야 할 사항이 많아질 것이다. 미국과 EU 두 나라 간에 추진되는 TTIP가 가장 목표 수준이 높을 것이고 그 다음이 TPP, 그리고 RCEP 순서가 될 것이다. TPP는 현재 12개국이 참가하고 있으나, 나라 수가 많아지면 합의는 그만큼 어려워질 것이고, 그러면 목표 수준이 내려가거나 타협을 위한 예외가 필요할 수 있

---

256) Transatlantic Trade and Investment Partnership을 줄인 말이다. 미국과 EU는 2013년 6월 협상을 시작하여 2015년 완료를 목표로 하고 있다. 두 나라가 합의에 이르면 전 세계 GDP의 약 47%, 교역량의 30%를 차지하는 자유무역 지대가 될 전망이다. 유럽 농민단체는 소농 중심의 양질의 유럽 농업을 심각하게 위협하게 된다며 TTIP를 반대하고 있다.

다. 예외가 적으면 합의가 어렵고 예외가 많으면 FTA 효과가 줄어든다. 적절한 선택이 필요할 것이다. 얼마간의 예외는 불가피할지 모른다. 그리고 그 예외는 협상의 마지막 순간에 만들어질 가능성이 크다. 물론 체결 순서는 달라질 수 있지만 현재의 드러난 일정대로 진행되어 TTIP와 TPP가 RCEP 보다 먼저 체결되면 중국이 어떤 입장을 취할 것인가가 관심거리다. 또 TPP가 참가국을 늘려가면서 개방 폭을 높은 수준으로 유지할 수 있을지도 관심거리다. TPP, TTIP, RCEP를 제외하면 전 세계 경제권은 아프리카와 중동만 남는다. 아프리카 진출에서 상대적으로 우위에 있는 중국이 중국의 자본과 아프리카의 자원을 연계하는 경제협력 틀을 구상할 수도 있다.

우리는 높은 수준의 FTA를 미국, EU 등 거대 경제권과 이미 맺었고, 중국과는 FTA 협상을 진행하고 있다. 현재의 TPP가 추구하는 목표는 우리가 미국이나 EU와 같은 거대 경제권과 맺은 FTA 수준보다 낮다고 할 수는 없지만, 국가 수가 늘어나면서 개방의 폭이나 속도에 변화가 있을 수 있다. TPP와 TTIP가 성공하면, 단순하게 이야기하면 세계 경제의 3분의 2를 차지한다. 거기서 만들어진 틀이 제네바, 즉 WTO 프로세스를 통해 다자화되는 것은 시간문제일 뿐일 것이다. 또 다시 미국과 EU가 다자 무역체제를 주도하게 될 수도 있다.

아태 자유무역 지대

TPP와 RCEP는 단기적으로는 미국과 중국이 아시아 태평양 지역에서 서로 견제하려는 정치적 변수가 개입되고, 경제적으로도 경쟁과 보완이라는 두 가지 양상으로 진행될 가능성이 크다. 이 경우 장기적으로는 아·태 지역 무역을 관장하는 경제협정의 틀이 다르면 상당한 비효율이 초래될 수밖에 없을 것이다. 이러한 인식이 점차 확산되면 두 경제협력 협정에 모두 가입하고 있는 국가들을 중심으로 통합 이야기가 나올 수 있다. 궁극적으로 APEC이라는 하나의 모체에서 나온 두 개의 거대 FTA는 다시 아태 자유무역 지대라는 하나의 FTA로 통합의 움직임이 대두될 가능성도 있다. 왜냐하면 두 FTA가 개방형을 추구하고 있고, 두 협정에 모두 가입하고 있는 국가가 많아질 것이기 때문이다.

18 과학과 농업통상

과학적 근거와 사전예방 원칙

농업통상을 하면서 양자 통상에서 가장 많이 인용되는 단어의 하나가 과학적 근거(scientific evidence)이다. 그만큼 양자 간 현안에는 검역이나 검사와 관련한 통상 현안이 많다는 의미이다. 농산물은 교역 과정에서 해충이나 질병이 유입될 수 있고, 그것을 이유로 모든 국가는 적절한 조치를 취할 수 있다. 그러나 WTO SPS 규정을 비롯한 교역 관련 규범은 수입을 제한하려면 과학적 근거에 기초할 것을 요구하고 있다. 국제기준을 그대로 사용하든 달리 사용하든 그것은 해당 국가가 결정할 일이나, 달리 사용하려면 그럴 만한 과학적 근거를 가지고 있어야 한다. 과학적 근거를 제시하는 것이 과학 수준이 높은 국가에게는 어렵지 않지만, 그렇지 않은 국가에게는 상당히 부담이 되는 대목이다.

그러나 아무리 과학 수준이 높은 국가라 하더라도, 현재의 과학으로 위해 여부를 전부 판단할 수 있는 것은 아니다. 대표적인 것이 GMO이다. GMO 기술이 가장 발달한 국가는 미국이고, 그 위험성 평가에 관한 가장 많은 자료를 가진 나라이다. 미국은 안전성 검증을 통해 만들어진 GMO 식품은 전통적인 방법에 의해 생산된 것과 다르지 않다는 입장이다. 미국의 주장을 반박하기 위해서는 그 주장을 뒤집을 만한 근거를 제시해야 하지만, 그럴 만한 능력을 가진 국가는 별로 없다. 반면에 EU의 관점은 앞으로 과학이 더 발전하면 위해가 밝혀질지도 모른다는 것이다.

2013년 미국과 EU가 환대서양 무역투자 동반자 협정(TTIP) 체결을 위한 논의를 진행하고 있다. 두 나라 사이에 가장 첨예하게 대립할 분야가 GMO와 사전예방 원칙(precautionary principle)[257]을 둘러싼 논쟁이 될 것으로 보인다. 사전예방 원칙은 1980년대 들어 환경 분야에서 지역적으로는 유럽에서 먼저 거론되기 시작했다. 아직 통일된 개념은 정립되지 않았으나, 리우 환경선언에서는 '심각한 위협 또는 되돌릴 수 없는 피해를 방지하기 위한 조치가 과학적 확실성의 부재로 늦춰지거나 조치가 실행되지 않아서는 안 되는 것'으로 정의하고 있다.[258] 미국과 EU 간 진행되고 있는 환대서양 무역투자 협정, 즉 TTIP와 관련하여, EU 관계자는 미국에 대해 GMO에 대해 환상을 갖지 말라고 하고 있다. 반면 미국의 업계는 사전예방 원칙을 의제에 포함할 것을 요구하고 있다. 이들 두 대국이 이 문제를 어떻게 타협해 나갈지 관심을 가지고 지켜볼 필요가 있다. 만약 여기서 미국과 EU 간에 어떤 형태로든 타협이 이루어진다면, 그것이 새로운 국제 규범으로 되는 것은 시간문제일 뿐이다.

---

[257] 사람, 환경에 대한 피해를 되돌릴 수 없거나 추후 나타날 위험을 배제할 수 없는 경우, 과학적 근거가 불충분하더라도 사전예방 차원(caution in advance)에서 재량적 조치를 인정하는 것을 말한다.
[258] 리우 선언에는 'Lack of scientific certainty is no reason to postpone action to avoid potentially serious or irreversible harm to the environment.'라고 되어 있다.

무역 협정과 환경 협약[259]

무역 협약은 과학적 근거에 입각한 규제라는 개념이 중요한 반면에, 환경 협약은 과학적 근거는 물론 과학의 한계를 인정하고 사전예방 원칙도 중요하게 인정하고 있다. WTO와 같은 무역 협정은 기본적으로 교역을 자유화하기 위한 규정이다. 따라서 무역 협정과 환경 협약은 상호 보완적이면서 어느 면에서는 상충한다.

각종 국제협약에서 둘 간의 관계를 어떻게 규정할 것인가가 쟁점이 되는 경우도 적지 않다. 수출국의 입장에서 보면 가능한 한 규제를 최소화하자는 입장이다. 반면 수입국이나 보다 환경보호의 시각을 가진 국가 입장에서는 가능한 한 안전성을 검증하고 규제할 수 있도록 하자는 입장이다. 무역 협정과 환경 협약이 가지고 있는 근본적 속성이 다르다. 무역 협정으로 대표되는 WTO 협정은 과학적으로 입증되는 경우에 한해 규제를 하는 구조로 되어 있고, 환경 협약은 사전 예방적 차원에서 규제가 필요하다고 판단하면 규제를 할 수 있는 구조이다.

그러나 이러한 배경에는 농업을 보는 시각도 한몫 하고 있다. GMO에 대한 시각도 WTO 농산물 협상에서 나타나는 국가별 입장과 크게 다르지 않다. 1999년 9월 오스트리아 비엔나에서 개최된 바이오 안정성 의정서(Cartageha Protocol on Biosafety)[260] 논의 회의에 필자가 참석한 적이 있다. 주요한 쟁점 중의 하나가 무역 협약인 WTO 협정과 환경 협약인 바이

---

259) 여기서 무역 협약은 WTO 협정과 같은 trade agreement를 총체적으로 일컫는 말이고, 환경 협약은 Biosafety Protocol과 같은 environmental agreement를 일컫는 말이다.
260) 유전자 조작 작물(GMO)의 교역에 관한 첫 국제규정으로, 유전자 조작 농산물의 안전한 교역과 취급을 보장하기 위한 내용을 담고 있다. 카르타헤나 의정서라고 한다.

오 안전성 의정서와의 관계를 어떻게 설정하느냐 하는 것이었다. 미국과 EU는 이러한 충돌을 예견해서인지 각각 7-8명의 전문 변호사를 대동하고 회의에 참석했다. 미국과 EU 어느 쪽으로도 판가름이 나지 않았다. 의정서와 여타 국제협정은 동등한 위치(equal ststus)이며 다른 규정도 지속 발전에 관련됨을 인식하고 무역협정과 환경협약은 상호지지 한다는 내용으로 합의가 이루어졌다. 최종 합의한 카르타헤나 의정서에는 무역협정과 바이오 의정서가 상호 지지(mutually supportive)하고, 이 의정서의 어떤 부분도 기존 협정의 권리와 의무를 변경하지 않는다는 내용의 문구가 동시에 들어갔다.[261]

GMO[262]와 농림부 국정감사

전 세계적으로 2012년을 기준으로 1억 7천만 헥타르의 GMO가 28개국에서 재배되고 있는데, 40% 정도인 7천만 헥타르가 미국에서 재배되고 있다. 그러나 미국을 제외한 브라질, 아르헨티나 등에서 GMO 재배 면적이 빠르게 늘어나고 있기 때문에, 미국이 차지하고 있는 비율은 오히려 줄어드는 추세다. 2009년 콩, 면화, 유채, 옥수수를 기준으로 전 세계적으로 재배 면적의 44%가 GM(유전자변형) 작물로 2007년 38%에 비해 크게 늘어난

---

261) 카르타헤나 생물 다양성 최종 의정서의 서문에는 둘의 관계를 "Recognizing that trade and environment agreements should be mutually supportive with a view to achieving sustainable development, and emphasizing that this Protocol shall not be interpreted as implying a change in the right and obligation of a Party under any existing international agreement." 라고 규정하고 있다.
262) Genetically Modified Organism를 말하며 유전자 변형체이다. 종자, 형광 물고기 등과 같은 번식할 수 있는 생물체는 LMO(Living Modified Organism)라고 부른다. 구분하는 이유는, LMO의 경우는 환경에 방출되어 영향을 미칠 수 있기 때문에 달리 취급할 필요가 있기 때문이다.

것이다. 미국의 경우 콩의 94%, 옥수수의 85%, 면화의 93%, 유채의 82%가 GM 작물이다. 콩의 경우는 전 세계 재배 면적의 77%가 이미 GM 콩이다.[263]

GMO는 1990년대 후반부터 본격적으로 국내에서 이슈화되기 시작했다. 당시 농림부에는 이 업무를 담당하는 부서가 명확하게 지정되어 있지 않았다. GMO의 담당부서를 종자의 관점에서 보면 농산국이고, 옥수수, 콩과 같은 곡물로 보면 식량국이고, 식품안전과 관련된 사안이라면 유통국이었다. 농림부 내에서 GMO 관련 문서가 해외 동향 자료 형태로 접수되다 보니, 통상협력과가 GMO 관련 문서를 받아서 처리하고 있었다. 1997년 가을 국회의 농림부 국정감사와 관련하여 당시 국회농림해양수산위원회 소속 국회의원이 국내에서 수입되어 유통되는 콩을 수거해서, 농촌진흥청에 GMO인지의 여부를 분석해줄 것을 의뢰했다. 그런데 농촌진흥청의 분석 결과는 GMO가 나왔다는 것이다. GMO 문제가 국정감사에서 이슈화되리라는 것은 예상할 수 있었다. 당시 농촌진흥청 국장이 이러한 분석 결과를 농림부를 방문하여 장관에게 보고했다. 그리고 며칠 후 농림부 회의실에서 열린 국정 감사장에서 의원의 첫 질문은 "장관, 보고 받았소?"였다. 장관이 "예."라고 답변하자 장관을 대상으로 더 이상 질의는 없었다. 그 다음에 의원은 농림부 내 GMO 전문가를 발언대 앞으로 불러냈다. 필자가 나갔다. 당시 차관이 국정감사까지만 통상협력과가 담당하고 그 이후에는 소관 부서를 다시 정하자고 했다. 그 이후 유통국과 농산국 중 누가 맡을 것인지를 두고 논쟁하다가 유통국이 맡는 것으로 정해졌다.

---

[263] www.isaaa.org, International Service for the Acquisition of Agro-biotech Applications.

19 농산물 수출

선 통관, 후 검사

농산물 수출은 신선 농산물이냐 가공 농산물이냐에 따라 규제가 다르다. 신선 농산물의 경우 생산지역에 존재하는 질병이나 해충이 전파되는 매개체가 될 수 있기 때문에 검역 규제가 필요하다. 한편 신선 농산물은 시간이 지날수록 신선도가 떨어질 수 있기 때문에 신속한 통관이 또한 중요하다. 우리 신선 농산물은 대부분 일본으로 수출하고 있다. 품목은 파프리카, 오이, 방울토마토 등이다. 일본 정부는 한국의 농림부가 수출업체를 선정하여 통보하면, 그 업체가 수출하는 신선 농산물을 먼저 통관시키고, 나중에 검사를 하여 문제가 되면 그때 회수토록 하는 모니터링 제도를 시행하고 있었다. 수출국 입장에서는 신속한 통관이 되니 좋고, 수입국에서는 상대국 정부로 하여금 적절하게 안전성을 관리하도록 하는, 두 나라 모두에게 도움이 되는 제도이다.

1998년 초 주일 한국대사관에 근무하는 농무관이 통상협력과장이던 필자에게 전화를 했다. 한국에서 일본으로 수출한 오이에서 진딧물 방제

농약인 '다코닐' 성분이 검출되어 '선 검사 후 통관' 제도로 전환되었다는 내용이었다. 그리고 일본 정부는 왜 문제의 농약이 검출되었는지에 대해 자세한 경위를 조사해서 알려달라고 했다는 것이었다. 일본의 농산물 통관 방식이 '선 검사 후 통관' 제도로 바뀌자, 일본의 바이어(buyer)들은 다른 수출업체에 보낸 수입 주문도 취소하기 시작했고, 농약이 검출된 오이만이 아니라 방울토마토, 파프리카 등 모든 신선 농산물에 대해서도 마찬가지였다. 일본으로 수출하려던 물량이 가락동 도매시장으로 몰려나오자 가격이 폭락하기 시작했다. 신속히 수입제도를 '선 통관 후 검사'로 다시 전환해야 했다. 그러기 위해서는 왜 그러한 일이 발생했는지에 대한 소명과 그러한 일이 재발되지 않도록 하는 제도적 장치를 마련하여 일본 정부에 설명하고 납득시켜야 했다. 농림부 통상협력과에서 당시 일본에 오이를 수출한 업체 관계자 회의를 소집했다. 어느 수출업체가 일본으로 오이 수출이 잘되니까, 그 업체가 관리하지도 않는 농가로부터도 오이를 수집하여 그 업체 명의로 수출한 오이에서 농약이 검출된 것이었다.

문제는 다시 그러한 문제가 발생하지 말라는 보장이 없었다. 또한 재배 현장에서 이루어지는 일을 농림부 본부에서, 그것도 채소를 담당하지 않는 통상 부서가 이를 통제하는 것은 가능하지도 않은 일이었다. 우리 업체의 수출에 도움이 될 것이라는 단순한 생각에서 관리 시스템에 대한 충분한 점검이나 제도적 장치를 마련하지 않고, 모니터링 업체로 일본 농림수산성에 요청했던 것이었다.

이 문제를 해결하기 위해 방안을 마련했다. 우선 농촌진흥청 산하 농촌기술센터를 통해서 생산 현장을 관리하고, 국립농산물품질관리원의 출장소에서 농약 잔류 검사를 하는 것이었다. 해당 업체가 농촌기술센터의 지시를 잘 따르도록 모니터링 업체 신청을 농촌기술센터를 통해서 하도록 했다. 또 농촌기술센터가 농림부에 요청하면, 문제가 되는 업체를 예방 차원에서 모니터링 업체 명단에서 사전적으로 제외하는 방안도 강구했다. 일본이 이 방안을 받아들여 한 달여 만에 문제를 야기한 업체를 제외하고 모두 '선 통관 후 검사'로 다시 환원되었다. 문제가 해결되고 새로운 관리 시스템이 작동하자, 더 효과적인 업무 추진과 재배 현장 통제가 중요했기 때문에 이 업무가 국제농업국 통상협력과에서 유통국 채소과로 이관되었다.

소량 육류함유 식품, 라면

라면은 스프에, 만두는 만두소에, 냉면은 육수에 육류 성분이 소량 들어간다. 미국의 수입 검역제도는 육류가 들어간 제품과 그렇지 않은 제품에 따라 달리 운영된다. 육류가 원료로 들어간 제품에 대해서는 육류의 함량[264]이 상대적으로 낮은 제품은 FDA가 검사를 하고, 함량이 높은 제품은 농무부 산하의 식품안전검사처(FSIS)[265]가 검사를 한다.

육류의 함량이나 소관에 관계없이 미국으로 수출하는 식품에 사용된 모든 육류는 미국으로의 수출 자격이 있는 국가에서 생산된 것이어야 하고, 그 가공도 미국 정부의 승인을 받은 공장에서 이루어진 것이어야 한다. 쇠고기, 양고기, 돼지고기, 가금육류나 그 가공품 가운데 하나라도 미

---

[264] 육류의 경우 3% 미만, 가금육은 2% 미만, 육류 엑기스(meat extract) 20% 미만은 미국 FDA 소관이다.
[265] Food Safety Inspection Service를 줄인 말이다. 육류, 가금, 계란 제품의 식품안전, 표시, 검사를 책임지는 기관이다.

국으로 수출할 자격이 있는 국가는 2013년 7월 기준으로 전 세계에서 34개국에 불과하다. 대부분 유럽이나 남미 국가들이고, 아시아에서는 쇠고기와 돼지고기의 가공품 수출이 가능한 일본이 유일하다.[266] 중국은 가금육 가공품의 미국 수출이 가능했으나, 2013년 7월 현재 잠정적으로 제한되고 있다. 우리나라는 어떠한 육류 가공품도 미국으로의 수출이 불가능하다.

2009년 6월 23일부터 미국은 육류가 소량이라도 들어간 제품에 대한 수입 허가 절차를 강화했다. 육류가 들어간 제품의 신규 수입 허가 및 갱신을 불허하고, 해당 제품의 원료가 어디에서 왔고 어디에서 가공된 것인지에 대한 증명서를 요구했다. 한국에서 수출한 라면에 들어있는 스프에 육류가 원료로 사용되었다는 이유로 샌프란시스코 항구에서 통관이 거부되는 사건이 발생했다. 라면을 수출한 업체가 주미 한국대사관의 농무관에게 이 사실을 알리고 도움을 요청해왔다. 주미 한국대사관에 근무하던 농무관은 이 사실을 당시 농림수산식품부의 통상을 총괄하고 있던 필자에게 알려왔다. 우리가 미국으로 수출한 라면의 스프에 아주 적은 양의 육류가 들어갔다는 이유로 수입이 규제되면 1년 전 촛불 시위의 여파로 사회적으로 민감할 수 있는 시기였다.

우선 상황을 파악하면서 문제가 커지기 전에 조속히 해결해야겠다고 생각하여 미국 출장을 결정하고 추가적인 관련 정보도 파악했다. 그리고 워싱턴에 들어가기 전에 뉴욕에서 한국인 관세사를 만나 미국의 통관제도에 대해 보다 상세한 통관 절차에 대한 설명도 들었다.

---

266) 미국 농무부의 동식물검역소(APHIS)의 규제로 인한 것이고, 수출이 가능한 품목과 국가 리스트는 농무부 산하 식품안전검사처(FSIS) 소관이다.

2009년 6월 워싱턴에 도착해서 미국 농무부의 짐 밀러 대외담당 차관과 당시 이 건을 담당한 식품안전검사처장을 비롯한 고위 관계자를 만나 이 문제를 협의했다. 우리나라는 미국으로 육류를 수출할 수 있는 나라도 아니고, 미국의 승인을 받은 가공 공장도 없다. 한국에서 생산된 가공육류가 원료로 조금이라도 사용된 모든 제품은 미국으로 수출이 불가능한 것이다. 이것은 당장 해결 가능한 사안은 아니었다.

라면 스프에 들어가는 육류 원료의 원산지를 파악해보니, 대부분 뉴질랜드에서 생산된 육류 엑기스(meat extract)를 수입해서 사용하는 것이었다. 뉴질랜드는 육류를 미국으로 수출할 수 있는 국가이다. 뉴질랜드 가공 공장이 미국의 승인을 받은 곳이고 원료를 수입하는 데 어려움이 없다면, 일단 문제가 해결될 수 있겠다고 판단했다.

그래도 미국의 공식적인 서면 답변이 필요했다. 그래서 다양한 경우의 수를 작성해서 미국에 전달하고, 각각의 경우에 대하여 명확한 답을 해줄 것을 문서로 요청했다. 그리고 미국이 답신을 작성하는 과정에서 호의적인 검토가 되도록 추가적으로 우리 입장을 전달했다.

한국 국민은 미국산 쇠고기를 뼈를 포함하여 거의 모든 부위를 먹고 있다. 라면에는 매우 적은 양의 쇠고기가 들어 있다. 그리고 그 쇠고기가 미국산이라 하더라도, 한국에서 가공되었다는 이유만으로 수입이 금지된다면, 이러한 상황을 우리 국민에게 어떻게 설명할 수 있겠는가 하면서 문제 해결의 필요성을 강조했던 것이다. 그리고 다음날 미국 무역대표부에서 웬디 커틀러 한국 담당 차관보를 만나 미 농무부 차관에게 한 이야기를 재차 전달했다. 며칠 후 미국 담당부서 책임자인 식품안전검사처장이 답신을 보내왔다. 답신을 검토한 결과 라면을 포함한 소량 육류함유 식품을 수출하는 데 어려움은 없을 것이라는 실무자의 판단이었다. 그럼에도 해당 품목을 수출하고 있는 몇 군데 업체에 확인하니 그들도 그만하면 된다는 반응이었다.

미국 출장에서 돌아온 후 농수산물유통공사, 지금의 한국농수산식품유통공사에서 당시 농림수산식품부 담당 과장이 수출업체를 모아놓고 미국과의 협의 결과를 설명했다. 미국과의 협의 과정에서 서면 답변에 있는 농무부 식품안전검사처의 입장이 일선 세관에 충분히 도달할 때까지는 다소의 시일이 걸릴 수 있다는 미국 농무부 관계자의 이야기가 있었다. 그래서 미국 농무부의 담당 책임자인 식품검사안전처(FSIS)처장이 필자 앞으로 보낸 서신의 사본을 우리 업체에게 배포하고, 통관 과정에서 문제가 생기면 그 서신을 제시하도록 했다. 이후 통관에 문제가 발생하고 있지는 않은지 모니터링했는데 문제가 없었다. 이렇게 한국 라면을 포함한 소량 육류가 들어간 만두, 냉면 등 제품의 미국 수출이 금지되는 상황은 비교적 짧은 기간에 해결됐다.

일단 문제는 해결되었지만 우리 수출업체의 입장에서 보면, 식품에 사용된 원료가 어느 나라의 원료이고 어느 나라 공장에서 가공된 원료인가를 일일이 증명하는 것은 번거로운 일이며 적지 않은 부담이 된다. 앞으로 우리 업체의 이런 어려움이 없도록 적어도 미국으로 수출 가능한 국가의 육류를 원료로 사용해서 우리나라에서 가공한 제품이 미국으로 수출될 수 있도록 하는 노력이 필요하다.

계란 함유 제품, 미국의 규제에 대비해야

미국으로 계란을 수출할 수 있는 자격이 있는 국가는 전 세계에서 캐나다뿐이다. 이 말은 앞으로 과자나 식품에 들어가는 계란의 원료가 캐나다에서 수입된 것이 아닌 경우 모두 수입이 제한된다는 의미이다. 또 계란이 캐나다에서 생산되었더라도 가공품의 경우, 그것을 가공한 공장이 미국 정부의 승인을 받은 곳이어야 미국으로의 수출이 가능하다는 의미이다. 한마디로 미국이 계란에 대한 규제를 시작하면, 계란이 들어간 모든 제품은 미국으로 수출되지 못하는 상황이 발생할 수 있다. 여기에는 수많은 과자 등이 해당될 수 있다.

당초 미국은 소량 육류함유 제품과 마찬가지로 계란에 대해서도 규제를 시행하려 했었다. 그러나 육류와는 비교할 수 없을 정도로 무역 제한적 파급 영향과 적용상의 기술적 어려움으로 아직 시행하지 못하고 있을 뿐이다. 미국의 규제 가능성에 대해 대비할 필요가 있다.

삼계탕

삼계탕은 고열로 처리된 육류 가공식품이기 때문에 동물 질병으로 인한 문제는 없다. 다만 축산 가공품이므로 그 육류를 가공한 공장이 미국 정부의 승인을 사전에 받아야만 수출이 가능하다. 미국에서 한국의 삼계탕 수입을 위한 절차가 진행되고 있다. 당초 2013년 상반기 중에는 가능할 것이라고 했는데[267] 아직도 완료되지 않고 있다. 2013년 중에 수출이 가능하게 된다고 해도, 우리가 수입허용을 요청하고 나서 10년 이상이나 걸리게 되는 셈이다.

삼계탕은 2005년에 이어 2008년에 있었던 한미 쇠고기 협상에서 우리가 얻은 성과로 발표되었던 품목이다. 특히 2008년 쇠고기 수입 위생조건 협상에서는 미국이 우리에게 신속하게 수입허용 절차를 진행하기로 약속한 바도 있다.[268] 2009년 11월 4일 농림수산식품부 장관과 스티븐슨 주한 미국대사와 대사관저에서 조찬 미팅이 있었고, 필자도 그 자리에 참석했다. 그 자리에서 우리 측은 삼계탕의 조속한 수입허용 절차의 진행을 요구했다. 그 이후 위키리크스가 공개한 주한 미국대사관이 본국에 보낸 전문에는 "미국 농산물 교역의 진전을 위해 한국에 대한 압박은 계속하지만, 미국도 한국이 요구하는 삼계탕과 같은 이슈는 신속히 처리하는 것이 미국에도 도움이 될 것"[269]이라는 주한 미국대사의 의견이 첨부되어 있었다. 현재 미국 정부는 수입허용을 위한 관련규정 개정안에 대한 의견수렴 절차를 진행하고 있다. 이 과정에서 미국의 단체가 의견을 제출했고 그것을 검토하고 있다.

---

267) 대한민국정부, 2012년 12월, '2013년부터 이렇게 달라집니다'.
268) 한미 쇠고기 합의 요록에 다음과 같이 되어있다. 동 문제가 수년간 지속되어온 우선 과제임을 고려하여 미국은 해당 제품의 미국 수출이 현실화되도록 미국 행정절차법의 범위 내에서 현지조사와 그 이후 작업 및 법규 제정절차를 진행할 것이다.
269) '…while continuing to press Korea for progress on our agricultural trade interests, we would also benefit by facilitating progress on some issues that Korea is pursuing, namely Samgyetang.'

20
우리나라의 농산물 관세구조

개방과 경쟁, 어느 것이 먼저인가?

개방과 경쟁력, 어느 것을 우선해야 하는가는 끝없는 논쟁거리이고 결론 날 수 있는 사안도 아니다. 누군가는 개방해야 경쟁력을 키울 수 있다고 주장하고, 누군가는 경쟁력을 키우고 개방해야 한다고 말한다. 개방의 품목과 시기를 정하는 데는 여러 가지 고려해야 할 변수가 있다. 절대적으로 경쟁력이 있는 품목이거나 대부분을 수입에 의존하고 있는, 경쟁력이 절대적으로 없는 품목이라면, 개방의 순위가 빨라도 문제 되지는 않을 것이다. 그러나 전자의 경우를 우리 농업에서 찾기는 어렵다.

어느 품목을 개방할 것인가 말 것인가? 한다면 언제 할 것인가? 이것은 UR 타결 이전까지의 문제이지 그 이후의 문제는 아니다. 왜냐하면 UR를 거치면서 쌀을 제외한 모든 농산물의 수입이 자유화되었기 때문에, 남은 것은 개방 그 자체라기보다는 관세감축의 문제일 뿐이다.

관세구조는 우리 농업이 나가야 할 미래의 구조와 합치되어야 한다. 과거 대부분의 품목이 수입제한 상태에 있었던 시기와는 달리, 이제는 정부의 지원정책보다 외부의 영향을 직접적으로 받는 시장개방의 영향력이 훨씬 더 크기 때문이다. 그러나 안타깝게도 우리의 농산물 관세구조는 품목의 중요도나 민감도를 제대로 반영하고 있지 못하고, 우리 농업이 나가야 할 방향과도 잘 조화된다고 보기도 어렵다. 내면적으로 들여다보면, 미국이 관심을 가지고 있는 품목은 대부분 오래 전에 자유화되었고, 곡물을 제외하면 UR 당시 관세화 대상도 아니었던 품목이 다수다. 한국 농업의 민감성을 이야기하면서 관세율이 100% 이상인 품목이 HS 10단위 기준으로 140여 개나 된다고 이야기한다.

대한민국에서 가장 관세율이 높은 품목은 매니옥이다. 국내에서 생산도 되지 않는 품목이다. 또 수요의 99%를 수입하는 사료용 옥수수의 관세도 명목상 실행 세율이 360%이다. 우리나라의 농산물 원료는 관세율이 높고, 그것을 원료로 사용한 가공제품은 관세율이 낮다. 농산물의 가공단계가 올라가면서 관세율이 높아지는 것을 경사관세(tariff escalation)라고 하고, DDA 협상에서 이를 완화하고자 노력하고 있는데, 우리는 전혀 다른 양상이다. 농민이 재배하는 품목 그 자체에 대하여는 민감하게 생각하고 대응해왔지만, 그 품목이 원료로 들어간 가공품에 대해서는 덜 민감하게 생각했던 것도 요인이었다.

농산물의 관세율 구조를 우리 농업의 나가야 할 방향과 조화시키는 개편은 반드시 필요하다. UR에서처럼 원칙이 정해지고 그 원칙을 기계적으로 단지 적용만 한다면, 지금과 같은 관세구조는 달라지지 않을 것이다. 보다 적극적으로 우리 농정과 조화되는 농산물 관세구조의 틀을 DDA를 통해 만들어가는 노력이 필요하다.

HS 품목 분류의 함정, Others

국가 간 교역을 위해 상품을 분류하는 코드가 있다. 제 각각인 각국의 관세 행정을 통일하고 상품을 원료나 제조 과정, 용도 등으로 나누어 표를 만든다. 1955년 7월 관세협력이사회[270]가 만든 것이 브뤼셀 관세품목 분류표(BTN, Brussels Tariff Nomenclature)이고, 1976년 관세협력이사회가 이 것을 개정하여 CCCN[271]이라고 불렀다. 1988년 이후 현재 사용되고 있는 국제통일 상품분류 체계인 HS 분류 체계가 채택되고, 지금은 거의 모든 나라가 사용하고 있다.

우리나라는 HS 협약에 따른 6단위까지의 코드에 근거하여 보다 세분화한 HS 10단위 코드를 사용하고 있다. 10자리 숫자에서 처음 1-2 자리는 류(類) 분류이고 3-4자리는 세(細) 분류로서 품목의 용도별, 가공도별 분류이다. 그 다음 5-6자리는 품목의 용도, 기능 등에 따른 분류이다. 여기까지는 국제 분류로 전 세계 공통이다. 7자리부터는 우리가 재량적으로 분류하여 사용하는 숫자이다.[272]

우리의 분류를 HSK(Harmonized System of Korea)라고 부른다. 2012년 HSK를 기준으로 품목 수는 10단위 기준으로 12,232개이고, 그 중 농산물은 1,560개이다. HS 코드 번호에 따라 관세율이 달라지는 경우가 있기

---

270) Customs Cooperation Council을 말하며, 1953년 벨기에 브뤼셀에서 유럽 17개국에 의해 창설된 기구로 현재는 160여 개국이 회원으로 있다. 각국의 통관제도를 간소화하고 표준화함으로써 관세장벽을 없애고 국제무역 발전에 이바지하기 위하여 설립한 국제기구이다.
271) Customs Cooperation Council Nomenclature의 약어다.
272) 미국에서 들어오는 '냉동 쇠고기 갈비'의 경우 한국 HS 코드는 '0202201000'인데, 여기서 '02'는 '육과 식용 설육'(offal)를 말하고, 그 다음 '02'는 '냉동쇠고기', '20'은 쇠고기의 가공 상태, 즉 여기서는 '뼈를 포함하여 절단한 것'을 말한다. 그 다음 '1000'은 '갈비'를 말한다.

때문에 수입하는 품목이 어디에 해당되는지 다소 모호한 경우도 종종 있다. 이 경우 수입업자는 낮은 관세율이 적용되는 세 번으로 분류하려 하고, 관세를 부과하는 당국의 입장에서는 그 분류가 적정한지를 살펴보게 되는 것이다. 이 과정에서 민원이 발생하기도 하고 종종 중앙관세분석소가 판정하기도 한다. 특히 농산물은 세 번에 따라 현저한 세율의 차이가 있기도 하고, 과거에는 어느 HS 번호로 분류되느냐에 따라 수입이 자유화된 것이 되기도 하며, 허가를 받아야 하는 품목이 되기도 했다.

최근 식품의 가공 기술이 발달하면서 품목분류가 모호해지는 경우도 종종 생기고 있다. 그만큼 기타(Others) 품목으로 분류되는 경우가 많아지게 되었다. 기타 품목으로 분류되면 해당 품목이 얼마나 수입되었는지 알 수 없어서 정책 수립도 어려워진다. 그래서 종종 '기타'를 세분화하기도 한다. 그 품목을 세분화할 때 기타로 있던 당시 무역제도보다 더 제한적이 되거나 관세가 올라가서는 안 된다. 기타 품목이 훗날 어떤 품목으로 세분화될지를 예측하는 것은 어렵다. 그래서 기타 세 번을 그 어떤 세 번보다 보수적으로 다뤄야 한다는 시각이 있는 반면 그 당시 적용 시킬 품목이 없다는 이유로 오히려 다른 품목보다 더 쉽게 개방하고 관세를 내린 경우도 있다. 시간이 지나서 문제가 발생한 경우는 후자였고, 그 예는 적지 않다.

21 정부조직과 통상

외교와 통상

한 나라의 통상 조직은 국가마다 다르고, 같은 나라라도 시기에 따라, 또한 통치권자가 어떤 생각을 가지고 어떠한 통상 정책을 결정하느냐에 따라서도 달라진다. 한국의 농업분야는 전적으로 방어적 통상 협상을 해 왔다. 대표적으로 공세적 통상 협상을 하는 미국의 정부조직에는 미국 무역대표부 (USTR)[273]라는 조직이 있다. 우리나라에 이러한 성격의 조직은 없고, 얼마 전까지 존재했던 통상교섭본부도 미국의 무역대표부와는 상당한 차이가 있다.

1998년 김대중 정부가 들어선 후 통상 기능을 어디서 관장하는 것이 좋은가에 대한 다양한 형태의 논의가 있었다. 그때는 우리나라 통상 현안의 거의 대부분이 미국과의 현안이었고 농업분야와 관련된 것이어서 방어적 통상을 할 수밖에 없는 구조였다. 통상교섭본부를 만들어 통상의 기능을

---

273) United States Trade Representative를 줄인 말이다. 1963년 1월 만들어진 특별통상대표부(Office of the Special Representative for Trade)의 후속 기관으로, 1980년 1월 카터 대통령에 의해 미국 무역대표부 로 명칭이 변경된 대통령 직속 기관이다. 대표는 장관급이고, 미국 워싱턴 D.C.와 WTO가 있는 스위스 제네바에 각 1인의 부대표가 있다.

한곳으로 묶는 아이디어에 대해 반대도 적지 않았다. 찬성하는 사람도 외교부 소속으로 하는 것에 대해서는 회의적인 의견이 있었다. 굳이 만들려면 미국과 같이 대통령 직속으로 하는 것이 어떠냐는 의견도 있었지만, 통상교섭본부를 청와대 직속으로 할 경우 통상 현안이 대통령에게 직접적으로 전달되는 부담이 있을 수 있다는 견해 또한 나왔다. 그래서 일각에서는 총리실 소속으로 하자고도 했다. 하지만 형식적으로는 총리실이 부처 위에 있으나 실제적으로는 부처에 있는 것보다 오히려 통상 조정기능을 제대로 수행하기 어렵지 않겠느냐는 의견도 있었다. 어쨌든 결과적으로 통상교섭본부는 외교부 소속으로 결정되었다. 외교부는 외교통상부로 개편되어 15년간 통상은 외교통상부 내 조직으로, 2013년 박근혜 정부에서 통상 조직이 개편되기 전까지 통상업무를 수행했다. 지금의 관점에서 보면 통상교섭본부 출범으로 농업분야의 부담을 안고도, 우리의 통상 정책이 동시다발적 FTA 확대와 같은 상당히 공세적으로 나가게 된 계기가 되었다고도 볼 수 있다. 한편, 협정체결의 확대만을 위한 통상 정책을 운영했다는 비판도 받을 수 있다.

우리나라의 통상 조직은 통상교섭본부가 만들어진 1998년 이전에는 산업을 관장해온 부서인 상공부가, 그 이후에는 명칭이 바뀐 통상산업부가 담당해왔다. 당시 통상 장관회의에는 상공부 장관이나 통상산업부 장관이 대한민국의 통상 장관으로 UR을 비롯한 각종회의에 참석했다. 그때에도 외교부에 통상국이 있었고, 경제를 담당하는 차관보도 있었다. 그리고 각 부처에는 국(局) 또는 과(課) 단위로 통상을 담당하는 조직이 있었다. 예를 들면 1989년 미국과 슈퍼 301조 협상은 상공부 차관보가 수석대표를 하고, 한미 무역실무회의는 외교부 통상국장이 수석대표를 하는 방식으로 이루어졌다.

'통상과 산업을 합친 나라는 모두 후진국'이라고 비판하고 '1993년 UR 협상 당시에도 각 부처가 각개 협상을 벌여 혼선이 빚어진 적도 있었고, 앞으로의 최대 현안은 쌀과 쇠고기인데 이 분야의 전문가는 지경부가 아니라 외교통상부'라는 견해도 있다.[274] 그런데 현안의 성격을 고려할 때, 쌀과 쇠고기의 전문가는 지경부도 외교통상부도 아닌 농림축산식품부이다. 앞으로 이런 성격의 크고 작은 통상 현안이 많아질 것이므로 더 전문적이고 세밀한 대응이 중요하다. 그러기 위해서는 산업이나 품목을 담당하는 부처의 통상 인력을 키워야 한다. 그들이 일차적으로 현안을 담당하고, 그것을 바탕으로 정부 전체의 통상 정책을 조율하는 방식이 바람직하다. 산업을 담당하는 부서에 맡기면 보호주의 색채를 띨 것이라고 단정하는 시각은 그 자체가 합리적이지 않다. 왜냐하면 이 말은 산업을 관장하지 않는 부처가 담당하면 무조건 개방주의 색채를 띨 것이라는 말과 크게 다르지 않기 때문이다.

농림축산식품부의 통상 조직

농림축산식품부의 전신인 농수산부에서, 1990년 농업협력통상관실이라는 국(局) 단위 통상 조직이 만들어지기 전에는 농업정책국 국제협력과에서 국제 협력업무와 통상업무를 함께 담당하고 있었다. 당시 국제협력과의 업무는 그야말로 협력 그 자체가 대부분을 차지했고, 통상업무는 사무

---

274) 프레시안, 2013년 2월 4일, '박근혜 식 통상권한 이양, 새누리당도 반대론'에서 김종훈 의원이 언급한 것으로 보도된 내용이다.

관 두 사람 중 한 사람은 다자를, 다른 한 사람은 양자를 담당할 뿐이었다. 그러다가 1980년대 후반부터 시작된 농수산물 수입개방 업무에 효과적으로 대응해 나가기 위해 조직이 보강되었다. 국(局)단위조직이 만들어지면서 다자협상을 담당하는 국제협력담당관실, 그리고 양자협상과 농산물수입 자유화 예시계획을 담당하는 통상협력담당관실이 설치되었다. 그때는 UR 막바지 협상이 한창 진행되고 있었고, 동시에 미국과의 통상마찰이 가장 극심한 시기였다. 통상을 총괄하는 농림부의 조직도 중요하지만, 농업통상의 문제는 품목과 관계되어 발생하는 경우가 거의 대부분이었다. 그래서 농림부내 통상부서와 품목부서간에 논쟁도 적지않았다.

품목부서는 통상부서가 상대국의 입장에서만 이야기한다고 하고 통상부서는 말도 안되는 논리로 무조건 안된다고만 한다는 식의 논쟁이었다. 농림부 조직은 시대에 따라 많이 변해왔지만, 크게 보면 품목 중심으로 되어 있던 시기와 기능 중심으로 되어 있던 시기로 구분할 수 있다.

1980년대 중반부터 시작된 수급의 불균형으로 인해 소 값이 폭락하자, 1985년 미국, 호주, 뉴질랜드로부터 10년 전부터 계속해오던 쇠고기 수입을 중단했다. 이 시기 농림수산부 축산국의 과 조직은 기능별로 나뉘어 있었다. 소의 사육 두수를 늘리는 증식은 축산과가 담당하고, 수급조절은 가공이용과가 담당하고 있었다. 소 값이 폭락하기 전에는 너도 나도 소를 키우면 돈이 되니, 누구나 송아지를 입식(入殖)하려 하여 송아지 가격 폭등 현상이 발생했다. 6개월 만에 송아지 가격이 2배가 되었다. 새마을 단체, 해당지역 국회의원, 내무부 등이 소 도입 확대를 강력하게 요청하면서, 당초 계획량의 3배나 되는 소를 들여왔다. 1981년에 2만 5천 마리를 수입하기 시작한 외국산 소(肉牛)는 1983년 7만 4천여 마리를 최대로 하여, 쇠고기 수입을 중단하기 전인 1984년까지 14만 3천여 마리를 수입했다.[275] 그러다 보니 송아지 생산을 위한 종우(種牛)도 아닌 소를 비행기로 수입하는 일까지 생겼다. 그리고 얼마 후 언론에서 소 값 파동을 우려하는 신문 기사가 나오기 시작했다.

소 값은 1983년이 가장 높았고, 사육 두수는 1985년이 가장 많았다. 축산국의 조직은 생산과 수급이 분리된 조직이었다. 그때 행정관리담당관실에서 농수산부 직제를 담당했던 필자는 축산국의 조직을 어떻게 개편할 것인가를 검토하고 있었는데, 차관이 지시를 했다. "내가 축산국의 보고를 받아보면, 한 과는 증식을 통해 생산을 늘리는 정책을, 다른 과는 수급을 맞추기 위해 공급을 줄이려는 정책을 동시에 하는 상반된 일이 벌어지고 있다." 그러니 "축산국의 조직을 축정과와 나머지 과는 축종 별로 나눠, 과장이 증식부터 수급 조절까지 전 과정을 책임지고 담당하는 조직체계로 개편하라."는 것이었다. 결국 축산과가 관장하던 증식 기능과 가공이용과가 관장하던 수급 기능을 떼어내서, 소의 경우는 대가축과로, 나머지 가축은 중소가축과로 이관하는 방식으로 축산국의 조직을 개편했다.[276] 기능은 그렇게 재편하더라도 굳이 과의 명칭을 대가축과, 중소가축과로 해야만 했는가에 대한 비판도 일부 있었다. 과의 명칭을 통해 업무를 쉽게 알 수 있게 하자는 것이었다.

쇠고기 수급에 있어 가장 큰 변수는 시장개방정책이었지만, 축산을 담당하는 조직체계도 그 다음으로 영향을 미쳤다고 본다. 1990년 초 축산국

---

275) 『동아일보』, 1985년 12월 24일, 5면, '수급차질이 몰고 온 소 값 파동'
276) 1986년 5월 31일자 농수산부 직제개편 내용은 축산국의 조직개편 외에도 농지국을 농어촌개발국으로 개편하고, 특작국을 폐지하여 농산물유통국을 신설하며, 양정국의 식생활개선과를 양곡조사과로 개편하는 내용이었다.

의 조직은 다시 생산과 수급이 분리된 체계로 개편이 이루어졌다. 생산은 축산경영과가, 유통과 수급은 축산물유통과가 담당했다.

생산과 수급의 담당조직을 어떻게 편제하는 것이 좋은가 하는 것은 축산만의 문제는 아니었다. 농산물의 생산과 수급의 기능을 합치느냐 분리하느냐 하는 것이 농림부의 조직개편을 논의할 때마다 항상 논쟁이 되었다. 이는 농산물의 수급이 그만큼 어렵다는 것을 말하는 것이기도 하다. 농림축산식품부의 조직은 생산과 유통이 경우에 따라 하나로 합쳐지기도 하고[277] 분리되기도 했다.

1980년대 후반 미국으로부터의 강한 시장개방 압력에 대응해야 하고, 가트(GATT)에 제소된 쇠고기 패널 분쟁과 UR 협상이 막바지에 이르면서 농림수산부 내에서 통상업무가 많아졌다. 통상협력담당관실이 1담당관실과 2담당관실로 분리되고, 통상협력 2담당관실은 수입 자유화 예시계획과 개방에 따른 보완대책을 담당했다. 농림수산부의 통상 조직은 통상 현안이 많아지면서 과 단위 조직에서 국 단위 조직으로 커졌고, 2003년부터 2013년 초까지 차관보급에서 통상을 책임지고 쌀 관세화 유예협상과 DDA 협상, 한미 및 한 EU FTA 협상, 한미쇠고기 수입 위생조건 협상을 거쳐, 한·캐나다 쇠고기 WTO 패널 분쟁, 한중 FTA 협상 등을 다루어왔다.

산업과 통상

'외교부 한 지붕에 장관이 둘.' '경제신문'[278]의 기사 제목이다. 김대중 정

---

277) 1986년 농수산부 직제개편 당시 채소과와 과수화훼과를 신설되는 농산물유통국에 소속시킨 이유가 생산과 수급을 합치기 위한 것이기도 했다.
278) 『매일경제신문』, 1999년 5월 15일, 3면

부가 출범한 1998년에 상공부가 가지고 있던 통상 기능이 외교부로 이관되면서, 대내적으로는 차관급이면서 대외적으로는 장관급[279]인 통상교섭본부가 외교부에 만들어졌다. 상공부 등 통상 부서에서 일하던 일부 공무원들이 통상교섭본부로 옮겨 갔다.

통상은 외교적이면서도 어찌 보면 가장 비외교적인 분야이기도 하다. 교섭의 능력도 중요하지만 실리적인 합의를 이끌어내고 원만한 합의의 이행을 위해서는 산업의 속성을 잘 이해하는 것도 중요하다. 필자가 과장이었던 시절 외교부가 통상 협상의 수석대표를 맡고 있던 회의에서, 경제부처 공무원이 '경제기획원[280]은 서비스 산업이라도 관장하는데, 외교부는 산업을 관장하지 않아서 그런지 산업의 속성에 대한 이해가 부족하다'고 불만을 이야기한 적도 있었다. 또 나중에 이행이 어려운데 우선 타결만 하려고 한다는 불만 또한 있었다. 한편으로 농림부[281]는 국가경제를 생각하기보다는 농민과 정치권의 눈치만 보고, 무조건 개방에 반대한다는 외교부 관료의 불만도 종종 있었다. 왜 농림부 관료는 국가경제를 생각하지 않고 외교부의 관료는 농민을 생각하지 않겠는가? 다만 그들이 속한 부처가 다르고 협상 결과에 대한 입장의 차이가 있을 뿐이다. 항상 수세적 입장에서 협상을 하는 농업 통상 관료와 때로는 공세적이기도 하고 수세적이기도 하는, 다른 분야의 통상 관료와는 생각하는 협상의 방식과 합의의 수

---

279) 통상교섭본부장의 영문 명칭이 처음에는 'Minister of State for Trade'에서 1999년 5월 통상교섭본부의 조직개편과 함께 'Minister for Trade'로 변경되었다.
280) 경제기획원과 재무부가 합쳐진 1994년 이전에 경제발전계획 및 예산을 관장하던 경제부총리 부처였다.
281) 부처의 명칭이 농림부(1948)→농수산부(1973)→농림수산부(1987)→농림부(1996)→농림수산식품부(2008)→농림축산식품부(2013)으로 변경되어왔다. 이 책에서는 특별히 구분할 필요가 있는 경우를 제외하고는 편의상 '농림부'라는 명칭을 사용한다. 주로 산림과 수산이 들어오고 나감에 따라 명칭이 바뀌었다.

준에서 차이가 있을 수밖에 없다.

통상 협상의 결과로 국가경제의 파이(pie)는 커질 것이다. 그렇지 않다면 협상을 할 이유가 없거나 잘못된 경우이다. 분야별로는 얻은 것도 있고 잃은 것도 있다. 그런데 적게라도 잃은 곳은 저항이 있게 마련이다.

협상 전에는 협상 대안을 만들어야하고 그것을 들고 협상장에 나가 관철해야 하고 협상이 끝나면 결과에 대해 이해관계자에게 설명해야 한다. 또 대책을 마련하여 그들의 반발을 완화시키는 일도 해야한다. 협상에서 사회적 약자의 피해를 줄여야 하는 위치에 있는 협상관료는 자신에게 미련하리만큼, 그리고 다른 사람에게는 딱하게 보일 정도로 치열한 협상을 할 수밖에 없다.

통상교섭본부가 만들어지기 이전에는 각 부처에 지금보다 통상인력이 많았고 전문성도 높았다. 통상교섭본부가 각 부처에서 통상을 담당하던 인력을 받아들이고 전문성을 갖춰가면서 외교관들의 산업에 대한 이해가 부족하다는 비판은 크게 줄었다. 한편에서는 통상교섭본부의 권한이 커지면서, 농업구조의 변화에 가장 영향력이 큰 변수가 되는 통상 정책 결정에 농업관장 부서의 권한이 지나치게 줄어들었다. FTA와 같은 통상 협상에서 상대국의 일차적인 관심분야는 우리의 농산물 시장이고 또 우리에게 가장 민감한 분야가 농업이다. 이 분야는 방어적 협상이 필요하며, 산업에 대한 높은 이해를 바탕으로 세밀한 대응을 해야 한다. 박근혜 정부에서 통상이 산업과 다시 통합된 것은 바람직하나, 각 부처의 통상 기능을 통상교섭본부 출범 이전 수준으로 되살릴 필요가 있다.

22 통상 협상에서 이해의 조정

　협상은 주고받는 것이다. 무엇을 주고 무엇을 받을 것인가와 얼마큼 주고 얼마큼 받을 것인가에 대한 결정이다. 가능한 한 적게 주고 많이 받으려 할 뿐이지 안 주고 받기만 하겠다면, 그것은 협상이 아니고 강탈이다. 적어도 국가 사이에는 전쟁이 아니고서는 가능하지 않다. 개방화 시대에서는 우리가 상품을 수출한 그 나라에서 생산된 상품만이 아니라 제3국에서 수입된 상품과도 경쟁할 수밖에 없다. 그래서 다른 나라들보다 조금이라도 자국에 유리한 조건을 만들 필요성이 커지는 이유이다. 상대가 우리에게서 우선적으로 원하는 분야는 우리와 경쟁력이 비슷하거나 상대적으로 취약한 분야이다. 농업분야는 공산품에서 이익이 더 크다는 명분으로 내주기도 하고 드물게는 농업분야에서 덜 내주기 위해서 공산품에서 덜 얻는 것도 감수해야 한다. 전자는 대부분의 협상에서 쉽게 경험하는 것이고, 후자의 예는 드물지만 한·칠레 FTA에서 찾을 수 있다. 사과와 배를 예외로 하면서, 냉장고와 세탁기의 예외를 받아들인 것이다.

　협상 테이블에 올라 있는 품목을 위해 협상의 전면에 나서는 관료가 있고, 그 뒤에는 해당 품목의 이해단체가 있게 마련이다. 농산물이라도 이해

관계자가 품목별로 모두 다르다. 누구의 이익을 위해 다른 누군가가 이익을 덜 얻거나 포기하는 것도 어려운데, 하물며 손해를 감수한다는 것은 생각하기 어렵다. 민감분야를 보호하기 위해 다른 분야에서 더 내주는 이해의 조정이 협상의 전략으로 종종 이야기될 만큼 쉬운 것이 아니다.

UR 막바지 쌀 시장 개방을 막기 위해 농림수산부 장관을 단장으로 외교부, 농림수산부, 재무부, 경제기획원, 상공부 등 5개 부처의 차관보로 구성된 협상 팀을 제네바에 파견한 적이 있다. 당시 협상의 실질적 주도권을 가졌던 미국의 캔터 미국 무역대표부 대표 및 에스피 농무장관과 협상을 벌였다. 당시 쌀을 제외하기 위해서는 금융의 추가개방도 할 수 있다는 내용으로 언론에 크게 보도[282]되었다. 쌀을 지키기 위해 다른 분야까지 나서고 기꺼이 양보하려는 모습은 정치적으로는 의미가 있었으나 농업은 농업대로 협상이 이루어졌다. 오히려 상대국이 쌀을 이용하여 다른 분야의 이익을 취하려는 시도가 있었으나, 그것 또한 이루어지지 않았다.[283]

이해의 조정과 합의의 이행

농산물과 관련하여 협상의 첫 단계는 농림부 내 통상 담당자와 품목 담당자 간의 협의이고, 이 과정에서 농업의 경우 생산자 단체인 이해관계자와 의견수렴 절차도 거친다. 품목부서 담당자가 농민과 농업 보호 그리고 정치적 민감성을 이유로 개방할 수 없거나 관세를 내릴 수 없다고 하면,

---

282) 『경향신문』, 1993년 12월 2일, 1면, '쌀 제외면 금융 등 추가개방', 『매일경제신문』 1993년 12월 2일, '쌀 제외면 他 부문 추가開放', 1면, 『동아일보』, 1993년 12월 1일, '쌀 지키기 비상안 검토, 금융, 서비스 대폭 양보'.
283) 허신행, 『우루과이 라운드와 한국의 미래』, 1995, 범우사, pp.113-114.

농업협상을 담당한 관료는 그것을 방어할 수밖에 없다. 이 과정에서 두 가지 고민을 하게 된다. 하나는 이해관계자의 의견을 수렴하여 정한 품목 부서의 입장을 통상 담당자가 넘겨받아 정부의 입장으로 정해지도록 할 수 있는가 하는 것이고, 다른 하나는 그것을 협상장에 들고 나가 어떻게 방어해야 할 것인가 이다.

협상은 합의를 위한 노력이고, 합의는 이행을 전제로 한다. 협상과 이행은 불가분의 관계에 있다. 합의가 명료하면 할수록 이행에서 문제가 발생할 소지가 줄어들지만, 그만큼 합의는 더 어려워진다. 그래서 대부분의 합의문에는 다자협상이든 양자협상이든 모호성이 있게 마련이다. 때로는 그 모호성이 지나쳐 문제가 된 적이 있다. 협상을 담당한 부서는 합의 내용을 이행을 담당할 부서에 명확히 전달해야 하고, 이행할 부서는 그 의미를 파악하려는 노력을 해야 한다. 이렇게 하지 않아서 발생한 사건이 2001년 한·중 마늘협상이다.

어느 날 차관이 필자를 불러서 갔더니, 한·중 마늘협상에 마늘 담당 사무관과 함께 출장을 가라고 했다. 그때 필자는 통상협력과장으로 한·칠레 FTA를 총괄하고 있었고 동식물 검역분야의 분과장이기도 했다. 한·칠레 FTA 협상과 한·중 마늘협상이 시기적으로 중복되었다. 한·칠레 FTA 협상에는 해오던 대로 필자가 참석하고, 한·중 마늘협상에는 마늘을 담당하던 과장이 참석하도록 결정되었다. 마늘협상의 진행상황에 대한 보고는 마늘 담당부서에 먼저 전달되었고, 외교 전문에 의한 공식보고는 필자가 있던 통상협력과로 전달되었다.

우리가 수입하는 마늘 쿼터는 WTO 회원국 모두가 한국으로 수출할 수 있는 물량이다. 그 나라들이 마늘을 생산하지 않거나 수출을 원하지 않는 것과는 다른 문제이다. 설사 그 이전까지는 전부 중국으로부터 수입되었고 앞으로도 그럴 것으로 예측되어도, 그 쿼터를 양국 간 공식합의문에서 명시적으로 중국으로부터 수입을 약속할 수 있는 사항은 아니다. 한·중 마늘협상의 합의문은 쿼터물량에 대해 한국이 의무적으로 수입해야하는 물량으로 규정하고 동시에 민간수입상의 자유로운 수입을 허용한다고 규정했다. 또 수석대표가 자필로 작성한 부속서에는 2003년 1월 1일부터 한국기업은 자유로이 수입할 수 있다고 규정했다.

지금 이 시간에도 수많은 품목을 민간 기업이 자유로이 수입하고 있다. 수입이 급증하면 세이프가드를 발동할 수 있고, 발동된 세이프가드가 연장되기도 한다. 그 문장이 들어간 배경을 모르는 사람이 한·중 공식 합의문만 보고, 민간이 자유로이 수입한다는 합의가 세이프가드 조치의 연장 불가를 합의한 것이라고 해석해야 하는 지는 확실치 않다. 2000년에 수행된 마늘 협상에서 2003년부터 세이프가드를 발동하지 않겠다고 합의했다는 것은 WTO규정과 국내법에 따라 정당성을 가진다고 보기는 어렵기 때문이다.[284] 그런데 정부가 세이프가드를 연장하지 않기로 합의하고 합의문에만 그렇게 적은 것이라면 그것은 지켜져야 했다. 협정의 해석은 일차적으로는 자구적 해석에 근거해야 하지만, 그 문안이 만들어진 배경도 중요한 해석의 기준이 되기 때문이다. 한·중 마늘협상은 국가적으로는 휴대폰과 폴리에틸렌의 수출을 빠른 시일 내 재개해야 하는 절박함과 마늘이라는 정치적으로 민감한 품목 사이에서, 이행보다는 합의를 우선한 협상으로 진행된 것이었다.

---

284) 박노형, 동아일보, 2002년 7월 18일, '부처별 통상 전문가 키워라

당시 수석대표도 언론에 기고한 글에서, 중국은 세이프가드를 연장하지 않겠다는 문구를 합의서에 넣자고 강력하게 요구했는데, 우리 측은 준 사법기관인 무역위원회(KTC)[285]의 결정이므로 외교부가 결정할 사항이 아니라고 버텼다고 한다. 그러나 협상이 20여 일 지체되면서 빨리 타결을 보기 위해 '자유로운 수입을 허용한다'라는 다소 애매한 문구로 합의한 것이라고 적고 있다.[286]

협상과 합의까지는 일차적으로 외교통상부의 업무이지만, 그 합의의 이행은 1년 후 농림부와 무역위원회의 몫이 된다. 당시 세이프가드를 연장하지 않는다는 것을 명확히 했다면, 국내정치적으로 받아들이기가 쉽지 않았을 것이고 휴대폰과 폴리에틸렌 수출 재개는 해결이 지연될 수도 있었을 것이다. 그러나 지나치게 모호한 합의는 훗날 더 큰 문제를 야기할 수 있기 때문에 피해야 한다. 이행이 늦춰진 합의의 경우 의미를 파악하는 일에 소홀한 경향이 있으나, 멀수록 더 명확히 해야 한다. 이행의 시점에는 합의한 당사자가 모두 그 자리에 있지 않을 수 있기 때문이다.

통상 협상에서 의회의 권한

하나의 큰 협상이 끝나고 나면 진행 과정의 절차적 타당성에 대한 시비가 발생하고, 이것이 협상 결과에 대한 사회적 합의를 어렵게 하는 일이 빈번하게 일어난다. 그래서 통상 협상의 과정에 사전적으로, 의회가 적절

---

285) Korea Trade Commission을 줄인 말이다. 대외무역법에 의거, 1987년 7월 설립된 산업피해 구제 조사 심의기관이다. 미국의 국제무역위원회(ITC)와 유사한 기능을 수행하는 기관이다.
286) 최종화, 2002년 7월 18일, 『중앙일보』, 5면, '中과 비밀 합의說 사실무근, 합의문 비공개 고의성 없어'.

한 수준에서 개입하는 방안을 제도적으로 마련해 나갈 필요가 있다.

미국의 경우 통상 협상의 권한은 의회가 가지고 있다. 행정부는 의회가 부여한 권한의 범위에서만 협상을 할 뿐이다. 매번 협상을 하면서 의회와 협의하고 보고해야 하는 것이 원칙이다. 그런데 국제교역이 전문화되고 복잡해지면서, 이것을 그대로 적용하는 경우 불편하고 미국 협상관료의 입지도 약화시킨다. 그래서 행정부가 책임을 지고 협상할 수 있도록 미국 의회가 기간과 범위를 정하여 권한을 위임하는 제도가 있다. 이것을 과거의 미국 통상법에서는 신속협상권(Fast Track Authority)으로, 지금의 통상법에서는 무역촉진권(TPA)[287]으로 부르고 있다. 이들은 명칭만 달라졌을 뿐 내용에는 큰 차이가 없다. 다만 의회가 행정부의 협상 결과를 수정할 수 있는 권한이 신속협상권에서는 없었으나, 무역촉진권한에는 들어 있다는 차이가 있다. 미국이 상대국의 시장을 개방하기 위해 전가의 보도처럼 휘둘렀던 301조도 그 과정에 의회가 개입하고 있다. 미국 행정부는 매년 4월 1일까지 국별장벽보고서(NTE)[288]를 작성하여 의회에 제출토록 하는 등 통상 정책에 의회의 개입을 제도화하고 있다.

한국에서는 커다란 협상이 지나가고 나면 사후적으로 청문회가 열리고, 정치적 책임추궁이 따르고, 적지 않은 사회적 비용이 발생하곤 한다. 어떤 협상이든 그 결과에 모두가 만족하기는 쉽지 않다. 그럼에도 진행의 과

---

[287] 'Trade Promotion Authority'를 줄인 말이다. 미국 대통령이 대외무역 관련 협상권을 위임받아 신속히 처리할 수 있도록 한 조치로, 1994년 끝난 신속 협상권이 2002년 부시 행정부에서 명칭이 바뀌어 부활되었다. TPA 법안의 종료일자는 2005년 7월 1일이었으나, 2년 연장되어 2007년 7월 1일 종료되었다.

[288] 'National Trade Estimate Report on Foreign Trade Barriers'를 줄인 말이다. 1988년 종합무역법에 따라 미국 무역대표부가 미 업계의 의견과 정부 부처 및 기관의 의견을 참고하여 작성해서 매년 4월 1일까지 미 의회에 제출하는 연례보고서이다. 미국의 우선협상 대상국과 관행을 선정하는 데 활용되어 미국의 업계는 물론 교역 대상국들의 주목을 받아왔다. 한편 객관적이지 못한 미국의 일방적 주장이라는 비판도 있다.

정이 합리적이고 투명할수록 결과에 대한 사회적 수용력은 높아질 것이다. 2013년 3월 23일 「통상조약의 체결 절차 및 이행에 관한 법률」이 제정되어 국회 산업통상자원위원회가 개입할 수 있는 제도적 장치가 마련되었다. 통상 협상에서 종종 농업 분야의 이익과 비농업 분야의 이익이 충돌하는 경우가 발생할 수 있다. 이 경우 국회 내 농업을 관장하는 농림축산식품해양수산위원회와 산업통상자원위원회 사이에 절차가 어떻게 진행되는가도 중요할 것이다. 두 상임위가 합동으로 심의를 진행하거나 산업통상자원위원회가 사전에 농림수산식품해양위원회의 의견을 수렴하는 방안도 가능할 것이다.

23. 양자협상과 다자협상

 국가 간 협상은 몇 가지 형태로 구분될 수 있다. 참여하는 국가가 어느 정도인지에 따라 구분하면, 가장 적은 규모로 두 나라 간 양자(bilateral) 협상이 있고, 상당히 많은 다수 국가가 참여하는 다자(multilateral) 협상이 있다. 그리고 두 나라보다는 많으나 다수는 아닌 소수의 국가들만 참여하는 복수(plurilateral) 국가 협상[289]으로 구분할 수 있다. 다자 협상의 가장 대표적이고 전형적인 예가 WTO 협상이고, 양자 협상의 전형적인 예는 두 나라간 FTA 협상이라고 할 수 있다. 이 두 가지 모두 협상이라는 점에서 근본적인 속성은 크게 다르지 않지만, 내면을 들여다보면 전개되는 양상이나 합의 결과를 만들어가는 과정에 상당한 차이가 있다.

 다자 협상은 여러 나라가 참여하고 있기 때문에 한 나라가 협상 과정에서 실수로 중요한 뭔가를 간과해도 동일한 입장을 가진 다른 나라에 의해 그것이 인지되고 만회되는 경우가 종종 있다. 그런데 양자 협상은 다르다. 내가 놓치면 그것은 상대방의 이익이 되고, 나는 아는데 상대방

---

[289] WTO 협정의 일부이긴 하나 모든 WTO 회원국이 아닌, 이를 수락한 국가들에게만 적용되도록 한 협정으로 마라케시 협정 부속서 4에 규정으로 항공기 협정, 정부조달 협정, 국제낙농 협정 및 국제우육 협정 등이 포함된다.

이 모르면 그것은 내 쪽의 이익이 되는 것이다. 상대방이 모르는 것이 내 쪽에 유리하다면 적극적으로 알리려고도 하지 않는다. 합의 문구도 많이 다르다. 다자 협상의 결과로 만들어진 문구는 타협의 산물이라는 느낌이 강하다. 반면 양자 협상에서 합의의 문구는 때로는 힘의 차이가 느껴지기도 하고, 상대 국가가 선진국이냐 아니냐에 따라 차이도 있다.

한번은 개도국과 협상을 하고 합의문을 만들어야 했다. 한국이 뭔가를 약속하는 문구였으나 흔쾌히 할 사안은 아니었다. 상대국의 이행을 전제로 합의문을 작성했다. 이런 선행 조건을 달 경우 국가에 따라서는 이행되지 않는 경우도 있다. 협상에서 상대의 의도를 파악하고 합의 내용을 명확히 하는 방안이 정해진 것은 없다. 상대의 말을 믿되 확인해야 한다. 왜냐하면 상대가 잘못 이해하고 있을 수도 있기 때문이다. 이것은 다자 협상보다는 양자 협상에서 더 철저해야 한다. 한미 쇠고기 수입 위생조건 협상에서 미국의 강화된 사료조치에 대해 당시 우리 측 협상 대표는 2005년 10월 입안 예고된 내용을 알고 있었기 때문에 미국과 협의하지 않았다고 한다.[290] 그런데 막상 미국이 취한 강화된 사료 조치의 내용은 입안 예고되었던 내용과 조금 달랐다. 달라진 것은 검사에서 통과하지 못한 30개월 미만 소의 뇌와 척수를 사료로 사용이 당초 입안예고 안에서는 금지되었으나 공포한 내용에는 이것이 삭제되어 있었다. 이로 인해 강화된 사료조치가 강화된 것이냐 아니면 약화된 것이냐 하는 문제가 제기되었다. 기존 사료조치에 비하면 분명 강화된 것이고 입법예고한 사료조치에 비해서는 다소 약화된 것이었다.

---

290) 민동석, 앞의 책, p.126.

어느 통상법 전문가는 미국이 강화된 사료금지 조치를 공포한 시점을 볼 때, 미국은 협상이전에 이미 사료 조치의 구체적 내용을 다 정해 놓았을 것이며 미국이 그 내용을 협상 중에 알려주지 않았다면 기망(欺罔)에 의한 협상을 체결한 것이라는 문제를 제기하기도 했다.[291] 합의문에 미국이 2005년 10월 입안 예고한 강화된 사료 조치라고 한정하자고 했으면, 미국이 그 당시 입법예고안의 수정의도를 가지고 있었다면 미리 알 수 있었을 것이다. 그렇지 않으면 미국이 입안예고와 달라진 강화된 사료조치를 공포하기 전에 우리와 협의를 했을 것이다.

---

291) 송기호, 프레시안, 2008년 5월 14일, '기망의 협상'

24 식량안보를 보는 시각

 국가의 식량안보란 그 나라가 필요한 순간에 필요한 양의 식량을 합리적인 가격으로 조달할 수 있는 것을 말한다. 여기서 필요한 순간이라는 것은 국내에서 생산되는 경우이면 가장 안전하다. 우리나라의 총 소비량에서 국내 생산량이 차지하는 비율은 사료를 포함하여 곡물은 24% 수준에 불과하고, 쌀을 제외하면 4%가 채 되지 않는다. 그래서 우리는 수입에 의존할 수밖에 없는데, 수입에 의존하면 필요한 순간에 조달이 가능하리라는 보장이 없다.

 보장이 가능하지 않은 이유는 여러 가지가 있을 수 있다. 하나는 식량을 공급해줄 국가가 없는 경우이고, 다른 하나는 식량을 공급해줄 국가는 있는데 이를 구매할 능력이 없는 경우이다. 식량을 공급해줄 국가가 없는 경우도 두 가지이다.

 하나는 식량에 여유가 있음에도 수출하지 않는 것이고, 다른 하나는 수출 여력이 없는 것이다. 중국이 인구증가와 경제발전으로 식생활 패턴이 서구화되면서 쌀, 옥수수, 밀 등 주요 곡물과 대두 수입량이 폭증하여 세계 곡물시장이 요동치며, 중국 발 식량 재앙을 우려하는 목소리도 나오고 있다.[292] 일반적으로는 식량을 수출하던 국가가 어느 순간에 수출세를 부과하거나 수출을 제한하는 사례가 종종 있다. 그렇다고 자국의 식량을 모두 국내에서 생산하는 것은 가능하지도 않고, 적어도 경제적으로 비용이 많이 들어 항상 바람직한 것도 아니다.

식량안보에 대한 국가별 시각은 농업협상에서의 입장 차이만큼이나 다양하다. 개념적으로 식량안보와 관련하여 국내생산이 필요한가, 아니면 수입만 할 수 있으면 충분한가에 대해서도 견해가 다르다. 한국, 일본, 스위스, 노르웨이 등 소위 G10 그룹의 국가들은 완전 자급은 아니더라도 적정한 수준의 국내생산이 반드시 필요하다는 입장이다. 반면 미국은 식량안보는 식량자급과 구분되어야 한다는 입장이다. 케언즈 그룹은 식량자급을 통한 식량안보는 비효율적이고 과다한 비용이 들며, 수출국에 대한 이익 침해를 초래한다는 입장이다. EU는 NTC 그룹이지만 미국과 유사한 개념을 취하고 있으며, 식량을 수입할 수 있는 외환이 있으면 식량안보는 문제가 없다고 보는 시각이다.

해외 농업개발을 하더라도 막상 식량 위기가 초래되면 국가 반입에 장애가 발생할 수도 있다. 왜냐하면 식량부족이 국지적이면 다양한 방식으로 해결이 가능할 것이나, 그렇지 않을 경우 식량부족 사태가 발생하면, 수출국이 비록 우리가 개발한 농지라도 그곳에서 생산한 농산물을 마음대로 반출하지 못하게 할 수도 있기 때문이다. 해외 농업개발을 통한 식량안보도 이처럼 한계가 있다. 호주는 쌀 작황이 나빠지자 한국의 쌀 관세화 유예 협상에서 확보한 자국의 권리인 한국으로의 쌀 수출을 포기했다.

---

292) 「서울신문」, 2013년 2월 23일, [주말인사이드] '수입 2배로 폭증, 세계 곡물 폭풍 흡입… 중국 발 식량재앙 오나'.

2010년 8월 세계 3위의 곡물 수출국인 러시아가 이상 고온과 가뭄을 이유로 곡물의 수출 중단을 선언하자, 주요 곡물 가격이 치솟으며 국제 곡물 공급 부족에 대한 우려가 커진 적도 있다.[293]

식량안보 관점에서 해외 농업개발은 국내생산과 외국의 생산에 전적으로 의존하는 것의 중간 형태이다. 자국의 기업이 생산했더라도, 그 나라가 수출을 금지하면 가져올 방안은 없다. 그래서 국가 간 협약을 맺어 안정장치를 마련하고 있으나 식량부족으로 인해 그 나라가 정치적·사회적으로 불안정해질 경우 안정장치가 과연 제대로 작동할지는 확신할 수 없다. 세계식량농업기구(FAO)는 전 세계적으로 곡물 부족량이 3천 2백만 톤에 이른다고 전망하고 있다. 적정한 국내생산 유지는 식량안보에 필수적이다.

---

293) 러시아 관영통신 『리아노보스티』, 2010년 10월 25일.

3부

주한미군용 농산물 검역 실시
제네바를 찾아온 사람들
외환 위기의 극복, GSM 102
'95- '97 수입자유화 예시계획
생산자 단체의 독점수입권, 오렌지와 키위
APEC 국가정상을 위한 선물, 나주 배(pears)
미국은 협상에 높은 사람을 끌어들인다
6개국 고위관료의 연명서신, 유기 가공식품 인증제도

25

주한미군용 농산물 검역 실시

주한미군 주둔군 지위협정(SOFA)[294]이 1966년 체결될 당시는 '한반도의 냉전 구도 하에서 베푸는 자와 받는 자의 관계에 있을 때였다.'[295] 그 당시는 검역에 대한 인식도 낮아서인지, 주한 미군용 농산물은 오랜 세월 한국 검역 당국의 검역을 받지 않고 들어왔다. 식물방역법이 1961년 제정되었으니 SOFA 협정보다 먼저다. 주한 미군용으로 들어오는 농산물에는 식물방역법에 의거, 수입이 금지된 품목도 있었다. 예를 들어 미국산 사과는 지금도 수입이 금지되고 있고, 파파야(Papaya)는 증열처리법[296]이라는 특수한 방법으로 검역처리가 된 후에 수입이 가능하다. 그런데 주한 미군용으로는 금지 품목도 들어 오고 또 검역처리를 받았는지의 여부도 확인할 수 없었다. 한국의 행정력이 미치지 않았기 때문이었다.

---

294) 정식 명칭은 '대한민국과 아메리카 합중국 간의 상호방위조약 제4조에 의한 시설과 구역 및 대한민국에서의 합중국 군대의 지위에 관한 협정(Agreement under Article 4 of the Mutual Defence Treaty between the Republic of Korea and the United States of America, Regarding Facilities and Areas and the States of United Armed Forces in the Republic of Korea)이고, 약칭은 한미주둔군지위협정(Status of Forces Agreement)이며, 이를 더 줄여서 SOFA라고 부른다.
295) 동아일보, 1991년 1월 4일, 3면, '미군재판 일단 우리 손으로, 주한미군 주둔군 지위협정 어떻게 바뀌나'
296) 영어로는 Vapor Heat Treatment라고 하며, 파파야 내부의 온도를 46°-47°로 올려 이 온도에서 10-20분간 처리하여 혹시 내부에 있을 수 있는 유충이나 알을 박멸하는 방법이다.

그러나 한국의 지위가 향상됨에 따라 이에 걸맞은 수준으로 주한미군 주둔군지위협정, 즉 소파(SOFA)[297] 개정을 요구하는 국민적 목소리가 강하게 대두되었다. 소파 개정 협상은 우리 측에서는 외교부의 북미국장이, 주한미군 측은 부사령관이 수석대표를 맡아 논의를 해왔고 지금도 마찬가지이다. 분야별로 분과위를 구성하여 회의를 하고, 그 결과를 합동위원회에 보고하여 최종적으로 결정하는 방식이다. 1989년 4월 안양에 있는 국립식물검역소에서 식물검역 회의를 가졌다. 그 자리에서 우리 측은 주한미군용으로 반입되는 농산물의 검역 필요성을 제기했고, 미군 측은 우리 제안을 자국의 농무부에 검토를 요청했으나, 미국 농무부는 양국의 국방장관 간에 협의될 사항이라는 입장이었다. 장기간 별다른 협의가 이루어지지 않다가, 농림부 기술협력과장과 주한미군 관계자 간에 1995년 5월과 1996년 6월 두 차례 논의가 있었다. 그러나 미군 측은 검역을 해야 한다는 우리의 제안을 받아들일 수 없다는 입장을 견지했다.[298]

1997년 중순경 농림부 조직개편에 따라 기술협력과가 해체되고 담당하던 동식물 검역 업무가 통상협력과로 넘어오면서, 우리 측은 농림부 통상협력과장이, 미군 측은 주한미군용 식품 공급을 담당하는 수의검사소장인 대령이 수석대표를 맡아 논의해왔다. 미국에서 생산된 축산물도 검역을 받지 않고 들어오는 것은 마찬가지였지만, 대부분 상업적으로도 한국으로 수입되는 데 특별한 제약이 없는 상황이었다. 그러나 사과, 망고, 포도와 같은 식물류 농산물은 미국으로부터 검역처리가 되어 수입되거나

---

[297] SOFA는 1967년 발효된 이후 1991년 1차 개정이 이루어졌고, 이후 미군 재판 관할권 문제 중 시대 상황을 감안하여 1995년부터 2차 개정 협상을 5년간 진행하여 2000년 12월 개정에 합의했다.
[298] 『동아일보』, 1995년 4월 15일, 13면, '주한(駐韓) 미군용 수입 농산물 미(美) 검역논의 거부'.

아예 수입이 금지되고 있었다. 우리 측은 논의 과정에서 주한미군이 필요한 과일이나 식품을 국내에서 안정적으로 공급하는 방안을 찾아주겠다고 제안했으나 미군 측이 받아들이지 않았다.

1998년 7월부터 그 이전에는 1년에 한 차례 정도의 회의가 있었던 것에 비하여 4차례 회의가 열렸고, 2000년 10월 공동 검역에 합의했다. 미군 측은 주한미군용으로 소비되는 모든 미국산 농산물에 대해, 한국의 식물방역법에 의해 수입이 금지된 품목이라도 주한미군용으로 들어오는 것을 보장해야만 논의를 시작할 수 있다는 입장이었다. 미군 측은 이러한 전제가 합의되지 않으면 논의 자체를 시작하려고도 하지 않았다. 예를 들면, 미국산 사과는 식물방역법상 수입이 금지되고 있었지만 주한 미군용으로는 수입이 될 수 있어야 한다는 것이었다. 당시 농림부 통상협력과장이었던 필자는 이 문제를 어떻게 처리해야 하는지 무척이나 고민스러웠다. 소파가 식물방역법의 적용을 배제하고 있다면 주한 미군용 농산물에 대해 검역을 실시하는 것만으로도 제도적으로는 진전이다. 만약 배제한 것이 아니라면 적어도 법률적으로는 후퇴가 된다. 외교부에 공문으로 질의를 했다. 식물방역법상 금지된 농산물이 주한 미군용으로 들어오고 있는데, 소파 협정에 따라 식물방역법의 적용이 배제된 것으로 보아야 하는지, 아니면 식물방역법이 주한 미군용이라고 하더라도 당연히 적용되어야 하는지에 대한 질의였다. 외교부의 답은 후자였다. 식물방역법이 적용되어야 한다는 것이었다.

이 문제를 어떻게 풀어야 하는가? 고민이 더 깊어졌다. 금지 품목은 수입될 수 없다고 하면 미군 측은 협상을 시작하려고도 하지 않을 것이다. 우리 측에서 금지 식물의 수입을 인정한다면 이미 「식물방역법」에 배치되고 있는 상황을 그대로 인정하는 것이다. 그래도 두 가지 중에서 하나를 결정해야 했다. 즉 금지 품목은 수입이 불가능하다는 입장을 견지하는 원론적 입장과 검역이라도 하여 수입이 되도록 하는 것 중 어느 것이 좋은 방안인지에 대한 판단을 해야 했다. 우리 검역관이 주한 미군용으로 들어오는 농산물을 검역하는 것이 지금보다는 분명히 진전된 상황이 되는 것이다. 거기서 실제로 문제가 많은 것이 확인되면, 그것을 지렛대로 해서 다시 개정 협상을 하는 동력을 찾자고 판단했다.

  수입이 금지된 품목이라도 주한미군용으로 들어오는 필수적인 농산물은 우리 검역관의 검역을 거쳐 수입이 가능하도록 하겠다는 의사를 전달하되 조건을 달았다. 즉 금지 품목은 우리 식물검역소의 정밀검사를 받고, 거기서 불합격되면 폐기처분하거나 반송한다는 조건이었다. 이렇게 하여 협상의 돌파구를 마련하고, 주한미군용 농산물의 검역 실시에 미군 측과 합의했다. 이제 남은 것은 검역 주체가 누가 되느냐 하는 것이었다. 공동 검역을 최종 타협안으로 관철하기 위한 전략으로 우리가 검역의 주체가 되어야 한다고 주장했고, 미군 측은 미군이 되어야 한다고 주장했다. 결과적으로 공동 검역으로 합의되었다. 이러한 노력을 통해 주한 미군용으로 들어오는 식물류에 대한 한미 합동 검역을 통한 해결방안을 모색하기로 2000년 4월 식물검역분과에서 합의하고, 12월 137차 한미합동위원회에서 공동 검역을 실시하기 위한 절차를 만들어나가기로 공식적인 합의가 이루어졌다. 이러한 합의를 바탕으로 주한 미군용 반입 농산물에 대한 합동 식물검역 합의각서에 서명하고 나서도 실제로 검역을 실시하기까지 4년의 기간이 더 필요했다.

26
제네바를 찾아온 사람들

　제네바는 스위스 남부와 프랑스 북부 지역이 인접한 스위스에 있는, 프랑스어를 사용하는 도시다. 스위스에는 네 가지 언어가 사용되고 있는데, 가장 많이 사용되는 언어가 독일어이고 그 다음이 불어, 이태리어 순이며, 토속어인 로만슈어[299]가 있다. 그만큼 스위스는 독일, 프랑스, 이태리와 국경을 접하고 있다는 의미이다. 스위스는 국경이 어디와 접해 있느냐에 따라 그 지역의 언어가 다르다. 제네바에는 국제기구가 많이 위치하고 있다. UN, WTO, 세계보건기구(WHO), 세계지적재산권기구(WIPO), 세계기상기구(WMO) 등 수많은 국제기구가 거의 한 곳에 몰려 있다. 그래서 많은 국가의 공관이 있고 외교관들이 많이 거주한다. 외국인이 거주 인구의 절반 수준에 이른다.

　UR 협상이 진행되던 1990년대 초, 양자 협의를 위해 처음 제네바에 갔다. 이후에도 농림부 장관의 출장을 수행하여 간 적도 있었고, 협상에 참여하기 위해서 여러 차례 제네바를 방문한 적이 있었다. 그런데

---

[299] 스위스 헌법에 의해 국어의 지위는 확보하고 있으나, 공용어로서의 지위는 제한적이다. 스위스 전체 인구의 약 0.9%에 해당하는 3만 명 정도가 사용하고 있으며, 사용 인구 대부분이 고령층이다.

2001년 6월 통상협력과장에서 국장으로 승진하고 제네바 대표부 농무관 발령을 받았다. 부임 날짜가 6월 1일인데, 발령받은 날짜도 6월 1일이다. 물론 가능은 하다. 왜냐하면 서울과 제네바는 하루의 시차가 있으니 6월 1일 출발하면 도착도 그날이 된다. 제네바로 떠날 즈음 한·칠레 FTA 협상이 한창 진행되고 있었기 때문에, 제네바로 떠나기 전날까지 통상협력과장으로 밤늦게까지 일을 하고, 아침에 짐 싸들고 며칠 출장 가는 식의 준비만 하여 공항으로 갔다. 해외주재관으로 받아야 하는 기본 교육은 물론 국정원의 교육도 나중에 받기로 하고, 가족은 서울의 일처리를 위해 남겨두고 혼자만 떠났다.

제네바 UN 입구에는 그다지 크지 않은 잔디광장이 있고, 그곳에 다리 하나가 부서진, 높이가 12미터에 이르는 매우 큰 의자 조형물이 놓여 있다. 부서진 다리는 지뢰로 인해 발목이 잘려 나간 것을 상징한다. 잔디광장 인근에는 UN은 물론 WTO도 있다 보니, 농민이나 인권 관련 시위장소로 자주 이용된다. 스위스는 시위를 한다고 하면 거의 대부분 허용되나, 허용된 범위와 기준을 벗어나면 매우 엄격하게 다룬다. 적지 않은 우리 농민단체 대표들도 제네바에 왔다. 그들은 WTO 사무국의 주요 관계자도 만나고 농업의장도 만나고 주요국 대사도 만났다. 그런데 시간적 여유를 주지 않고 만남을 주선하라는 식에는 거의 예외가 없었다. 한번은 금요일에 서울에서 연락이 왔다. 농민단체 대표들이 일요일에 도착한다고 하여 제네바 공항에 나갔더니, 그 자리에서 월요일에 미국, 호주, EU 대사를 만나야 하니 면담을 주선하라는 것이었다. 월요일은 불가능했고 화요일부터 면담을 주선했던 기억이 있다.

2004년 8월 초 서울로부터 전문이 왔다. 그때는 WTO가 이미 휴가로 들어간 시점이었다. 국회의원 일행이 제네바를 방문할 예정이니 농업의장, 사무총장 면담을 주선하라는 농림부의 지시였다. 서울의 지시를 받자마자 호텔을 물색하기 시작했다. 제네바 인근에 있는 일정 수준의 호텔은 예약이 불가능했고, 수준이 낮은 호텔과 아주 고급 호텔만 가능했다. 어쩔 수 없이 제네바 시내에서 1시간 정도 떨어진 몽트레라는 경관이 좋은 곳에 있는 호텔을 잡았다. WTO 사무총장은 휴가 중이라 만나지 못했고, 당시 제네바 주재 뉴질랜드 대사이자 농업협상회의 의장이었던 그로서 의장과의 면담이 뉴질랜드 대표부 회의실에서 있었다.

그로서 의장이 면담을 시작하면서 당시 제네바 대표부 한국 대사와 오랜 친구라고 하자, 의원단의 단장이었던 당시 농림수산해양수산위원회 위원장이 "우정은 역사도 바꿀 수 있다."고 하면서 "한국 농민의 간절한 뜻을 본인의 눈(eyes)을 통해 전달하러 왔다."라고 이야기를 시작했다. 한국 의원단이 한국의 개도국 지위에 대하여 이야기하자, 그로서 의장은 "농업은 개도국이고 비농업은 선진국이라는 것은 없고, 오직 하나의 계급만 있다. 한국의 개도국 지위에 대해 이 시점에서 확실한 답을 당장 구하고자 하면 원하는 답을 들을 가능성은 천 분의 일도 안 될 것이다. 로마의 파비우스 장군처럼 기다리는 지혜를 가져야 한다."라고 말했다.

어느 날 제네바에서 있었던 한국 농민의 시위 장면을 보고 노르웨이 농무관이 필자에게 물었다. 왜 한국의 농민들은 여기서 시위를 하느냐? 필자가 어느 농민 운동가로부터 들은 대로 한국의 농민들은 한국의 협상가들을 믿지 못하기 때문이라고 말하자, 그 외교관은 자국의 농민은 외교관들이 자신들의 이익을 위해 최선을 다해줄 것으로 믿는다는 것이었다. 그렇다면 왜 우리의 농민들은 정부의 협상 담당자를 믿지 못하는 걸까? 물론 이것이 그들만의 탓이라고 생각하지는 않는다.

정부의 협상 담당자들 중에는 농산물의 경우, 농민의 이해와 직접적으로 관련되는 농림부의 품목 담당자도 있고, 한 발 건너 농림부 내 협상 담당자도 있고, 두 발 건너 다른 부처의 협상 관료도 있다. 농림부 입장이 정부 입장이 되고, 그 입장으로 협상이 이루어지고, 그것이 협상에서 관철되면 그들은 농림부 관료를 믿을 것이다. 그런데 농림부 입장과 달리 정부의 포지션(position)이 정해지고 협상 또한 그렇게 진행된다면, 농림부 관료를 믿기보다는 최종 입장을 정리한 부처나 협상 결과를 만든 부처의 관료를 직접 상대하려 할 것이다. 농산물 개방 반대시위를 농림부 관료를 상대로 과천에서 하지 않고, 종종 외교통상부 관료를 상대로 광화문에서 하는 이유이기도 하다. 관련 부서에서는 농림부의 통상 관료들이 농민의 목소리를 여과 없이 그대로 전달하면 귀담아 들으려 하지 않을 것이고, 농민은 그들의 목소리가 반영되지 않으면 농림부를 믿으려 하지 않을 것이다. 농민들과 농림부의 품목 담당자 그리고 통상 담당자 간에 치열한 논쟁으로 농림부 입장을 정리하고, 다시 관련 부처와 치열한 논쟁을 통해 정부 입장으로 확정하고, 그 입장을 가지고 상대국과 치열한 협상을 전개하여 우리의 입장을 반영한다. 그렇다면 농민들은 자신들의 입장을 누구를 통해 관철시키는 게 현명한지가 분명해진다.

㉗ 외환위기의 극복, GSM 102

'달러 없어 농산물 못 들여와 美서 식량지원 받는다.' 외환위기 때 신문 1면에 실린 헤드라인의 제목이다.[300] 1997년 말 한국에 외환위기가 있었는데, 흔히들 IMF 위기라고 부르기도 한다. 어느 날 IMF 관계자에게 그렇게 이야기하니까, 한국의 위기이지 IMF 위기는 아니라고 농담조로 말을 받았던 기억이 난다.

당시 우리 은행은 수출 신용을 제공할 수 있는 신용한도(credit line)가 내려가는 상황이었고, 이미 그 한도가 다 소진되어 우리 수입업체들이 신용장을 개설하지 못해 농산물을 수입하는 것이 불가능했다. 사료원료 수입에 차질이 발생하면서 사료가 절대적으로 부족해지자 사료 값이 천정부지로 치솟는 상황이 초래되었다.

1997년 11월 19일부터 25일까지 밴쿠버에서 열린 APEC 회의 계기에 미국과 양자 협의를 가졌다. 우리 측은 농림부 차관보가, 미국에서는 슈마허 농무부 차관이 참석했다. 필자도 그 자리에 함께했다. 한국의 외환위기

---

300) 동아일보, 1997년 12월 11일, 1면

에 대한 얘기가 나왔고, 미국은 한국이 GSM-102[301] 자금을 사용하기 위해서는 한국 정부의 보증이 필요하다는 것이었다. 외환위기 발생 전에는 우리 민간은행의 신용에 의한 민간베이스로 사용하고 있었다. 그런데 우리 은행들의 신용한도가 내려가자 미국으로서는 민간베이스로 GSM-102 자금을 지원하기는 어렵다고 판단하고 한국 정부의 보증을 요구했던 것이다. 신용장 개설이 어려운 상황에서 우리는 필요한 농산물을 수입할 수 있게 되고 미국은 농산물을 계속 팔 수 있게 되니, 한국이나 미국 모두에게 도움이 될 수 있었다.

그런데 미국은 우리가 사고 싶지도 않은 품목을 끼워서 팔기를 원했다. 우리에게 절대적으로 부족한 것은 콩, 옥수수 같은 사료곡물이었다. 즉 쇠고기와 오렌지 등이 포함된 원예작물은 수입할 필요성이 없었다. 쇠고기는 그 당시 사회적으로 매우 민감한 품목이기도 했다. 사료 값이 올라 소를 길러 채산성을 맞추기는커녕 기르는 것 자체가 부담이 되다 보니, 송아지 가격이 5만 원까지 내려가는 상황이었다. 이런 형편에서 쇠고기 수입을 위해 외화자금을 정부 보증으로 사용한다는 것은 누구도 원치 않는 상황이었다. 한국은 사료곡물을 수입하는 데만 사용하고 싶었으나, 미국은 사료곡물과 함께 쇠고기와 원예작물도 함께 패키지로 사용해야 한다는 것이었다.

농림부로서는 사료곡물과 쇠고기를 함께 받을 것이냐, 아니면 모두 거부할 것인가를 결정해야 했다. 원예작물은 원하는 것은 아니었지만, 이것

---

[301] General Sales Manager의 약자로, 자금의 종류에 따라 최장 3년의 102, 최장 10년의 103등으로 구분되며, 미국산 농산물을 외상으로 수입하고 이를 후불제로 갚아나가는 제도이다. 그렇더라도 수출 신용보증을 위한 제도로 직접적인 금융지원은 아니다.

때문에 GSM-102를 받지 말아야 할 정도의 문제는 아니었다. 축산국은 사료곡물은 절실하지만 쇠고기에 GSM-102를 사용하는 데는 반대했다. 미국에 입장을 통보해야 하는 시간이 다가오고 모두 사용하지 않는다고 할 수 있는 상황도 아니어서, 국제국에서 패키지를 받는 것으로 입장을 정리했다. 우리측에서는 사료곡물에는 많이, 쇠고기에는 적게 사용하고 싶었는데 미국은 쇠고기와 원예작물에도 가능한 많은 자금을 배정하고 싶어 했다. 정부의 보증 요구와 관련하여 우리 측은 산업은행이 파산하면 「산업은행법」에 의해 정부가 책임을 지도록 되어 있다는 점을 들어서 산업은행의 보증을 대안으로 제시했다. 그러나 미국은 정부 보증을 요구했다. 재경부가 200억달러를 한도로 1997년도 및 1998년도에 발생하는 국내은행의 대외채무에 대한 국가보증에 대한 국회의 동의를 받았다. 이때가 1997년 12월 22일 이었다. 미국과 GSM 102 사용을 위한 협의는 12월 중순경부터 시작했다.

우선 옥수수와 대두박 3억 5천만 달러, 밀 1억 5천만 달러, 콩 1억 달러, 원면 2억 달러, 육류 및 과채류 1억 달러, 예비비 1억 달러 등 모두 10억 달러를 사용하기로 1997년 12월 29일 미국과 합의가 이루어졌다. 1차로 5억 달러의 수출 신용자금 GSM-102를 사용하기로 결정하고, 그 계획을 미국 농무부에 통보했다. 통보 후 지원 계획이 확정될 때까지 2주 정도의 시간이 걸렸는데, 이것이 미국의 GSM 자금지원 역사상 가장 짧은 기간 내에 이루어진 사례가 되었다.

금리가 상대적으로 낮고 외상으로 원료를 들여와서 이를 가공해서 판매한 후 상환하면 되는 것이 기업에게는 매력적이었고 원화에 대한 달러 가치가 강세여서 GSM-102 자금을 많이 사용하려는 경쟁이 일어났다. 농림부 통상협력과가 미 농무부를 대신한 주한 미국대사관의 농무관실과 협의를 했다. 주한 미국대사관이 농림부와의 합의 내용을 미 농무부로 보내면, 협의된 대로 배분되었다. 그러다 보니 어느 단체는 많은 자금을 받기 위해 주한 미국대사관에 로비를 하는 일까지 있었다. 또 어느 단체는 신청액 비율로 배분할 것이라는 나름의 생각을 가지고 필요한 금액보다 훨씬 많은 금액을 신청했다. 그리고 어느 단체는 실제로 필요한 금액에 근접한 금액을 신청했다. 농림부 통상협력과와 주한 미국대사관 농무관실과 GSM-102 자금 사용 배분을 위한 협의에서, 미국 농무관이 신청액 대비 일정 비율로 배분한 것을 가지고 와 그대로 하자고 했다. 필자가 배분한 것을 농무관에게 내밀면서 누구 것이 더 합리적이라고 생각하느냐고 물었더니, 필자의 것이 더 합리적이라고 답변했다. 그렇게 배분해서 신청액 대비 가장 많이 줄어들었던 기관은 제분협회였고, 그 반대는 대두가공협회였다.

28. '95-'97 수입자유화 예시계획

1989년 10월 23일부터 27일까지 개최된 국제수지(BOP) 위원회에서 다음과 같은 합의가 있었다. '한국은 1990년 1월 1일부터 가트 국제수지 조항의 원용을 중단하는 대신 1997년 7월 1일까지 수입제한 품목을 단계적으로 자유화하거나 그 수입제한 방법을 가트 규정에 합치시키고, 이 기간 동안 가트의 회원국들은 제소 등 가트 상의 권리행사를 자제하기로 한다'는 내용이었다. 이러한 합의에 따라 한국은 '92-'94 수입 자유화 예시 계획에 이어 '95-'97 수입 자유화 예시 계획을 1994년 3월에 발표했다.

그런데 미국이 주한 미국대사관을 통해 가장먼저 시비를 걸어왔다. 그들의 주장은 한국이 패널의 권고를 제대로 이행하지 않았다는 것이었다. 시비의 배경에는 자국의 관심 품목의 개방을 조금이라도 앞당기려는 의도가 내포되어 있었다. 미국이 들고 나온 시비의 명분은 가트 국제수지위원회가 권고한 자유화 품목의 연도별 균등배분(generally even manner)의 개념이 지켜지지 않았다는 것이었다. 균등배분의 개념은 질적으로나 양적으로 연도별로 현저한 차이가 없도록 해야 하는 것인데, 우리 수입 자유화 예시 계획은 누가 보더라도 변명의 여지가 없었다. 개방품목의 중요도는 차치하고, 적어도 연도별 개방 품목 수는 균등해야 하는데, 이것마저도 초년도는 적고 후년으로 갈수록 많았다. 미국이 문제를 삼으면 다른 나라들도 함께 시비를 걸어오는 경향이 있다. 미국에 이어 호주, 캐나다, 뉴질랜드도 수입 자유화 예시 계획이 균등 배분되지 않았다고 양자적으로 문제를 제기해왔다.

1994년 4월 미국 워싱턴에서 개최된 한미무역실무회의에서 미국이 95-97 수입 자유화 예시 계획에 문제를 제기했다. 문제제기 배경에는 미국의 일부 관심 품목의 개방이 1997년도로 되어 있는 것에 대한 불만이 있었다. 들어줄 수 있으면 들어주고 아니면 설득하자는 의도로, 양자 간 협의를 서울에서 하자고 제의하고 돌아왔다. 이후 주한 미국대사관 농무관실과 농림부의 담당 부서인 통상협력2담당관실 사이에 협의가 시작됐다. 수입 자유화 예시 계획에서 1997년에 개방 예정이었던 아귀와 먹장어 등 6개 품목의 개방 시기를 앞당겨주고 미국과의 문제가 해결되자, 다른 나라의 문제제기는 자연스럽게 없었던 것이 되었다.

29
생산자 단체의 독점 수입권, 오렌지와 키위

생산자 단체가 농산물을 수입해서, 그것도 그들이 생산하는 품목이나 그들과 경쟁하는 품목을 판매한다. 개방의 과정에서 나온 발상의 전환이기도 했고 고육지책이기도 했다.

UR 협상에서 제주감귤조합이 국영무역기관으로서 오렌지 수입권을 독점적으로 갖게 된 배경은 오렌지로 얻어지는 이익을 제주 감귤의 경쟁력 향상에 투입한다는 명분과 의도에서였다. UR 협상에서 오렌지를 개방할 수밖에 없었고, 그로 인해 가장 피해를 받는 품목이 감귤이고, 그 단체가 제주감귤조합이었기 때문이다.

그러나 생산자 단체가 수입하는 점에서는 같지만, 오렌지와는 배경이나 역사가 다른 품목이 키위다. 키위는 1989년에 수입이 자유화되었기 때문에 누구나 수입이 가능하다.

그런데 뉴질랜드로부터는 아무나 수입할 수가 없었다. 뉴질랜드가 그들이 지정한 한국의 수입업자에게만 키위를 팔았기 때문이다. 그로부터 몇 년이 지나 '참다래 유통 사업단도 키위 수입판매'[302]라는 제목의 언론 보도가 나왔다. 뉴질랜드는 호주와 함께 세계에서 수출 국영무역을 가장 많이 하는 대표적인 나라이고, 키위가 수출 국영무역 품목이기 때문이다. 국영무역은 수출 국영무역과 수입 국영무역의 두 가지가 있다. 수출 국영무역은 해당 품목의 수출을, 수입 국영무역은 수입을 특정 기관이 독점할 수 있는 권리를 갖되, 상업적 고려[303]에 입각해서 행동해야 하는 의무를 지고 있다. 뉴질랜드에서 키위는 키위생산자협회[304]가 수출 국영무역 기관인데, 이 기관이 한국의 한 회사에만 키위를 수출했던 것이다.

뉴질랜드와 한국은 계절이 반대라서 키위가 나오는 시기가 서로 다르다. 당시 해당 품목을 생산하는 생산자 단체가 경쟁 대상인 품목을 수입해서 파는 것에 대한 거부감도 있었지만 현명한 판단이었고 발상의 전환이었다. 11월부터 이듬해 4월까지 6개월간은 국내에서 생산된 국산 키위를 유통시키고, 5월부터 10월까지는 뉴질랜드 산 키위를 들여와 시중에 판매하고 수입 판매수익을 생산자들에게 나눠주는 것이다. 그러나 뉴질랜드 키위생산자협회가 순순히 참다래 유통 사업단에 키위를 판매한 것은 아니다. 참다래 유통 사업단장이었던 정운천 전 농림수산식품부 장관의 끈질긴 노력이 있었다. 동시에 뉴질랜드가 한국의 수입선을 독점적으로 운영하기 위해 하나의 수입업체에만 키위를 공급할 경우

---

302) 『연합뉴스』, 1996년 7월 13일.
303) 가트 규정 17조는 국영무역에 종사하는 주체가 국내산업 보호, 정치적 이유 등으로 자유무역을 저해하지 않도록 독점적 권리를 인정하되, 상업적 고려(commercial consideration)에 입각해서 행동하도록 하는 의무를 부과한 것이다.
304) Kiwifruits Marketing Board를 말한다. 뉴질랜드는 키위를 수출 국영무역으로 하고 있고, 협회의 사전 승인이 없으면 호주를 제외하고는 어느 나라로도 키위를 수출할 수 없도록 되어 있다. 2001년 이후 제스프리 그룹이 수출 국영무역 기관이 되었다.

WTO 차원에서 문제를 제기할 수 있다는 강경한 입장을 당시 농림부 국장이 주한 뉴질랜드 대사에게 전달했다. 이것이 뉴질랜드의 입장 변화를 가져오는 계기가 되었다.

30
APEC 국가 정상을 위한 선물, 나주 배(Pears)

한국산 배의 뉴질랜드로의 수출이 가능하게 된 시점은 1999년 11월 김대중 대통령이 1999년 APEC 정상회의에 참석차 뉴질랜드를 방문할 즈음이었다. 그동안 수년에 걸친 두 나라 검역 당국 간 협의가 있었고, 마침내 합의가 이루어진 것이었다.

김대중 대통령이 세일즈 외교를 표방하고 정상들에게 줄 선물을 무엇으로 할 것인가를 고민하고 있을 때, 김성훈 당시 농림부 장관의 추천으로 배를 선물하기로 했다. 한국산 배가 뉴질랜드에 처음 들어가는 것이어서 더욱 의미가 있었다. 배는 당연히 검역을 받아야 하는 물품이었고, APEC 회의에 참석한 각국의 정상들에게 줄 선물이었다.

대통령이 선물로 가져가는 것이어서 일반의 절차보다 더 엄격하고 하나의 하자도 없도록 하는 것이 중요했다. 아침에 대통령 전용기에 실어야 하므로 그 전날 배는 서울에 도착해야 했다. 농림부 과수화훼과에서 나주 배를 선정하고, 전날 수확하여 냉장차로 싣고 와 그대로 보관하고 있다가 아침에 청와대에 전달했다. 한국산 배를 뉴질랜드로 보내는 것이 처음이고 식물검역 증명서에 하자가 있는 경우, 이를 치유할 수 있는 시간적 여유가 있는 것도 아니었다. 뉴질랜드 검역 통관 과정에서 문제가 발생할 만약의 경우에 대비하여, 뉴질랜드 농업부와 우리 농림부 통상협력과를 연락 창구로 하고, 우리 식물검역소와 뉴질랜드 검역 당국 간 접촉 창구도 열어두고 대비했다. 미리 검역 증명서를 보내서 서식에 문제가 없는지도 확인했다. 배가 예상대로 뉴질랜드 검역 통관을 마쳤다는 보고가 우리 식물검역소를 통해 들어왔다.

나주 배가 APEC 회의에 참석한 정상들에게 선물로 전달되었다. 김대중 대통령과 쉬플리 뉴질랜드 총리는 정상회담에서 한국산 배는 뉴질랜드로 수출되고, 뉴질랜드 버찌는 한국으로 수출되는 상호 시장접근이 이루어진 것에 대해 만족을 표시했다는 내용이 공동 발표문에 포함되었다.

31
미국은 협상에 높은 사람을 끌어들인다

　모든 국가는 협상에서 조금이라도 자기에게 유리한 국면을 만들기 위해 다양한 노력을 하고 주변의 가능한 자원을 모두 끌어들인다. 주로 정부 관료 간에 이루어지는 통상 협상의 경우 높은 사람을 개입시키는 것이 유리할 수도 있고 불리할 수도 있다. 사안의 성격이나 당시 환경에 따라 다양하기 때문에 일률적으로 이야기하기는 어렵지만, 수세적 현안일 경우에는 불리할 확률이 더 높다. 미국과 농업통상 협상일 경우에는 대부분 우리가 수세적이고, 미국은 공세적이다.

　미국이 우리와 농업협상을 하면서 보이는 행태의 하나는 가능한 한 고위직 사람을 협상의 과정에 개입시키고 그 방식도 다양하다는 것이다. 높은 사람이 내세우는 정책 방향이나 키워드를 인용하거나 양국의 높은 사람 간의 합의가 있다면 그것을 내세우는 것은 너무나 당연하다. 미국은 회의를 하다가도 종종 협상이 결렬되면, 높은 사람끼리 다시 논의해야 한다는 식으로 상대를 압박하는 방식도 드물지 않게 사용한다. 이 방식은 힘의 균형이 대등한 국가보다는 어느 한 쪽이 정치적으로나 경제적으로 우위에 있는 국가에게 더 효과적이다. 미국은 거의 모든 국가보다 적어도 같거나 정치적·경제적 우위에 있다.

농업은 수세적 통상을 하는 경우가 많다. 과거 필자가 통상을 담당하던 시절 농림부는 통상 현안에 가급적 높은 사람의 개입을 피하려는 노력을 해왔다. 그 방법으로 높은 사람이 관여된 일정 이야기가 나오면 실무적으로 만나서 일찌감치 현안을 처리해버리든가, 아니면 높은 사람 간 면담 일정 전에 실무자 간의 회의 일정을 면담 뒤 일정으로 잡고, 높은 사람 간의 회의에서는 실무자 간 협상에 대해 관심을 표하는 정도만되도록 작업을 해두는 것이었다.

김영삼 정부 출범 직후에는 세계화라는 단어가 정책의 중심 키워드로 사용되었다. 미국은 자국에 유리한 방향으로 해석해서 실무자 간 회의에도 협상 논거로 써먹곤 했다. 이명박 정부 출범 후 정상회담을 앞두고 한미 쇠고기 수입위생조건 협상이 개최되었다. 쇠고기는 두 나라간 가장 어려운 통상현안의 하나이다. 미국은 가장 어려운 현안에 가장 높은 사람을 끌어들이려는 의도가 있었는지도 모른다. 그러나 우리 수석대표는 한미 정상회담은 의식하지 않고 협상을 진행했다고 한다.[305] 미국의 의도가 있었더라도 먹히지 않았다는 이야기이다.

---

305) 민동석, 앞의 책, p122

32
6개국 고위관료의 연명 서신,
유기 가공식품 인증제도

　미국 의회의 의원들이 자국이나 상대국의 고위 관료들에게 그들의 입장을 전달하기 위해 연대 서명을 하여 서신을 발송하는 경우도 있고, 다자협상에서 협상 그룹의 입장을 강화하기 위해 각국 대표가 연대 서명하여 발송하는 경우도 종종 있다. 그런데 우리의 주요 교역 상대국의 고위 관리들이 대한민국의 정책과 관련하여, 하나의 현안에 대해 연대 서명하여 해당 부처 관계자에게 서신을 보내는 경우는 이례적이다.

　2009년 10월 미국, 호주, 캐나다, 칠레, EU, 뉴질랜드 6개국의 차관이나 차관보가 당시 통상정책관이었던 필자 앞으로, 우리나라의 유기 가공식품의 인증제에 대해 그들의 입장을 담아 공동 명의로 서신을 보내왔다. 그들에게는 공동 대응이 필요할 만큼, 우리의 제도가 이들 국가한테 많은 문제를 유발하고 있다는 의미이기도 했다.

　이들 국가들은 WTO 회의에서 문제를 제기할 때, 한국의 책임 있는 관계자에게 이미 전달했다는 사실을 WTO 기록으로 남기기 위한 의도도 있었다. 서신의 내용은 한국의 유기 가공식품에 들어간 모든 원료를 각각 인증 받도록 하고 있어, 가장 단순한 형태의 유기 가공식품마저도 한국의 시스템 하에서는 인증을 받는 것이 대단히 어렵다는 것이다. 그래서 WTO 규정에 합치되도록 가공식품과 원료에 대한 동등성 원칙[306]을 요구한 것이었다. 그리고 2010년 12월 31일 끝날 예정이었던 「식품위생법」에 의한 표시제를 재연장해줄 것을 요청해왔다.

보건복지부의 「식품위생법」에 의한 유기 가공식품 인증제도 하에서는 외국의 생산자가 부착한 유기인증 마크를 국내에서 사용할 수가 있으나 농림수산식품부가 관장하는 「식품산업진흥법」에 의한 유기인증 제도 하에서는 사용할 수 없다. 한국 정부가 정한 규정에 따라 인증을 받아야 하는 것이다. 유기 가공식품 유통시장은 수입품의 비중이 84% 수준으로 월등히 높다. 「식품산업진흥법」에 의한 유기식품 인증제가 정착되기 못한 상태이기 때문에 표시제의 시행을 폐지하는 경우 수급에도 상당한 차질이 초래될 수 있었고 심각한 통상 현안으로 비화될 수 있는 상황이었다.

상대국이 주장한다고 무조건 들어줄 이유는 없다. 다만 그들의 주장이 타당한지, 그리고 우리의 제도에 문제가 있는지의 여부에 따라 결정되어야 한다. 우리의 제도가 외국에서 생산된 유기 가공식품에 적용하기에는 물리적 어려움이 있다는 그들의 주장에 타당성이 있었기 때문에 상대국의 주장을 무시할 수가 없었다.

예를 들면 유기농 시리얼에는 설탕, 소금, 밀가루 등 매우 적은 양이 들어가는 것까지 수십 가지의 원료가 사용된다. 그런데 이 모든 원료를 각

---

[306] 동등성의 일반적 개념은 어느 한 나라가 달성하고자 설정한 수준을 다른 나라의 시스템으로도 그 이상을 달성할 수 있다고 인정되는 경우, 그 나라의 시스템을 인정하는 것을 말한다. 우리가 설정한 유기 가공식품의 기준이 상대국의 시스템으로도 달성할 수 있는지를 판정하여 인정하는 제도를 말한다.

각 「친환경농업육성법」에 따라 유기 농산물 인증을 받아야 하는 것이었다. 유기 가공식품의 원료에 들어가는 유기 농산물을 「친환경농업육성법」에 규정한 유기 농산물로 정의하고 있기 때문이다. 그런데 외국에서 가공된 식품이 「식품산업진흥법」상의 인증을 받는 것은 대단히 어려운 상황이었고, 상대적으로 많은 원료가 사용된 유기 가공식품의 경우는 사실상 불가능했다.

그렇다면 「식품산업진흥법」에 의한 인증제와 「식품위생법」에 의한 표시제를 선택할 수 있어야 하지만, 인증제가 도입되면서 표시제는 폐지되도록 되어 있었다. 미국을 비롯한 여러 나라들이 문제를 제기하고 나왔고, 우리측에서는 여러 가지 상황을 고려하여 표시제를 또 다시 연기하는 방안을 선택했던 것이다.

2012년 3월 「친환경농업육성법」을 개정하여, 유기 가공식품의 인증에 WTO의 TBT 규정에서 정하고 있는 동등성의 원칙을 도입했다. 다만 실제로 유기 식품을 인증받기 위해서는 상당한 기반이 필요하다는 판단 하에 시행 시기를 2014년 1월 1일자로 하고, 그때까지는 「식품위생법」에 의한 표시제를 인정하기로 했다.

이 문제는 국내는 물론 대외적으로도 적용되어야 하는 규정을 국내 상황에만 초점을 맞춰서 입법함으로써, 당초의 법률을 시행도 해보지 못하고 개정하는 꼴이 되었다. 인증제는 표시제에 대한 소비자의 불신 때문에 도입한 것인데, 인증제를 시행해야 할 농식품부가 표시제 연장을 거듭하자, 외국 식품업체의 이익을 대변하고 있다는 비판을 받았다.[307] 이제 우

---

307) 「내일신문」, 2011년 5월 6일, '농식품부, 외국 이익 대변하나' 및 '인증제 도입 유보 또 유보 다시 유보'.

리 경제의 대외 의존도가 2012년 기준으로 100%를 넘고 있다. 어느 분야의 정책이나 규정도 국내에만 온전히 적용되는 경우는 드물다. 법령을 제정하거나 개정할 때는 대외적인 변수도 반드시 고려해야 한다.

마치면서

　농업통상을 해온 선배 공무원이나 후배 공무원에게 질문을 던져본다. 선배님은 왜 농업통상을 했고, 후배 공무원은 왜 농업통상을 하고 있는지? 그들로부터 어떤 대답이 돌아올까? 이 책을 마무리하면서 궁금해진다.
　내가 공무원 생활을 시작하고 마친 농림부에서 통상 업무가 주류는 아니었다. 그저 길지 않은 시간 동안 그 일을 거치면 충분하고, 그리고 해외근무 기회를 가지면 금상첨화였다. 나 자신도 통상을 하고 싶어서 한 것도 아니고, 잘할 수 있다는 자신이 있어서 그 일을 한 것도 아니다. 공무원이 되고 농업을 담당하는 부서에서 일을 하게 되었고, 거기서 그 기간 동안 맡은 임무가 통상이다 보니 농업통상을 하게 된 것이다. 다만 다른 사람보다 그 기간이 상대적으로 길었을 뿐이다.
　통상 협상에 임할 때 상대방의 주장이 훨씬 더 논리적이고 설득력 있을 때가 있다. 그런데 그 상황에서 상대의 요구를 들어줄 수가 없기 때문에 거부할 수밖에 없는 경우도 있다. 어떻게 해야 할까? 미련하게 무조건 자기 방어를 하는 바보가 되는 것도 한 가지 방법일 수 있다. 그러나 그때 그 자리에 있었던 사람으로서 그것은 역사에 대한 책임이 아니다. 상대의 주장이 옳고 그것이 우리가 가야 할 방향이라면, 상대의 요구가 수용될 수 있는 사회적 환경을 만들어야 한다. 내부의 반대자를 설득하는 노력도 해야 한다. 상대의 요구를 들어줄 수 없다면, 밤을 새워 우리의 방어 논리를 개발하거나, 때로는 상대방에게 사정도 하여 합의의 시점을 미루기라도 해야 한다. UR 막바지 쌀 협상에서 상대국 장관에게 "그러면 귀국하자마자 장관직을 물러날 수밖에 없다."고 했던 고위 관료[308]도 있다.

UR 타결이 막바지로 치닫던 1993년 캐나다 밴쿠버에서 APEC 회의가 열렸고, 논의 주제는 UR이었다. 농림부 차관보와 당시 상공부장관 출장에 동행한 상공부 출입기자와 다툼이 있었다는 이야기를 상공부 관계자로부터 들은 적이 있다. 필자가 그 현장에 있지 않아서 무슨 일이 있었는지는 몰랐는데, 한참 지나서 알게 되었다. 통상 협상의 현장에서 농업을 보는 시각 차이로 인해 기자와 가벼운 논쟁이 이었다.[309] 농업은 통상 협상에 참가하는 한국의 수석대표 입장에서 보면 부담스러운 분야일 수 있다. 거의 모든 협상의 장은 교역 자유화를 논의하는 자리이지, 농업 보호를 이야기하는 장이 아니다. 협상의 장에서 가장 편안하고 강한 입장은 그 어떤 나라보다 더 빨리 더 많이 개방하자고 주장하는 것이다. 그런데 공산품은 상대의 시장을 열어야 하고, 농산물 시장은 상대의 개방 요구를 막아내야 한다.

어느 나라에서나 농업 개방은 가장 늦게 이뤄져왔다. 우리 경제가 이만큼 성장한 것이 개방 덕분인데, 아무리 농업이라도 개방을 안 하겠다는 것이 말이 되느냐고 비난해서도 안 된다. 시장개방으로 피해를 보는 곳은 상대적으로 발전의 정도가 낮은 곳, 즉 산업으로는 농업이고, 계층으로는

---

308) 허신행, 앞의 책, p.106.
309) 조규일, 『경제개발에서 시장개방까지』, 다리, 2011, pp.156-158, 'APEC 각료회의의 시말(始末)'.

농민일 수밖에 없다. 개방으로 가는 길에 동반이라는 개념이 반드시 수반되어야 하는 필연적 이유가 거기에 있는 것이다. 통상 협상에서 상대국이 우리의 시장개방을 요구하는 분야는 앞으로 한참 동안은 농업이 그 중심일 수밖에 없다.

협상의 진행 과정은 불확실성의 연속이다. 협상에서 상대방의 수를 읽는 것은 매우 중요하고, 그것이 협상의 성공과 실패를 결정짓기도 하는 요인이다. 그래서 협상에 참여하는 사람들은 모두 상대의 카드를 읽으려고 부단히 노력해야 하며, 거기에는 경험과 전략이 필요하다.

이 책을 마무리하면서 필자가 다루었던 농업통상의 과거를 되돌아보게 된다. 그때 왜 농산물 시장개방을 막지 못했느냐보다는, 왜 그토록 농산물 개방에 반대했는가 하는 생각이 더 많이 든다. 지금의 관점에서 과거를 보기 때문에 그런 생각이 드는 것이 아닌가 싶다.

통상 정책을 결정할 때는 항상 겸손하고 신중해야 한다. 한 번 만들어진 협정은 우리 세대만이 아닌 다음 세대까지, 수많은 사람이 영향을 받기 때문이다.

이 책을 마무리하면서, 공무원 생활을 시작하고 얼마 되지 않은 30대 초반의 필자에게 어느 국장이 들려준 '白色이 着色이 容易하다'라는 말이 새삼 떠오른다.

1. WTO 협상 그룹의 국가들

www.wto.org

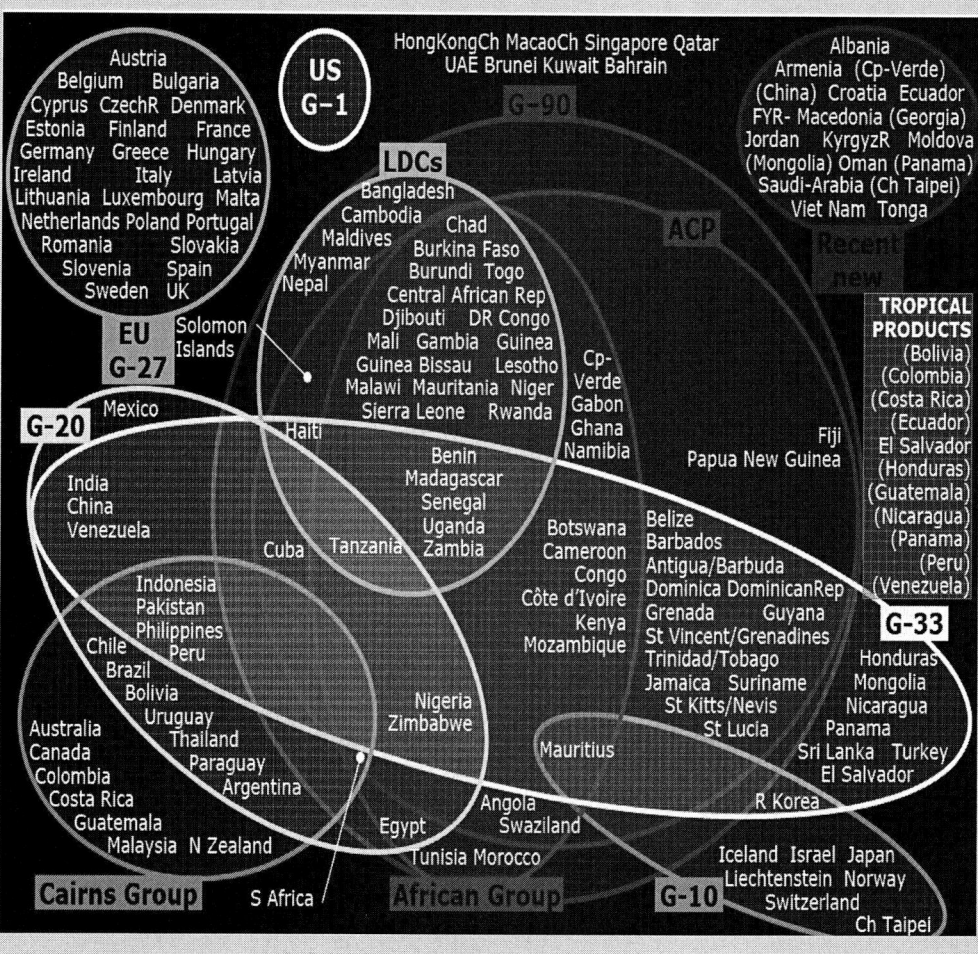

자료: www.wto.org

2. 주요 품목의 FTA 별 양허 내용

구 분	WTO 관세구조	양허 세율 (%)	칠레 (2004.4)	ASEAN (2007.6)	인도 (2010)
쌀 16개 세 번	-	-	제외(19개 세 번)	제외	제외
보리(맥아)	이중	269	DDA 이후	2016년까지 1/2 감축	제외
옥수수(사료용)	이중	328	DDA 이후	2010년까지 철폐	8년 내 50% 감축
옥수수(팝콘)	이중	630	DDA 이후	2016년까지 1/5 감축	제외
감자(전분)	이중	455	DDA 이후	2016년까지 1/5 감축	제외
참깨	이중	630	DDA 이후	2016년까지 1/5 감축	제외
인삼(홍삼/본삼)	이중	754	DDA 이후	2016년까지 1/5 감축	제외
고추(신선/냉장)	이중	270	DDA 이후	제외	제외
마늘(신선/냉장)	이중	360	DDA 이후	제외	제외
양파(신선/냉장)	이중	135	DDA 이후	제외	제외
딸기(냉동)	단일	72	10년	2016년까지 5% 이하로 감축	제외
사과(신선/후지)	단일	45	제외	2016년까지 50% 이하로 감축	제외
배(신선/동양)	단일	45	제외	2016년까지 50% 이하로 감축	제외
감귤(신선/건조)	단일	144	DDA 이후	제외	제외
오렌지(신선/건조)	단일	50	DDA 이후	2016년까지 50% 이하로 감축	제외
포도(신선)	단일	45	계절 관세 -5.1~10.31 : 현행 유지 -11.1~4.30 : 10년	2016년까지 1/5 감축	제외
쇠고기(냉동/무뼈)	단일	40	DDA 이후	제외	제외
돼지고기(냉동)	단일	25	10년	제외	제외
닭고기(다리/냉동)	단일	20	DDA 이후	제외	제외
오리고기	단일	18	DDA 이후	2016년까지 1/5 감축	제외
치즈	단일	36	DDA 이후	2016년까지 50% 이하로 감축	제외
탈지분유	단일	176	DDA 이후	2016년까지 1/5 감축	제외

EU (2011.7)	페루 (2011.8)	미국 (2012.3.15.)	터키 (2013.5)	콜롬비아 (국회 계류 중)
제외	제외	제외	제외	제외
15년 TRQ ASG	현행 유지	14년 TRQ ASG	현행 유지	현행 유지
6년	5년	즉시 철폐	현행 유지	10년
14년	16년	7년 ASG	현행 유지	16년
16년 ASG	16년	15년	현행 유지	16년
18년	16년	15년 ASG 18년	현행 유지	현행 유지
현행 유지	현행 유지	18년 ASG 20년	현행 유지	현행 유지
현행 유지	현행 유지	15년 ASG 18년	현행 유지	현행 유지
현행 유지	현행 유지	15년 ASG 18년	현행 유지	현행 유지
현행 유지	현행 유지	15년 ASG 18년	현행 유지	현행 유지
5년	5년	5년	현행 유지	16년
21년 ASG 24년	현행 유지	20년 ASG 23년	현행 유지	현행 유지
21년	현행 유지	20년	현행 유지	현행 유지
온주 : 현행 맨더린 : 16년	현행 유지	15년	현행 유지	현행 유지
계절 관세 -3~8월 : 30%, 7년 -9~2월 : 현행 유지, TRQ	계절 관세 -5~10월 : 10년 -11~4월 : 현행 유지	계절 관세 -3~8월 : 30%, 7년 -9~2월 : 현행 유지, TRQ	현행 유지	현행 유지
계절 관세 -5.1~10.15 : 17년 -10.16~4.30 : 24%, 5년	계절 관세 -5.1~10.31 : 현행 유지 -11.1~4.30 : 5년	계절 관세 -5.1~10.15 : 17년 -10.16~4.30 : 24%, 5년	현행 유지	계절 관세 -5.1~10.31 : 현행 유지 -11.1~4.30 : 16년
15년 ASG	현행 유지	15년 ASG	현행 유지	19년 ASG 20년
삼겹 : 10년 기타 : 5년	16년	2016.1.1	현행 유지	16년
13년	10년	12년	현행 유지	12년
11년	10년 ASG	12년	현행 유지	16년
15년 TRQ	현행 유지	14년 TRQ	현행 유지	16년
TRQ	현행 유지	TRQ	현행 유지	TRQ

자료: FTA이행지원 센타, 한국농촌경제연구원

3. WTO 분쟁해결 절차도

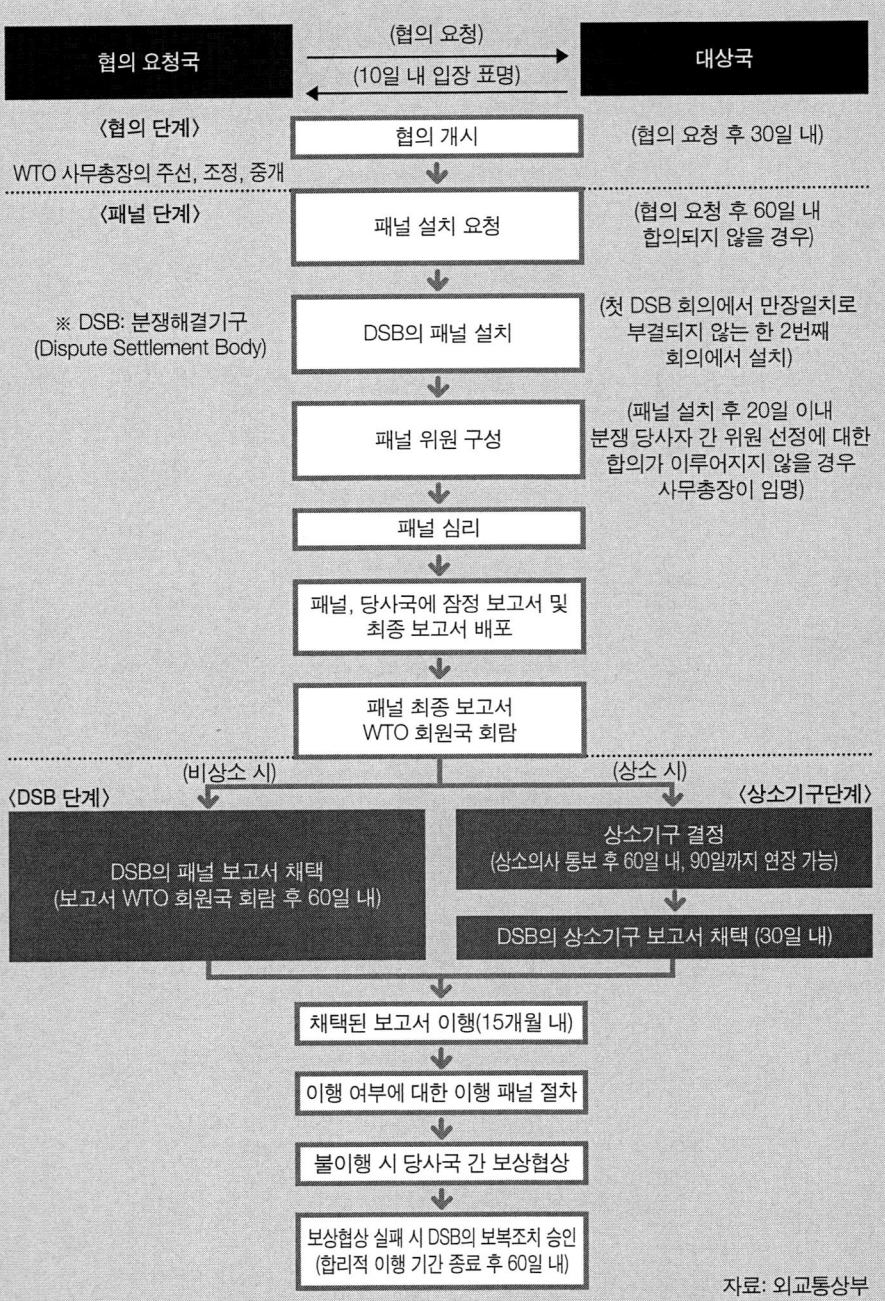

자료: 외교통상부

4. WTO 조직도

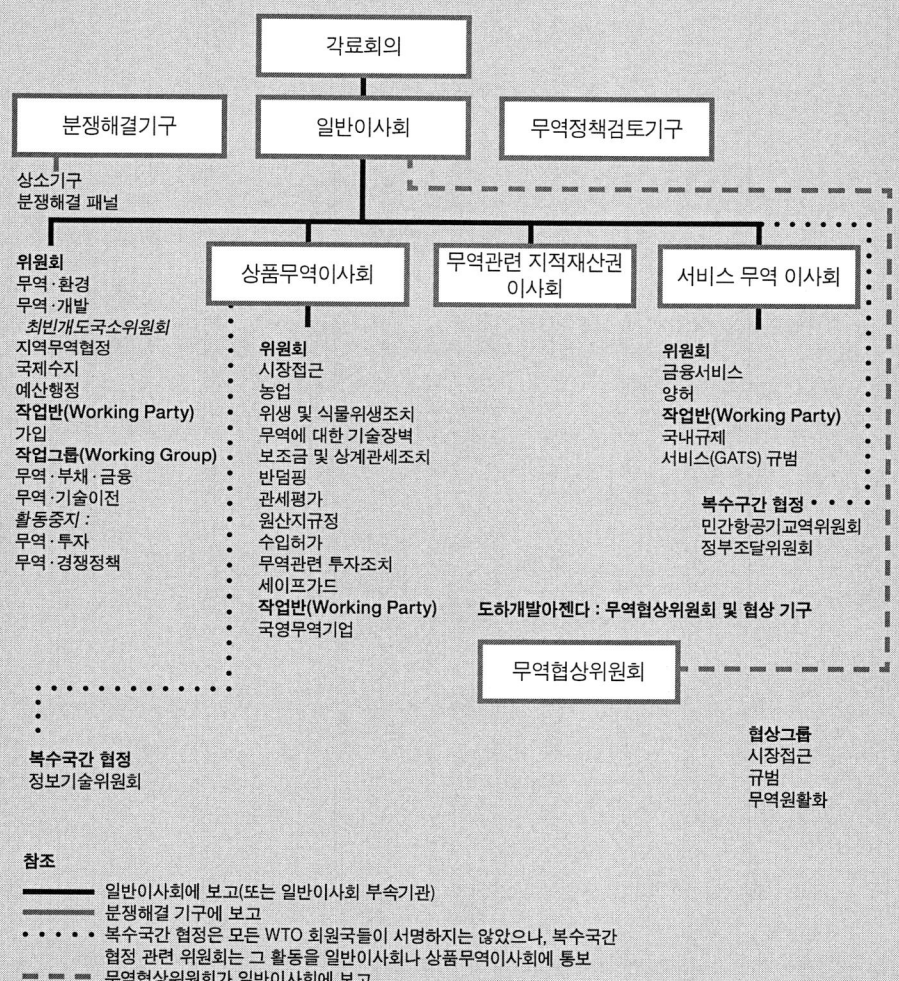

모든 WTO 회원국들은, 상소기구, 분쟁해결 패널, 섬유감사기구 및 복수국간 협정 관련 위원회를 제외한 모든 이사회 및 위원회 등에 참석할 수 있다.

자료: www.wto.org 및 외교통상부 WTO의 이해

World Trade Organization

G/AG/W/62
G/L/668
20 January 2004
(04-0182)

Committee on Agriculture

Original: English

NOTIFICATION OF INITIATING THE NEGOTIATIONS SET OUT IN SECTION B OF ANNEX 5 OF THE AGREEMENT ON AGRICULTURE

Communication from Korea

The following communication, dated 20 January 2004, is being circulated at the request of the Delegation of the Republic of Korea.

1. In accordance with paragraph 8 of Annex 5 of the Agreement on Agriculture, the Government of Korea hereby notifies that it wishes to enter into negotiations on the question of whether there can be a continuation of the special treatment as set out in paragraph 7 of Annex 5.

2. For conducting the negotiations, the Government of Korea requests that a WTO Member, which considers that it has a substantial interest in the products which are the subject of the negotiations, should communicate its intention of participating in the negotiations in writing to Korea and at the same time inform the WTO Secretariat. The WTO Members are advised to make such communications within ninety days following this notification. The Annex contains a list of the products subject to the special treatment and import statistics for the most recent three year period (2001-2003).

자료: www.wto.org

List of the Annex 5 Products

HS
- 1006-10-0000 Rice in the husk (paddy or rough)
- 1006-20-1000 Rice (Hulled/Nonglutinous)
- 1006-20-2000 Rice (Hulled/Glutinous)
- 1006-30-1000 Rice (Milled or semi-milled/Nonglutinous)
- 1006-30-2000 Rice (Milled or semi-milled/Glutinous)
- 1006-40-0000 Rice (Broken)
- 1102-30-0000 Rice flour
- 1103-19-3000 Rice (Groats and meal) [1]
- 1103-20-2000 Rice (Pellets) [2]
- 1104-19-1000 Rice (Rolled or flaked grains)
- 1806-90-2290 Other food preparations (Other) [3]
- 1806-90-2999 Other food preparations (Other) [4]
- 1901-20-1000 Mixes and doughs for the preparation of baker's wares (Of rice flour)
- 1901-20-9000 Mixes and doughs for the preparation of baker's wares (Other)
- 1901-90-9091 Other food preparations (Of rice flour)
- 1901-90-9099 Other food preparations (Other)

Note:

1. According to the Harmonized System 2002 changes, HS2002 1103-19-3000 has changed from HS96 1103-14-0000. (G/SECRET/HS2002/KOR/1, 29 May 2002).
2. According to the Harmonized System 2002 changes, HS2002 1103-20-2000 has changed from HS96 1103-29-1000. (G/SECRET/HS2002/KOR/1, 29 May 2002).
3. According to the Harmonized System 1996 changes, HS96 1806-90-2290 has been separated from Pre-HS96 1901-20-1000. (G/SECRET/HS96/4, 20 November 1995).
4. According to the Harmonized System 1996 changes, HS96 1806-90-2999 has been separated from Pre-HS96 1901-20-9000. (G/SECRET/HS96/4, 20 November 1995).

Import Statistics of the Annex 5 Products

Year	Minimum Access Commitments	Exporting Countries	Import Quantity
2001	128,268	China	63,000
		United States	27,000
		Australia	20,268
		Thailand	18,000
2002	153,921	China	95,421
		United States	36,000
		Thailand	22,500
2003	179,575	China	103,075
		United States	49,500
		Thailand	27,000

Note:

All figures are in metric-tons (M/T). Import quantities are based on the purchase contracts entered into in the year. All the imports during 2001-2003 correspond to the tariff line 1006-20-1000.

6. 2004년 쌀 재협상 결과 통보문

World Trade Organization

RESTRICTED

G/MA/TAR/RS/98

6 January 2005

(05-0037)

Committee on Market Access   Original: English

RECTIFICATION AND MODIFICATION OF SCHEDULE

Schedule LX – Republic of Korea

The following communication, dated 30 December 2004, is being circulated at the request of the Permanent Mission of the Republic of Korea.

The Government of the Republic of Korea submits herewith the draft[1] containing modifications of Schedule of the Republic of Korea, in accordance with paragraph 3 of the Decision of 26 March 1980 (BISD 27S/25), with a view to extending special treatment in respect of the designated products pursuant to paragraph 9 of Annex 5 to the Agreement on Agriculture.

The additional concessions contained in the draft reflect the result of negotiations with interested Members conducted under paragraph 8 of Annex 5 to the Agreement on Agriculture and Korea's Notification to WTO (G/AG/W/62 and G/L/668).

These modifications will become effective in accordance with the notification to be submitted to that effect by the Government of the Republic of Korea to the Director-General upon completion of Korea's internal procedures.

If no objection is notified to the Secretariat within three months from the date of this document, the rectifications and modifications of Schedule LX – Republic of Korea will be deemed to be approved and will be formally certified.

자료: www.wto.org

DRAFT
SCHEDULE LX – REPUBLIC OF KOREA
PART I: MOST-FAVOURED-NATION TARIFF
SECTION I: Agricultural Products
SECTION I-B: Tariff Quota

1. The Minimum Market Access (MMA) specified in Columns 3 and 4 for the period of 2005/2014 shall increase in equal annual instalments.

2. Review of Special Treatment for rice
   Special treatment for rice shall be extended for an additional 10 years until 2014. In the 5th year, there shall be a multilateral review of its implementation.

3. Allocation of the MMA
   3.1 Existing MMA volume of 205,228 metric tons, milled basis, shall be allocated to the following Members based on the historical trade flows from 2001 to 2003 *(Country-Specific Quotas (CSQs)*.

China	116,159 metric tons, milled basis
United States	50,076 metric tons, milled basis
Thailand	29,963 metric tons, milled basis
Australia	9,030 metric tons, milled basis

   3.2 Future growth in the MMA volume shall be administered on an MFN basis (global quota). A limited portion may be allocated for domestic needs for specialty rice.

   3.3 In the case of the cessation of special treatment during the implementation period or after the completion of the implementation period, the entire volume of the CSQs shall be subject to global quota on an MFN basis.

4. Cessation of Special Treatment during the Implementation Period
   4.1 At the beginning of any year during the implementation period of special treatment (2005/2014), the Republic of Korea may cease to

apply the special treatment. In such a case, the products concerned shall be subject to ordinary customs duties in accordance with the Agreement on Agriculture.

4.2 The tariff rate for the year 2005 established on the basis of a tariff equivalent, to be calculated in accordance with the guidelines prescribed in the Agreement on Agriculture, shall be applied until the entry into force of the outcome of the DDA negotiations. In case the special treatment ceases to apply after the entry into force of the outcome of the DDA negotiations, the tariff rate shall be modified, reflecting such an outcome.

4.3 After the cessation of special treatment, the Republic of Korea shall maintain the MMA volume already in effect at such time. In case such volume is not equivalent to the volume determined in accordance with the outcome of the DDA negotiations, the greater of the two shall be applied.

5. Import Mark-up

The Republic of Korea may impose import mark-up according to '*Note 4' of the UR Country Schedule.

6. Utilization of Imported Rice

6.1 The objective is to ensure that rice imported according to the above provisions shall have access to domestic marketing channels for table and non-table rice.

6.2 The volume of imported rice distributed into the Korean market for table use (hereinafter "table rice") shall be phased in from no less than 10 percent to no less than 30 percent of the total MMA volume by the sixth year of implementation period, in equal increments over the six year period. Table rice including quality rice shall have access to normal marketing channels, wholesalers, distributors and end users. Table rice shall be marketed in a timely fashion so that its quality for table use is not adversely affected by the storage time.

6.3 Separate from and in addition to the utilization of table rice as stipulated above, volume of imported rice distributed into the Korean market for non-table use shall reflect recent patterns of distribution.

Description of products	Tariff item number(s)	Initial quota quantity a in-quota tariff rate
1	2	3
Rice in the husk(paddy or rough)	1006-10-0000 * ST-Annex 5	51,307 M/T (5%)
Rice(Hulled / Nonglutinous)	1006-20-1000 * ST-Annex 5	102,614 M/T (5%)
Rice(Hulled /Glutinous)	1006-20-2000 * ST-Annex 5	225,575 M/T (5%)
Rice(Milled or semi-milled /Non-glutinous)	1006-30-1000 * ST-Annex 5	
Rice(Milled or semi-milled /Glutinous)	1006-30-2000 * ST-Annex 5	
Rice(Broken)	1006-40-0000 * ST-Annex 5	
Rice flour	1102-30-0000 * ST-Annex 5	
Rice(Groats and meal)	1103-19-3000 * ST-Annex 5	
Rice(Pellets)	1103-20-2000 * ST-Annex 5	
Rice(Rolled or flaked grains)	1104-19-1000 * ST-Annex 5	
Other food preparations (Other)	1806-90-2290 * ST-Annex 5	
Other food preparations (Other)	1806-90-2999 * ST-Annex 5	
Mixes and doughs for the preparation of baker's wares (Of rice flour)	1901-20-1000 * ST-Annex 5	
Mixes and doughs for the preparation of baker's wares (Other)	1901-20-9000 * ST-Annex 5	
Other food preparations (Of rice flour)	1901-90-9091 * ST-Annex 5	
Other food preparations (Other)	1901-90-9099 * ST-Annex 5	

Final quota quantity and in-quota tariff rate	Implementation period from/to	Initial negotiating right	Other terms and conditions
4	5	6	7
102,614 M/T (5%) 205,228 M/T (5%) 408,700 M/T (5%)	1995/1999 2000/2004 2005/2014		* Nonglutinous milled rice basis * Note 4

7. 이 책에 나오는 영문 약어

약어	우리말	영문
WTO	세계무역기구	World Trade Organization
FTA	자유무역협정	Free Trade Agreement
DDA	도하개발 어젠다 협상	Doha Development Agenda
UR	우루과이 라운드	Uruguay Round
GMO	유전자 변형체	Genetically Modified Organism
TPP	환태평양경제동반자협정	Trans Pacific Partnership Agreement
RCEP	지역포괄경제협력협정	Regional Comprehensive Economic Partnership
GATT	관세 및 무역에 관한 일반 협정	General Agreement on Tariff and Trade
APEC	아시아태평양경제협력기구	Asia Pacific Economic Cooperation
OECD	경제협력개발기구	Organization for Economic Cooperation Development
USTR	미국 무역대표부	United States Trade Representative
FTA	신속협상권	Fast Track Authority
TPA	무역촉진권	Trade Promotion Authority
NTE	무역장벽보고서	National Trade Estimate on Foreign Trade Barriers
BOP	국제수지	Balance of Payment
FDA	식품의약품안정청	Food and Drug Administration
AMS	감축대상보조	Aggregate Measurement Support
TBT	무역에 관한 기술장벽	Technical Barrier to Trade
HSK	한국품목분류	Harmonized System of Korea
BSE	광우병	Bovine Spongiform Encephalopathy
OIE	국제수역사무국	Office International des Epizooties*
NCBA	미국목축육우협회	National Cattleman's Beef Association
ALOP	적정보호수준	Appropriate Level of Protection
SPS	동식물검역	Sanitary and Phytosanitary
DSB	분쟁해결기구	Dispute Settlement Body
WHO	세계보건기구	World Health Organization
CODEX	국제식품규격위원회	Codex Alimentarius** Commission

* 프랑스어임.
** Codex는 법(code)를, Alimentarius는 Food(식품)의 라틴어 임.

약어	우리말	영문
SRM	특정 위험물질	Specified Risk Material
GSP	일반특혜관세	Generalized Special Preference
SOFA	주한미군주둔군지위협정	Status of Foreign Agreement
HS	관세품목분류	Harmonized System
TRQ	관세할당	Tariff Rate Quota
CGE	계산가능일반균형	Computable General Equilibrium
KIEP	대외경제정책연구원	Korea Institute of Economic Policy
MFN	최혜국 대우	Most Favored Nation
VER	수출자율규제	Voluntary Export Restraints
TE	관세 상당치	Tariff Equivalent
NTC	비교역관심사항	Non Trade Concerns
GNP	국민총생산	Gross National Products
SP	특별품목	Special Products
SSM	긴급구제제도	Specail Safeguard Mechanism
ICA	국제협동조합연맹	International Cooperatives Alliance
ACP	아프리카 카리브해 태평양지역국가	African Caribbean and Pacific Associcables
NAMA	비 농산물시장접근	Non Agricultural Market Access
TTIP	환대서양무역투자협정	Trans-Atlantic Trade Investment Patnership
TNC	무역협상회의	Trade Negotiation Committee
CCP	경기상쇄직불	Counter Cyclical Payment
OTDS	총감축대상보조	Overall Trade Distorting Support
EVSL	분야별 조기자유화	Early Voluntary Sectoral Liberalization
FSIS	식품안전검사처	Food Safety Inspection Service
WMO	세계기상기구	World Meteorological Organization
WIPO	지적재산권기구	World Intellectual Property Organization
FAO	세계식량농업기구	Food and Agriculture Organization
ITO	국제무역기구	International Trade Organization

참고문헌

김현종   김현종, 『한미 FTA를 말하다』, 홍성사, 2010.
민동석   『대한민국에서 공직자로 산다는 것』, 나남, 2010.
송기호   『WTO 시대의 농업통상법』, 개마고원, 2004.
조규일   『경제개발에서 시장개방까지』, 다리, 2011.
허신행   『우루과이 라운드와 한국의 미래』, 범우사, 1995.
농림부   『2004 쌀 협상백서』, 농림부, 2007.
佐伯尙美   『가트와 농업』, 박진도 역, 비봉출판사, 1991